中等职业教育课程改革国家规划新教材

全国中等职业教育教材审定委员会审定

（修订版）

土木工程识图

（房屋建筑类）

第 3 版

主　编　闫小春　白丽红

参　编　李思丽　冯黎娜　王晓阳　袁晓芳　陈　鹏

主　审　钱晓明　杜　峰

机械工业出版社

全书共 9 个学习情境，内容包括建筑制图基本技能训练、几何作图训练、投影基本知识应用、基本形体和组合体的投影图绘制、轴测图绘制、形体的常见图示方法训练、建筑工程图认知、建筑施工图识读、装配式混凝土建筑施工图识读。在编写时以中等职业教育土建类的人才培养方案和教学内容要求为依据，围绕建筑企业生产一线需求，尝试多方面知识的融会贯通；注重知识层次的递进，同时加强理论与实践的结合。本书还配套有《土木工程识图·识图训练（房屋建筑类）第 3 版》。

本书可作为职业学校建筑类的专业教材，也可作为在职职工的培训教材，还可供有关的工程技术人员参考或自学之用。

为方便教学，本书配套有微课视频、动画、AR 模型、电子课件、习题答案等教学资源。选择本书作为教材的教师可拨打 010-88379934 索取教学资源，或登录 www.cmpedu.com 网站，进行注册下载。

图书在版编目（CIP）数据

土木工程识图. 房屋建筑类/闫小春，白丽红主编. —3 版. —北京：机械工业出版社，2023.12

中等职业教育课程改革国家规划新教材：修订版

ISBN 978-7-111-74278-4

Ⅰ.①土…　Ⅱ.①闫…②白…　Ⅲ.①土木工程-建筑制图-识图-中等专业学校-教材　Ⅳ.①TU204

中国国家版本馆 CIP 数据核字（2023）第 222152 号

机械工业出版社（北京市百万庄大街 22 号　邮政编码 100037）
策划编辑：沈百琦　　　　　　责任编辑：沈百琦
责任校对：张爱妮　梁　静　　责任印制：单爱军
北京虎彩文化传播有限公司印刷
2024 年 3 月第 3 版第 1 次印刷
184mm×260mm · 18.25 印张 · 435 千字
标准书号：ISBN 978-7-111-74278-4
定价：55.00 元（含识图训练）

电话服务　　　　　　　　　　　网络服务
客服电话：010-88361066　　　机　工　官　网：www.cmpbook.com
　　　　　010-88379833　　　机　工　官　博：weibo.com/cmp1952
　　　　　010-68326294　　　金　书　网：www.golden-book.com
封底无防伪标均为盗版　　　　机工教育服务网：www.cmpedu.com

前　言

本书第 1 版于 2010 年 8 月首次出版发行，第 2 版于 2020 年 10 月出版发行，历时十余年，得到了众多院校师生的认可。此次修订，编者队伍深入学习党的二十大精神，全面贯彻党的教育方针，以培养学生德智体美劳为培养目标，严格落实"立德树人"根本任务，培育和践行社会主义核心价值观；积极推进教材数字化建设，增加数字化、多形态、立体化的形式，使学生高效学习，使课堂不受时空限制，使教材更符合当前教学需要，其主要特色如下：

1. 坚持落实"立德树人"根本任务。"学习要求"中的"能力要求"和"相关知识"改为"能力目标"和"知识目标"，同时增加了"素养目标"。每个学习情境中增加"课前阅读"模块，融入与教材内容相契合的育人元素，通过隐形渗透、元素融合等方式寓价值引导于知识传授之中，扩充学生知识面的同时提高学生的民族自豪感和责任使命感。校企合作开发，突出体现"以学生为中心"，让学生在做中学，在学中做，做学结合。

2. 适应理实一体化教学改革需要。此次修订，在第 2 版的基础上结合企业一线专家和一线授课教师的建议，编写体例由传统的章节式，改为学习情境-单元式，让学生的学习目标、任务更明确，适合任务引领教学模式。书中所引用的图纸均以真实生产项目为载体，适合项目化教学。

3. 强化数字化资源建设。结合教材内容，增加了微课、动画和 AR 等立体化数字资源，学生可以扫码观看，使教材适应线上线下混合教学模式。同时，增加一套工程图纸，并由企业一线人员从实践角度以工程图纸为基础设置一套习题，贴近工程实践，方便教师教学、学生自学，提高学生识读施工图的能力。

4. 采用活页装订形式。为了方便学生进行能力训练（配套识图训练），将主教材与识图训练分开装订成册，并且识图训练采用可撕活页式的装订形式，满足多种做学练习。

本书由河南建筑职业技术学院闫小春、白丽红主编；由河南建筑职业技术学院李思丽、冯黎娜，滑县职业中等专业学校王晓阳，河南工大设计研究院有限公司袁晓芳和泰州职业技术学院陈鹏参与编写。具体编写分工如下：闫小春负责编写学习情境 4 和 7，白丽红负责编写绪论和学习情境 1，李思丽负责编写学习情境 8，冯黎娜负责编写学习情境 3 和 5，王晓阳负责编写学习情境 6，陈鹏负责编写学习情境 9，袁晓芳负责编写学习情境 2、配套识图训练和工程图纸。

由于编者水平有限，书中难免有疏漏和不妥之处，诚望各位同仁和读者批评指正，以便我们改进和完善，不胜感激（读者意见反馈信箱：821387476@ qq. com）。

编　者

本书数字资源清单

 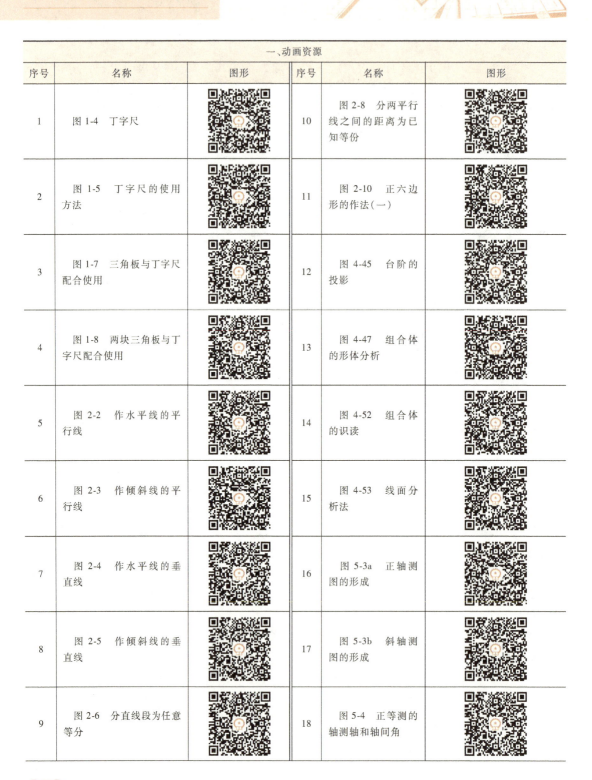

（续）

序号	名称	图形	序号	名称	图形
19	图5-5 坐标法作长方体的正等测投影		28	图6-13 独立基础的半剖面图	
20	图5-6 正六棱柱的正等轴测图画法		29	图6-15 地面分层局部剖面图	
21	图5-8 台阶的正等测投影		30	图6-21 屋顶结构重合断面图	
22	图5-9 斜二测的轴测轴和轴间角		31	图6-23 十字形梁的中断断面图	
23	图5-10 台阶的正面斜二测图		32	图6-24 梁、柱节点构造	
24	图5-11 作建筑形体的水平斜二测投影图		33	图8-10 屋顶平面图的形成	
25	图6-9 剖面图的形成		34	图8-11 ①～⑮立面图	
26	图6-11 台阶的全剖面图		35	图8-14(1) 建筑剖面图的形成	
27	图6-12 房屋的全剖面图		36	图8-14(2) 建筑漫游	

二、微课视频资源

序号	名称	图形	序号	名称	图形
1	学习情境1单元2二——图纸幅面及格式的国标规定		2	学习情境1单元2三——图线的国标规定	

（续）

序号	名称	图形	序号	名称	图形
3	学习情境1单元2六——尺寸标注的国标规定		13	学习情境6单元3四——断面图的分类	
4	学习情境3单元1（1）——投影的概念及分类		14	学习情境8单元1三——总平面图的形成、图示内容	
5	学习情境3单元1（2）——投影的基本知识		15	学习情境8单元2三——平面图的规定画法	
6	学习情境3单元2一——三面投影图的形成		16	学习情境8单元2四——建筑平面图识读实例	
7	学习情境5单元1——轴测图基本知识		17	学习情境8单元3四——建筑立面图识读实例	
8	学习情境5单元2一——平面体正等轴测图的画法		18	学习情境8单元4四——建筑剖面图识读实例	
9	学习情境5单元2二——正面斜二轴测图的画法		19	学习情境8单元5二——外墙墙身详图识读	
10	学习情境6单元2二——剖面图的形成及画法		20	学习情境8单元5三（1）——楼梯平面图识读	
11	学习情境6单元2三——剖面图的分类		21	学习情境8单元5三（2）——楼梯剖面图识读	
12	学习情境6单元3一——断面图的基本知识				

（续）

三、三维模型资源	 学习情境 8 所用工程 AR 模型
四、附录图纸资源	 土木实训楼图纸
五、电子课件资源（下载网址）	www.cmpedu.com （以教师身份进行注册、免费下载）

目　录

绪 论

 ## 学习要求

主要内容	知识目标	能力目标	素养目标
本课程的学习目的和任务	1. 了解建筑工程图的作用 2. 掌握本课程培养的职业能力	能够用初步知识表达图样在建筑工程中的作用,认识职业岗位职责,规划职业学习策略	1. 培养一丝不苟的学习作风 2. 培养勤观察、勤思考、勤动手、勤读书的习惯
本课程的学习内容及要求	1. 熟悉本课程的学习内容 2. 掌握本课程的学习方法 3. 熟悉本课程的学习要求	提高观察力、逻辑能力,具有问题导向系统观念	

 ## 课前阅读

中国最早的平面设计图,即建筑界的"祖师爷",是错金银铜版兆域图。战国时期一位君王下令修建王陵葬域,按标准绘制成图,照规定布置施工,自此,一幅精准的设计图绘制而成,流传至今。这是世界上已知最早的有比例铜版建筑图。两千多年的时光里,这份建筑规划图静静地沉淀,向如今的我们诉说着那个时代的精湛技艺与兴衰荣枯,向世界展示两千年前中国人民的高超制作技艺,这不仅使我们更好认识和认同中华文明,增强做中国人的骨气、志气、底气,更是向世人宣传中国传统制作文化的精神,展示了中国的工匠精神。在社会主义现代化建设的新时代,有志于职业技术的人才有了更多用武之地,工匠精神也得以薪火相传,未来一定有更多的大国工匠涌现。

一、本课程的学习目的和任务

无论是建造一幢住宅,还是体育馆(如鸟巢、水立方等),首先要由设计部门根据使用要求进行设计,画出大量的图样,然后拿到施工现场,按图样进行施工。因此,工程图样被喻为"工程界的语言",它是工程技术人员表达、交流技术思想的重要手段,也是用来指导生产、施工、管理等技术工作的重要技术文件,所有从事工程技术的人员,都必须熟练阅读本专业的工程图样。

建筑工程图是用投影的方法来表达工程物体的形状和大小,按照国家工程建设标准的有关规定绘制的图样,它能准确地表达出房屋的设计、结构和设备等内容和技术要求。

建筑工程图是审批建筑工程项目的依据。在生产施工中,它是备料和施工的依据;

当工程竣工时，要按照工程图的设计要求进行质量检查和验收，并以此评价工程质量的优劣；建筑工程图还是编制工程概预算和决算及审核工程造价的依据，是具有法律效力的技术文件。

1. 本课程的学习目的

学习本课程的目的就是通过学习，了解建筑工程图的各种图示方法和制图标准的有关规定，掌握建筑工程图的内容，具备识读建筑工程图的能力。

2. 本课程的任务

本课程的任务就是使学生掌握建筑工程专业必备的土木工程图识读的基础知识和基本技能，具备学习后续专业课程的基础和能力，贯穿职业道德与职业素养的培养，增强学生适应职业岗位变化的能力，为职业生涯的发展奠定基础。

二、学习内容与学习要求

1. 本课程的学习内容和能力培养

根据本课程的任务，"土木工程识图（房屋建筑类）"课程的学习内容和能力培养包括以下几个方面：

1）国家制图标准是绘制工程图样和制定技术文件时所必须遵守的，它起到统一工程语言的作用。本课程介绍常用的工程制图的国家标准，培养学生独立查阅、使用标准技术资料的能力。

2）几何作图和草图绘制是工程技术人员的一种基本技能，它是技术人员表达设计思想和进行技术指导的一种方法，对于计算机绘制工程图样是不可缺少的。

3）投影知识是本课程的理论基础，它是运用投影原理在平面上正确地图示空间形体的手段。

4）识读建筑工程图样的技能是本课程的核心内容，根据建筑工程制图的国家标准，按照形体分析等方法进行读图是学生必须具备的能力。

2. 本课程的学习方法和要求

1）在学习投影阶段，要充分发挥空间想象力，弄清楚投影图与实物的对应关系，掌握投影图的投影规律，能根据投影图想象出空间形体的形状和组合关系。

2）学习制图标准时，有的内容必须记住，如线型的名称、用途，各种图例，剖切符号、详图索引符号怎么看，都表示什么等，这是识读工程图必备的知识，否则是看不懂图样的。

3）识读建筑工程图样时，要多观察实际房屋的组成和构造，有条件的最好到现场参观正在施工的建筑，便于在读图时加深对房屋建筑工程图图示方法和图示内容的理解和掌握。

4）本课程只是为学生制图、识图能力的培养奠定初步基础，要结合后续专业课的学习和工程实践，才能真正地掌握建筑工程图。

3. 学习本课程应注意的问题

本课程基础理论（投影知识）比较抽象，对初学者是全新的概念，不易接受，所以必须保证完成一定数量的作业和习题才能更好地掌握，将投影理论的学习和培养空间概念结合起来，逐步培养空间想象能力。

本课程还具有实践性很强的特点，学习专业识图这部分内容，要经常到施工现场进行参观，平时注意观察周围的建筑物，积累工程经验。

 练 — 练

1. 什么是建筑工程图？
2. 建筑工程图在建筑工程中的作用是什么？
3. 学习本课程的任务是什么？
4. 学习本课程的方法和要求是什么？

学习情境1

建筑制图基本技能训练

学习要求

主要内容	知识目标	能力目标	素养目标
制图工具与用品	1. 了解常用绘图工具和用品用途 2. 掌握制图工具使用方法 3. 熟悉几种常用制图用品的选用方法	会使用常用制图工具,正确选用制图用品,绘制符合制图标准的图样	1. 遵纪守法的公民意识 2. 养成"工欲善其事,必先利其器"的工作方法
基本制图标准	1. 了解制图国家标准的主要内容 2. 熟悉图纸幅面、标题栏的有关规定 3. 掌握书写长仿宋字、数字和常用字母的规范要求 4. 熟悉比例的概念和规定 5. 掌握尺寸标注的组成、规则和方法	1. 贯彻国家标准规范的执行力和应用力 2. 会按规范要求书写长仿宋体字、数字和常用字母 3. 提高理论知识在实践中的运用力	
绘图训练	1. 熟悉绘图前的准备工作 2. 掌握绘图步骤	具有工作前的规划力	

课前阅读

　　汉字是中国汉民族创制的记录汉语的书写符号系统。汉字至少在公元前14世纪前后已经成为成熟的文字体系并沿用至今,是世界上唯一既保持相对稳定又不断发展的古老的文字体系,中国习惯上称作"字"或"文字"。汉字作为文化的典范,在古代文明传播中,影响着一些国家的生活习俗、民族风俗、社会礼俗,具有浓郁的汉文化特色;汉字作为思想的工具,在现代文明传播中,发挥了积极的作用,成为引领人类先进思想文化的风向标;汉字作为文化自信的象征,在当代文明传播中,特别是讲好中国故事的伟大实践中,发挥着自身的影响力、感染力,贡献出新的更大的力量。

生活与识图

　　在我们生活的周围,有巍峨壮丽的高楼大厦,还有造型简单的民宿小屋,它们在建造过程中,都是根据设计完善的图样进行施工的。因为建筑物的形状、大小、结构、设备、装修等,都不能用文字和语言描述清楚,而一系列的图样将建筑物的艺术造型、内部布置、结构构造、地理环境以及其他施工要求,能准确且详尽地表达出来,作为建造房屋的依据,所以图样是建筑工程不可缺少的重要技术资料,也是工程技术界的共同"语言"。对于从事建筑工程的人员来说，不懂这门"语言"，在工作中将寸步难行。为使工程图样在工程技术界进行技术交流，图样的绘制就必须遵循统一的标准和规定，如图 1-1 所示。

图 1-2 为使用绘图工具，按照《房屋建筑制图统一标准》（GB/T 50001—2017）绘制的建筑工程图样，只有学过该标准的人，才能从这张图上看出，该图样为某房屋的一层平面图，由指北针可知该建筑坐北朝南，墙厚均为 240mm，散水宽 900mm，室内外高差 450mm，主卧朝南，主卧和客厅的窗户相同，都是 1800mm 宽，厨房、餐厅和次卧的窗户相同，都是 1500mm 宽。

图 1-1　房屋建筑制图统一标准

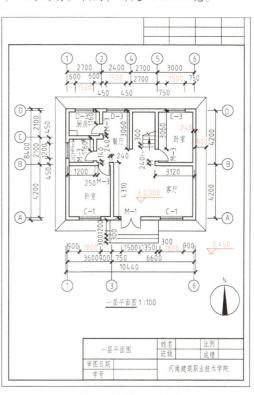

图 1-2　建筑工程图样

单元 1　制图工具与用品

在绘制建筑工程图样时，了解常用制图工具与用品的构造和性能，掌握制图工具与用品的正确使用方法，才能提高绘图水平，保证绘图质量。

一、制图工具

1. 图板

图板主要用来铺放和固定图纸，作为绘图的垫板。它的两面由胶合板组成，四周边框镶有硬质木条。图板要求板面光滑平整，图板的短边为工作边（也叫导边），要求光滑平直，如图 1-3 所示。

为防止图板翘曲变形，图板应防止受潮、暴晒和烘烤，不能用刀具或硬质材料在图板上任意刻划。图板有多种不同的规格，与图幅相配合，通常有 0 号（900mm×1200mm）、1 号（600mm×900mm）和 2 号（450mm×600mm）三种规格。

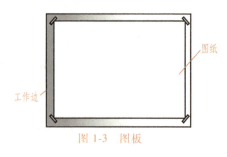
图1-3　图板

2. 丁字尺

丁字尺一般用有机玻璃等制成，由尺头和尺身组成，尺头与尺身相互垂直构成丁字形，并且尺头与尺身连接牢固。尺头的内边缘为丁字尺的导边，尺身上边缘为工作边，如图1-4所示。丁字尺的主要用途是与图板配合，用来画水平方向平行线。丁字尺的导边和工作边必须保持平直光滑，切勿用刀子沿工作边切割纸张。

丁字尺（动画)

图1-4　丁字尺

使用丁字尺画线时，先用左手握住尺头，将尺头紧靠在图板的左边，上下推移，对准将要画水平线的位置后，用右手压住尺身，然后将左手移至右手处压紧尺身，再沿丁字尺的工作边从左到右画线，即可画出水平方向平行线，如图1-5所示。画一组水平线时，要从上到下逐条画出。切勿图省事直接推动尺身，使尺头脱离图板的工作边。

丁字尺的使用方法（动画）

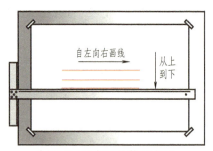
图1-5　丁字尺的使用方法

使用丁字尺时，只能将尺头靠在图板的左方工作边，切勿把尺头靠在图板的右边、下边或上边画线，也不得用丁字尺的下边缘画线。如要画铅垂线，应与三角板配合使用。

丁字尺用后要装在尺套内悬挂保存，以防尺身变形。

3. 三角板

一副三角板由两块组成，一块是45°等腰直角三角形，另一块是60°直角三角形。三角板多用有机玻璃等材料制成，板上有刻度，也有在中间刻有常用几何图形等孔洞，作为建筑模板直接套在图纸上使用，如图1-6所示。三角板的大小规格较

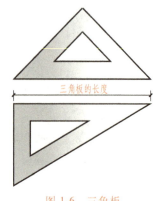
图1-6　三角板

多，以 45°三角板斜边或 60°三角板长垂边的长度确定，绘图时应灵活选用。

三角板与丁字尺配合使用，可以画竖直线及与丁字尺工作边成 15°、30°、45°、60°、75°的倾斜直线，也可以用两块三角板配合使用，画出任意倾斜直线的平行线或垂直线，如图 1-7 和图 1-8 所示。

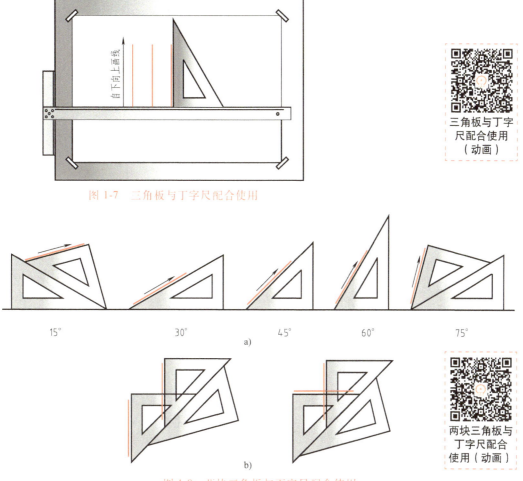

图 1-7　三角板与丁字尺配合使用

三角板与丁字尺配合使用（动画）

15°　　30°　　45°　　60°　　75°

a)

b)

两块三角板与丁字尺配合使用（动画）

图 1-8　两块三角板与丁字尺配合使用

a）三角板与丁字尺配合画与水平线成 15°及倍数的倾斜线　　b）画任意直线的平行线或垂直线

三角板应保持各边平直，避免碰摔。

4. 比例尺

比例尺是供绘图时用来按一定比例放大或缩小实际尺寸的专用尺，其形式常为三棱柱，故又称三棱尺。比例尺的三个面上刻有 6 种不同的比例，如图 1-9 所示，可根据需要选定。

图 1-9　比例尺

比例尺上的刻度一般以米（m）为单位。当我们使用比例尺上某一刻度时，可以不用计算，直接按照尺面所刻的数值，用分规截取长度。

绘图时切勿将比例尺当作三角板用来画线。

5. 圆规和分规

圆规是画圆和圆弧的专用工具。为了扩大圆规的功能，圆规一般配有三种插脚：铅笔插脚（画铅笔圆用）、直线笔插脚（画墨线圆用）、钢针插脚（代替分规量取尺寸用）。如果所画圆的半径较大，可在圆规上接一个延伸杆，以扩大圆的半径，如图1-10所示。

圆规在使用时，应先调整针尖和插脚的长度，使针尖稍长于铅笔芯或直线笔的笔尖，取好半径，用右手拿圆规，左手食指配合将针尖对准圆心，钢针和插脚均垂直于纸面，并使圆规略向前进方向倾斜，按顺时针方向从右下角开始画圆。画圆或圆弧都应一次完成。

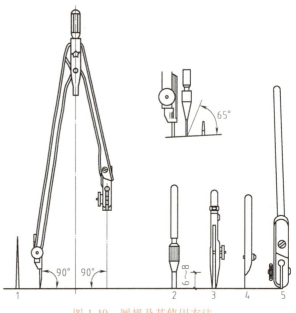

图1-10 圆规及其使用方法

分规是等分线段和量取线段的工具。分规的形状与圆规相似，但两腿端部都装有固定钢针，使用时，要先检查分规两腿的针尖靠拢后是否平齐。用分规将已知线段等分时，一般应采用试分的方法，如图1-11所示。

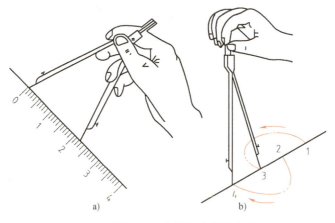

图1-11 分规及其使用方法
a）量取线段 b）等分线段

二、制图用品

1. 图纸

图纸有绘图纸和描图纸两种。

绘图纸要求质地坚硬，纸面洁白，用橡皮擦拭时不易起毛，画墨线时不洇透，图纸幅面应符合国家标准，边沿要整齐，各边应相互垂直，并且保存时不能折叠压皱。

2. 绘图铅笔

绘图铅笔是画底稿、描深图线用的。绘图铅笔的铅芯有软硬之分，分别用 B、2B、…、6B 和 H、2H、…、6H 的标志来表示。B 表示软铅芯，B 前面的数字越大表示铅芯越软；H 表示硬铅芯，H 前面的数字越大表示铅芯越硬；"HB"表示软硬适中。

绘图时，可根据使用要求选用不同的铅笔型号。一般用 H 或 2H 铅笔画底稿及细线，用 HB 铅笔画中线或书写字体，用 B 或 2B 铅笔画粗线。

铅笔应从没有标志的一端开始使用，以便保留标记，供以后使用时辨认。铅笔应削成长 25~30mm 的圆锥形，铅芯露出 6~8mm，用细砂纸磨成锥形或楔形。画底稿、加深细线和写字时，应选用锥形铅芯，用锥形铅芯画较长线段时，应边前进边缓慢地旋转铅笔；加深粗线时，应选用楔形铅芯，铅芯宽 1~1.5mm，厚 0.6~0.8mm，如图 1-12 所示。

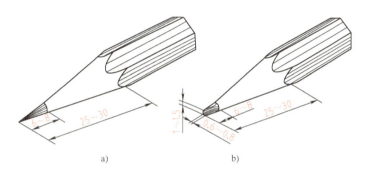

图 1-12 铅笔的使用方法
a）锥形 b）楔形

3. 其他用品

擦图片是用来修改图线的，使用时只要将应擦去的图线对准擦图片上相应的孔洞，用橡皮轻轻擦拭即可，如图 1-13 所示。

胶带纸用于固定图纸，另外还有砂纸、软毛刷等绘图用品。

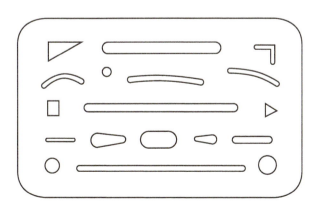

图 1-13 擦图片

单元2　基本制图标准

工程图样是"工程技术界的共同语言"。它既是"共同语言"，就要通用和统一。同时，在工程制图中为了简便，也采用许多简化的方法，如果没有统一、严格的规则，图样就会失去它的作用。因此，严格遵守国家制图标准是非常必要的。

一、现行制图标准

我国现行的建筑制图标准是由住建部会同有关部门共同对《房屋建筑制图统一标准》等6项标准进行修订，经有关部门会审，批准《房屋建筑制图统一标准》（GB/T 50001—2017）、《总图制图标准》（GB/T 50103—2010）、《建筑制图标准》（GB/T 50104—2010）、《建筑结构制图标准》（GB/T 50105—2010）、《建筑给水排水制图标准》（GB/T 50106—2010）、《暖通空调制图标准》（GB/T 50114—2010）为国家标准。

二、图幅

为了合理使用图纸和便于管理装订，《房屋建筑制图统一标准》（GB/T 50001—2017）对图纸的幅面、图框、标题栏和会签栏等作了规定。

1. 图幅

图幅是图纸幅面的简称，指图纸宽度与长度组成的图面，即图纸大小。

图纸的基本幅面规格及图框尺寸应符合表1-1的规定，其规格如图1-14所示。

表 1-1　幅面及图框尺寸　　　　　　　　　　　　　　　　　　　　（单位：mm）

尺寸代号 ＼ 幅面代号	A0	A1	A2	A3	A4
$b×l$	841×1189	594×841	420×594	297×420	210×297
c		10		5	
a			25		

注：表中b为幅面短边尺寸，l为幅面长边尺寸，c为图框线与幅面线间宽度，a为图框线与装订边间宽度。

从表中可以看出，各号图纸基本幅面的尺寸关系是：沿上一号幅面的长边对裁，即为下一号幅面的大小。

必要时可选用加长幅面，但图纸的短边一般不应加长，长边可加长，加长幅面的尺寸是由基本幅面的短边成整数倍增加后得出的（如A3×3的幅面尺寸是A3幅面的长边尺寸420mm和3倍的短边尺寸891mm）。

一个工程设计中，每个专业所使用的图纸幅面，一般不宜多于两种，不含目录及表格所采用的A4幅面。

2. 图框

图框是指图纸上限定绘图区域的线框。无论图纸是否装订，每张图纸都要画出图框，图框线用粗实线绘制。

图纸分横式幅面和立式幅面两种，以短边作垂直边称为横式幅面，以短边作水平边称为立式幅面。一般A0～A3幅

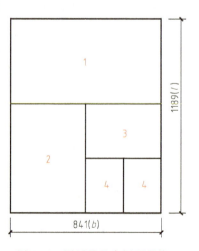

图 1-14　图纸的基本幅面规格

面的图纸宜采用横式幅面，如图 1-15 所示；A4 幅面的图纸宜采用立式幅面，如图 1-16 所示；但 A0～A3 幅面的图纸也可采用立式幅面，如图 1-16 所示。

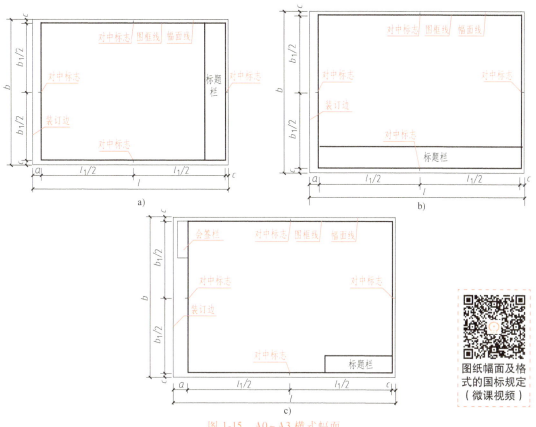

图 1-15　A0～A3 横式幅面
a）A0～A3 横式幅面（一）　b）A0～A3 横式幅面（二）　c）A0、A1 横式幅面

图纸幅面及格式的国标规定（微课视频）

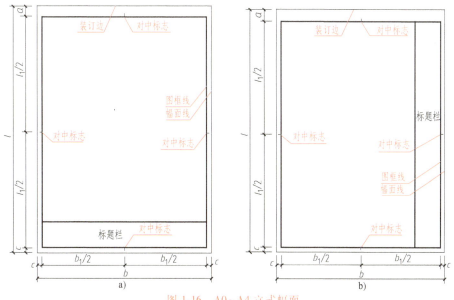

图 1-16　A0～A4 立式幅面
a）A0～A4 立式幅面（一）　b）A0～A4 立式幅面（二）

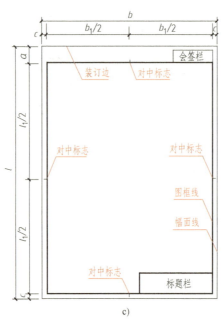

图 1-16　A0～A4 立式幅面（续）

c）A0～A2 立式幅面

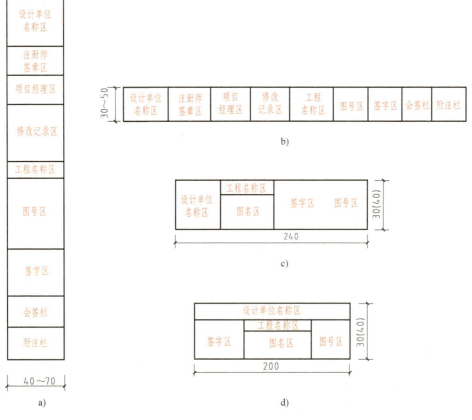

图 1-17　工程图标题栏

3. 标题栏和会签栏

在每张正式的工程图样上都应有工程名称、图名、图样编号、设计单位、设计人、绘图人、校核人、审定人的签字等栏目。把它们集中列成表格形式就是图纸的标题栏，简称图标。各种幅面的图纸，不论横式或立式均应在图框内画出标题栏，标题栏的绘制应符合《房屋建筑制图统一标准》（GB/T 50001—2017）的规定，用粗实线绘制。工程图标题栏的内容和格式如图 1-17 所示，根据工程需要选择确定其尺寸、格式及分区，签字区应包含实名列和签名列，涉外工程的标题栏内，各项主要工程的中文下方，还应加"中华人民共和国"字样；学生作业用标题栏可按图 1-18 所示的格式绘制，看标题栏的方向与看图的方向一致。

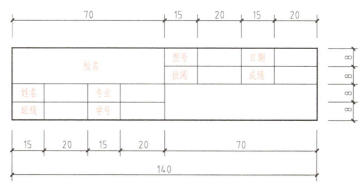

图 1-18　学生作业用标题栏

需要会签的图样，在图框线外应有会签栏，其格式如图 1-19 所示，尺寸应为 100mm×20mm，栏内应填写会签人员所代表的专业、姓名、日期（年、月、日），一个会签栏不够时，应另加一个，两个应并列，不需要会签的图样可不设会签栏，学生作业可不画会签栏。

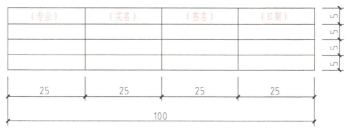

图 1-19　会签栏

 观察与思考

对比图 1-2，结合所学内容，指出该图哪些内容符合制图标准规定。

三、图线

1. 线宽

图样上的图形由很多图线构成。在图样中，为了表示不同内容，并且能够主次分明，绘图时需选用不同线型和线宽的图线。《房屋建筑制图统一标准》（GB/T 50001—2017）规定，图线的基本线宽 b，宜从下列线宽系列中选取：1.4mm、1.0mm、0.7mm、0.5mm，见表 1-2，表中 b 为粗实线的宽度。每个图样，应根据图形大小和复杂程度而定，先选定基本线宽 b，再选用表中相应的线宽组。

表 1-2 线宽组 （单位：mm）

线宽比	线 宽 组			
b	1.4	1.0	0.7	0.5
$0.7b$	1.0	0.7	0.5	0.35
$0.5b$	0.7	0.5	0.35	0.25
$0.25b$	0.35	0.25	0.18	0.13

注：1. 需要缩微的图纸，不宜采用 0.18mm 及更细的线宽。

2. 同一张图样内，各不同线宽中的细线，可统一采用较细的线宽组中的细线。

2. 线型

建筑工程图的图线线型有实线、虚线、单点长画线、双点长画线、折断线、波浪线等。每种线型（除折断线、波浪线外）又有粗、中粗、中、细 4 种不同的线宽。各类图线的线型、线宽及用途见表 1-3。

表 1-3 图线的线型、线宽及用途

名称		线 型	线宽	用 途
实线	粗		b	主要可见轮廓线
	中粗		$0.7b$	可见轮廓线、变更云线
	中		$0.5b$	可见轮廓线、尺寸线
	细		$0.25b$	图例填充线、家具线
虚线	粗		b	见各有关专业制图标准
	中粗		$0.7b$	不可见轮廓线
	中		$0.5b$	不可见轮廓线、图例线
	细		$0.25b$	图例填充线、家具线
单点长画线	粗		b	见各有关专业制图标准
	中		$0.5b$	见各有关专业制图标准
	细		$0.25b$	中心线、对称线、轴线等
双点长画线	粗		b	见各有关专业制图标准
	中		$0.5b$	见各有关专业制图标准
	细		$0.25b$	假想轮廓线、成型前原始轮廓线
折断线	细		$0.25b$	断开界线
波浪线	细		$0.25b$	断开界线

3. 图线的画法

表中的点、间隔、线段等线素的长度按表 1-4 的要求绘制。

图线的国标
规定
（微课视频）

表 1-4　线素长度

线　型	线　素　长　度
虚线	6b　3b
单点长画线	24b　3b　6b
双点长画线	24b　6b

注：线素为不连续线的独立部分。

在同一图样中，同类图线的线宽与形式应保持一致。图样的图框线和标题栏线，可采用表 1-5 的线宽。

表 1-5　图框线、标题栏线的宽度

幅面代号	图　框　线	标题栏外框线对中标志	标题栏分格线、幅面线
A0、A1	b	$0.5b$	$0.25b$
A2、A3、A4	b	$0.7b$	$0.35b$

绘制图纸时，应注意以下几点：

1）同一张图纸内相同比例的各图样，应选用相同的线宽组。

2）相互平行的图线，其净间隙或线中间隙不宜小于 0.2mm。

3）虚线、单点长画线或双点长画线的线段长度和间隔，宜各自相等。

4）单点长画线或双点长画线，当在较小图形中绘制有困难时，可用实线代替。

5）单点长画线或双点长画线的两端，不应采用点。点画线与点画线交接或点画线与其他图线交接时，应采用线段交接。

6）虚线与虚线交接或虚线与其他图线交接时，应采用线段交接。虚线为实线的延长线时，不得与实线相接。

7）图线不得与文字、数字或符号重叠、混淆，不可避免时，应首先保证文字的清晰。

四、字体

在工程图上除了画出物体的图形及其他必要的符号外，还需要用文字及数字加以说明和注解，这样才能使工程图在生产中起到应有作用。图样上所需书写的文字、字母、数字和符号等，均应笔画清晰、字体端正、排列整齐、间隔均匀；标点符号应清楚正确。字迹潦草，不仅影响图样的质量，而且还有可能导致不应有的差错，给国家、集体造成损失。因此，一定要加强练习。

1. 汉字

建筑工程图样及说明中的汉字宜优先采用 True type 字体中的宋体字型，采用矢量字体时应为长仿宋体字型，宽度与高度的关系应符合表1-6的规定。大标题、图册封面、地形图等的汉字，也可书写成其他字体，但应易于辨认，其宽高比宜为1。

表 1-6　长仿宋体字的高度与宽度　　　　　　　　　　（单位：mm）

字高	20	14	10	7	5	3.5
字宽	14	10	7	5	3.5	2.5

字体的号数即字体的高度。文字的字高，应从如下系列中选用：3.5mm、5mm、7mm、10mm、14mm 和 20mm，且字高为字宽的$\sqrt{2}$倍。如需书写更大的字，其高度应按$\sqrt{2}$的比值递增。

汉字的简化书写，应符合国家有关汉字简化方案的规定。

长仿宋体的书写要领可归纳为：横平竖直、起落有锋、填满方格、结构匀称。

长仿宋体汉字的基本笔画有点、横、竖、撇、捺、挑、钩、折八种，见表1-7。长仿宋体字例如图 1-20 所示。

2. 字母和数字

图样及说明中的字母、数字宜优先采用 True type 字体中的 Roman 字型，有一般字体和窄体字两种，其书写规则应符合表1-8的规定。

表 1-7　长仿宋体汉字的基本笔画写法

基本笔画	写　　法	基本笔画	写　　法
点	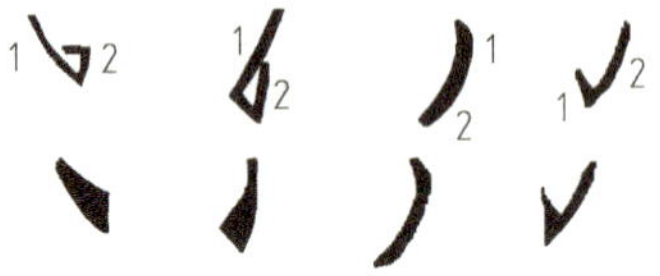	横	
竖	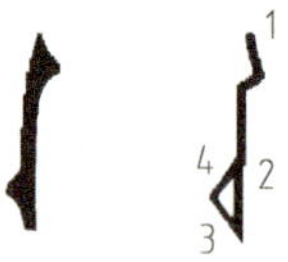	挑	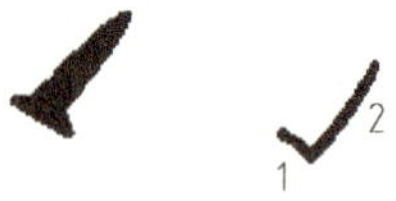
撇		钩	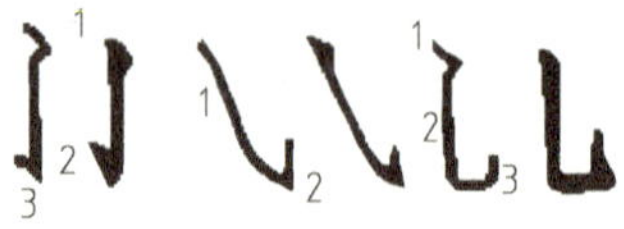
捺	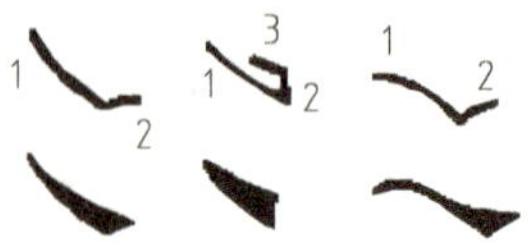	折	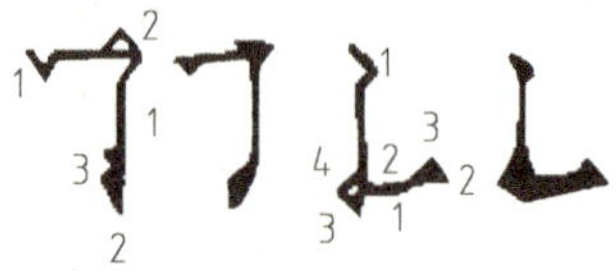

横平竖直起落有锋填满方格结构匀称

长仿宋体阿拉伯数字拉丁字母罗马汉字书写字时高宽比

工业与民用建筑平立剖面详图结构施说明比例尺寸长宽高钢筋混凝土
水泥砂浆混合砌块预制现浇黏土砖空心实心

大学系班级专业绘制审核校对名称材料件数共张工程种类设计负责人截面轴测前后左右上下
东南西北内外高低基础地下室墙柱承重楼板地面楼梯屋顶门窗

图 1-20　长仿宋体字例

表 1-8　拉丁字母、阿拉伯数字与罗马数字书写规则

书 写 格 式		一 般 字 体	窄 体 字
字母高	大写字母	h	h
	小写字母(上下均无延伸)	$(7/10)h$	$(10/14)h$
小写字母伸出的头部或尾部		$(3/10)h$	$(4/14)h$
笔画宽度		$(1/10)h$	$(1/14)h$
间距	字母间距	$(2/10)h$	$(2/14)h$
	上下行基准线间最小间距	$(15/10)h$	$(21/14)h$
	词间距	$(6/10)h$	$(6/14)h$

　　字母或数字如需写成斜体，其斜度应从字的底线逆时针向上倾斜75°，斜体字的高度与宽度应与相应的直体字相等，字高应不小于2.5mm，字例如图1-21所示。

　　数量的数值注写，应采用正体阿拉伯数字。凡前面有量值的各种计量单位，均应采用国家颁布的单位符号注写，单位符号应采用正体字母。

　　分数、百分数和比例数的注写，应采用阿拉伯数字和数字符号。例如，四分之三、百分之二十五和一比二十，应分别写成3/4、25%和1∶20。

$$1\,2\,3\,4\,5\,6\,7\,8\,9\,0$$

$$ABCDEFGHIJKLMNOPQRSTUVWXYZ$$

$$abcdefghijklmnopqrstuvwxyz$$

$$I\ II\ III\ IV\ V\ VI\ VII\ VIII\ IX\ X$$

图1-21 字母和数字的写法

当注写数字小于1时，应写出个位的"0"，小数点应采用圆点，齐基准线书写，例如0.01。

五、比例

图样的比例是指图中图形与其实物相对应要素的线性尺寸之比。比例的符号应为":"，比例应以阿拉伯数字表示，如1：1、1：2、1：100等。例如，一个房屋的长度是55m，而在图样上它相应的长度只画出0.55m，那么它的比例就是：

$$比例=\frac{图样上的线段长度}{实物上的线段长度}=\frac{0.55}{55}=\frac{1}{100}$$

比例的大小是指比值的大小，如1：50大于1：100。比例应注写在图名的右侧，与字的基准线取平，字高宜比图名的字高小一号或小两号，如图1-22所示。

平面图 1:100   ⑥   1:20

图1-22 比例的注写

绘图所用的比例，应根据图样的用途以及绘制对象的复杂程度，从表1-9选用，并优先选用表中的常用比例。

表1-9 绘图所用的比例

常用比例	1：1、1：2、1：5、1：10、1：20、1：30、1：50、1：100、1：150、1：200、1：500、1：1000、1：2000
可用比例	1：3、1：4、1：6、1：15、1：25、1：40、1：60、1：80、1：250、1：300、1：400、1：600、1：5000、1：10000、1：20000、1：50000、1：100000、1：200000

一般情况下，一个图样应选用一种比例。根据专业制图需要，同一图样可以选用两种比例。特殊情况下还可自选比例，这时除应注出绘图比例外，还必须在适当位置绘出相应的比例尺。

六、尺寸标注

建筑施工是根据图样上标注的尺寸进行的。因此，尺寸是施工的重要依据，工程图样上必须标注尺寸才能使用。在绘制图样时，除了画出物体的形状外，还必须标注尺寸。

国家建筑制图标准规定了尺寸标注的基本规则和方法，在绘图和识图时必须遵守。标注尺寸的要求是：

（1）正确　即标注方式符合国家标准的规定。

（2）完整　即尺寸必须齐全。不在同一张图样上但相同部位的尺寸应一致。

（3）清晰　即注写的部位要恰当、明显、排列有序。

1. 尺寸的组成

一个完整的尺寸标注一般应包括尺寸界线、尺寸线、尺寸数字和尺寸起止符号，如图 1-23 所示。

（1）尺寸界线　尺寸界线用来限定所注尺寸的范围。尺寸界线应用细实线绘制，且应与被注长度垂直，其一端应离开图样轮廓线不小于 2mm，另一端宜超出尺寸线 2~3mm，如图 1-24 所示。图样轮廓线、轴线或对称中心线可用作尺寸界线。

（2）尺寸线　尺寸线应用来表示尺寸的方向。尺寸线应用细实线绘制，且应与被注长度平行，两端均以尺寸界线为边界，也可超出尺寸界线，2~3mm，图样本身的任何图线均不得用作尺寸线。

（3）尺寸数字　建筑工程图样上的尺寸数字表示工程形体的实际大小，与绘图采用的比例无关。因此，图样的尺寸，应以尺寸数字为准，不得从图上直接量取。

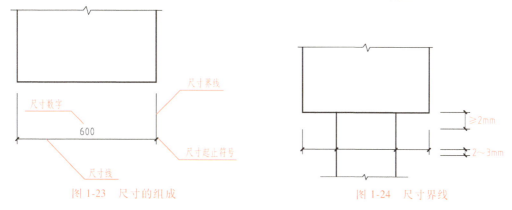

图 1-23　尺寸的组成　　　　　　　　图 1-24　尺寸界线

图样上的尺寸单位，除标高及总平面图以米（m）为单位外，其他必须以毫米（mm）为单位。因此，图样上的尺寸数字无须注写单位。

尺寸数字应注写在尺寸线的中部。当尺寸线为水平方向时，数字注写在尺寸线上方；当尺寸线为垂直方向时，数字注写在尺寸线左方，字头朝左；当尺寸线为其他方向时，其注写方法如图 1-25a 所示。若尺寸数字在 30°斜线区内，应尽量避免在斜线范围内注写尺寸，若不能避免时，可按图 1-25b 所示注写。

尺寸数字如没有足够的注写位置，最外边的尺寸数字可注写在尺寸界线的外侧，中间相邻的尺寸数字可错开注写，可用引出线表示标注尺寸的位置，如图 1-26 所示。

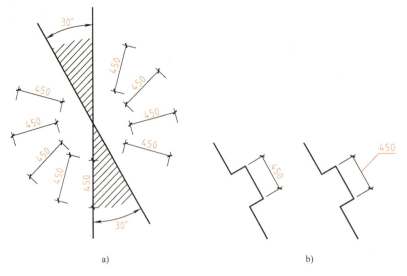

a)   b)

图 1-25   尺寸数字的注写方向

图 1-26   尺寸数字的注写位置

（4）尺寸起止符号   尺寸起止符号用来表示尺寸的起止。尺寸线与尺寸界线的相交点是尺寸的起止点，在起止点处画出表示尺寸起止的符号，称为尺寸起止符号。尺寸起止符号用中粗斜短线绘制，其倾斜方向应与尺寸界线成顺时针 45°角，长度宜为 2~3mm。

图 1-27   箭头尺寸起止符号

半径、直径、角度与弧长的尺寸起止符号，宜用箭头表示，箭头宽度不宜小于 1mm，如图 1-27 所示。

2. 尺寸的标注

（1）尺寸的排列与布置   尺寸宜标注在图样轮廓以外，不宜与图线、文字及符号等相交。图线不得穿过尺寸数字，不可避免时，应将尺寸数字处的图线断开，如图 1-28 所示。

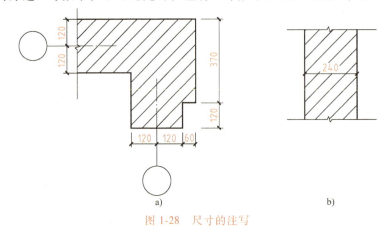

a)   b)

图 1-28   尺寸的注写

a）尺寸不宜与图线相交   b）尺寸数字处图线应断开

互相平行的尺寸线，应从被标注的图样轮廓线由近向远整齐排列，较小尺寸离轮廓线较近，较大尺寸离轮廓线较远，如图 1-29 所示。

图样轮廓线以外的尺寸线，距图样最外轮廓之间的距离，不宜小于 10mm。平行排列的尺寸线的间距，宜为 7~10mm，并应保持一致，如图 1-29 所示。

总尺寸的尺寸界线，应靠近所指部位，中间分尺寸的尺寸界线可稍短，但其长度应相等，如图 1-29 所示。

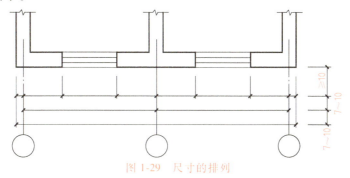

图 1-29　尺寸的排列

（2）半径、直径和球的尺寸标注　一般情况下，对于半圆或小于半圆的圆弧应标注其半径。

半径的尺寸线应一端从圆心开始，另一端画箭头指向圆弧。半径数字前应加注半径符号"R"，如图 1-30 所示。较小圆弧的半径，可按图 1-31 所示的形式标注。较大圆弧的半径，可按图 1-32 所示的形式标注。

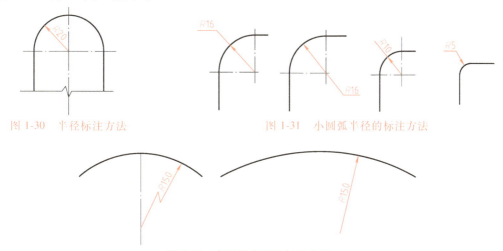

图 1-30　半径标注方法　　　　图 1-31　小圆弧半径的标注方法

图 1-32　大圆弧半径的标注方法

标注圆的直径尺寸时，直径数字前应加直径符号"φ"。在圆内标注的尺寸线应通过圆心，两端画箭头指至圆弧，如图 1-33 所示。较小圆的直径尺寸，可标注在圆外，如图 1-34 所示。

总之，在圆或圆弧上标注直径或半径尺寸时，尺寸线一般应通过圆心或延长线通过圆心。

标注球的半径尺寸时，应在尺寸前加注符号"SR"。标注球的直径尺寸时，应在尺寸数字前加注符号"Sφ"。注写方法与圆弧半径和圆弧直径的尺寸标注方法相同。

（3）角度、弧度、弦长的尺寸标注　角度的尺寸线应以圆弧表示。该圆弧的圆心应是

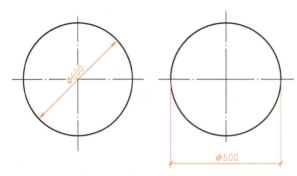

图 1-33　圆直径的标注方法

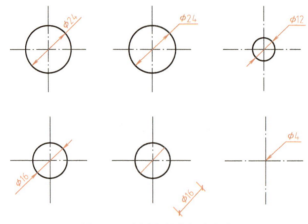

图 1-34　小圆直径的标注方法

该角的顶点，角的两条边为尺寸界线。起止符号应以箭头表示，如没有足够位置画箭头，可用圆点代替，角度数字应沿尺寸线方向注写，如图 1-35 所示。

标注圆弧的弧长时，尺寸线应以与该圆弧同心的圆弧线表示，尺寸界线应垂直于该圆弧的弦，起止符号用箭头表示，弧长数字上方或前方应加注圆弧符号"⌒"，如图 1-36 所示。

标注圆弧的弦长时，与标注线段的尺寸一样。尺寸线应以平行于该弦的直线表示，尺寸界线应垂直于该弦，起止符号用中粗斜短线表示，如图 1-37 所示。

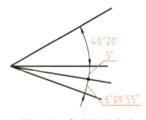

图 1-35　角度标注方法

图 1-36　弧长标注方法

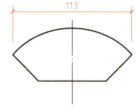

图 1-37　弦长标注方法

（4）薄板厚度、正方形、坡度等的尺寸标注　在薄板板面标注板厚尺寸时，应在厚度数字前加厚度符号"t"，如图 1-38 所示。

标注正方形的尺寸，可用"边长×边长"的形式，也可在边长数字前加正方形符号"□"，如图 1-39 所示。

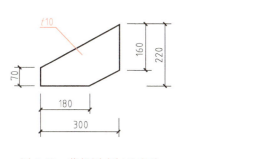

图 1-38　薄板厚度标注方法

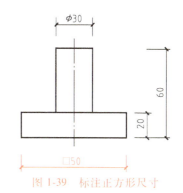

图 1-39　标注正方形尺寸

标注坡度时，应加注坡度符号"⟵"或"⟵"，箭头应指向下坡方向。坡度也可用直角三角形的形式标注，如图 1-40 所示。

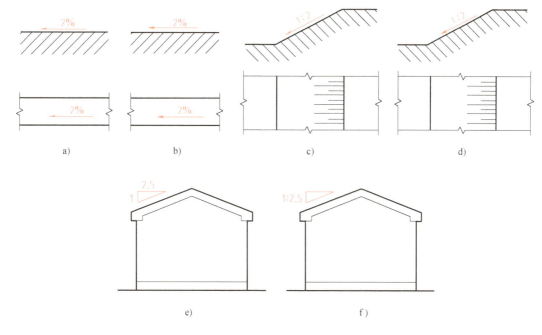

图 1-40　坡度标注方法

（5）尺寸的简化标注

1）杆件或管线的长度，在单线图（桁架简图、钢筋简图、管线简图）上，可直接将尺寸数字沿杆件或管线的一侧注写，如图 1-41 所示。

2）连续排列的等长尺寸，可用"等长尺寸×个数＝总长"（图 1-42a）或"总长（等分个数）"（图 1-42b）的形式标注。

3）构配件内的构造要素（如孔、槽等）如相同，可仅标注其中一个要素的尺寸，如图 1-43 所示。

4）对称构配件采用对称省略画法时，该对称构配件的尺寸线应略超过对称符号，仅在尺寸线的一端画尺寸起止符号，尺寸数字应按整体全尺寸注写，其注写位置宜与对称符号对齐，如图 1-44 所示。

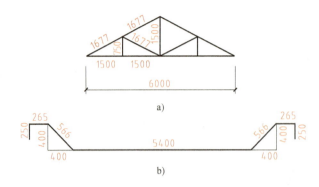

图 1-41　单线图尺寸标注方法

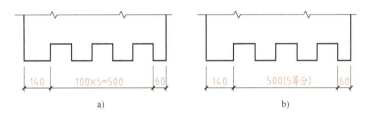

图 1-42　等长尺寸简化标注方法

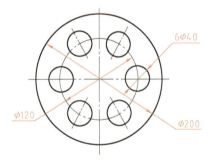

图 1-43　相同要素尺寸标注方法

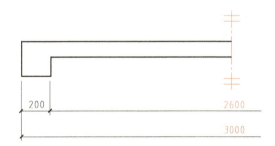

图 1-44　对称构配件尺寸标注方法

5）两个构配件如个别尺寸数字不同，可在同一图样中将其中一个构配件的不同尺寸数字注写在括号内，该构配件的名称也应注写在相应的括号内，如图 1-45 所示。

6）数个构配件如仅某些尺寸不同，这些有变化的尺寸数字，可用拉丁字母注写在同一图样中，另列表格写明其具体尺寸，如图 1-46 所示。

图 1-45　相似构配件尺寸标注方法

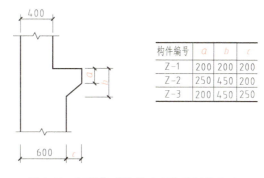

构件编号	a	b	c
Z-1	200	200	200
Z-2	250	450	200
Z-3	200	450	250

图1-46　相似构配件尺寸表格式标注方法

单元3　绘图步骤

一、绘图前的准备工作

1）准备好必要的绘图仪器、工具和用品，将图板、丁字尺、三角板等擦干净，并且在整个作图过程中经常进行清洁工作，以保持图面的清洁。

2）根据图形大小和复杂程度确定绘图比例，选用合适的图纸。

3）在图板上固定图纸，先用丁字尺的工作边对齐图纸的上边，再向下移动丁字尺，然后用胶带纸把图纸固定在图板上。

二、绘图的一般步骤

（1）绘制底稿　绘制底稿，一般选用较硬的H或2H铅笔。底稿中的线型可不必区分粗细，均应细而轻淡，以便修改和擦掉不需要的图线。绘制底稿的一般步骤如下：

1）按照要求画好图框线和标题栏。

2）选择比例，安排好图位，定好图形的中心线。

3）画图形的轮廓线及细部。

4）画尺寸界线、尺寸线及其他符号等。

（2）加深底稿　加深底稿前应先检查一遍，把画错的线改正，补齐遗漏的线，擦去不需要的线。检查修改完毕后，一般用B或2B铅笔加深。图中的线型用粗细不同来区别，按照先细后粗、先上后下、先左后右的顺序进行加深，但其黑度应一致。加深底稿的一般步骤如下：

1）加深细单点长画线，先加深水平方向线，后加深垂直方向线。

2）加深粗实线的圆、圆弧和曲线。

3）加深水平方向的粗实线（自上而下）和垂直方向的粗实线（自左向右）。

4）加深倾斜的粗实线。

5）加深虚线、细实线等。

6）加深尺寸起止符号或箭头，注写尺寸数字、文字说明、填写图标等。

7）加深图框线、图标线等。

知识回顾

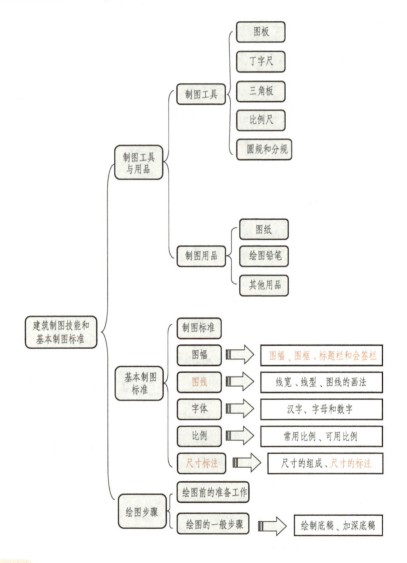

 练一练

1. 常用制图工具有哪些？试述它们的用途和使用、保管方法。

2. 《房屋建筑制图统一标准》（GB/T 50001—2017）的主要内容有哪些？

3. 图纸的幅面规格有哪几种？它们的边长之间有何关系？

4. 线型规格有哪些？各有什么用途？

5. 长仿宋体汉字的书写要领是什么？怎样才能写好长仿宋字？

6. 图样的尺寸由哪几部分组成？标注尺寸时应注意哪些问题？

7. 简述绘图的步骤。

几何作图训练

学习要求

主要内容	知识目标	能力目标	素养目标
作直线的平行线和垂直线	掌握作直线的平行线和垂直线的几何作图方法	会使用绘图工具绘制平行线和垂直线	1. 运用工具绘制图样,增强成就感,弘扬劳动光荣、知识崇高的社会风尚 2. 在绘图实践中,细细打磨、精心绘制,展现执着专注、精益求精、追求卓越的工匠精神
等分线段	熟悉等分线段的几何作图方法	会使用绘图工具任意等分直线段	
正多边形画法	熟悉正五边形、正六边形的几何作图方法	会使用绘图工具绘制正五边形、正六边形	
徒手作图	了解徒手画直线、圆的方法	会徒手绘制几何图形	

课前阅读

　　春秋时期鲁国人鲁班,出身于世代工匠的家庭,从小就跟随家里人参加过许多土木建筑工程劳动,逐渐掌握了劳动的技能,积累了丰富的实践经验。他被誉为中国土木建筑和木匠的鼻祖,是中国木质古建筑常用的卯榫结构,以及现今钻子、刨子、铲子、曲尺、墨斗等木匠工具的发明者。鲁班的发明使当时的工匠们从原始繁重的劳动中解放出来,劳动效率成倍提高,使土木工艺出现了崭新的面貌。如今人们为了纪念这位古代有名的建筑师,成立了中国建筑行业的重磅奖项之一"鲁班奖"。

　　鲁班是"匠之心"的真实实例,他诠释的是"一旦你决定好职业,你必须全心投入工作中,你必须爱自己的工作,千万不要有怨言,你必须穷尽一生磨练技能,这是成功的秘诀,也是让人们敬重的关键。"而这就是工匠精神最纯真的呈现。

　　新时代的青年持续学习技能,不断精进技术,成为知识型、技能型、创新型劳动者,走技能成才、技能报国之路,为推动祖国经济社会高质量发展注入强大动力。

生活与识图

　　我们上下楼层的楼梯在图样上是通过一系列的线条绘制的。图2-1所示为楼梯的平面图和立体图,从平面图中可以看出图样是由一系列的水平线、垂直线和平行线组成的,楼梯踏步需要画等分线段,那么画图时应怎样快速正确地画出这些线条呢?

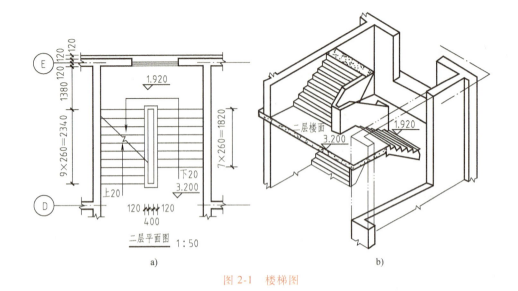

图 2-1　楼梯图

a）平面图　b）立体图

单元1　直线的平行线和垂直线

一、作平行线

1. 作水平线的平行线

作图方法和步骤如图 2-2 所示。

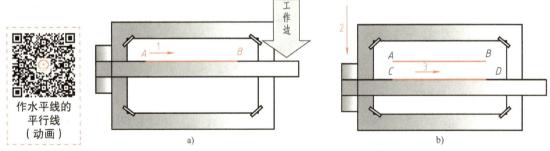

图 2-2　作水平线的平行线

1）使丁字尺的工作边与已知的水平线 *AB* 平行。

2）沿绘图板的工作边向下推丁字尺，使丁字尺的工作边紧贴 *C* 点，从左向右作直线 *CD* 即为所求平行线，如图 2-2 所示。

　**观察与思考**

只用丁字尺能画垂直线吗？画水平线的方向是从左向右还是从右向左的？还是都可以？

2. 作倾斜线的平行线

【例 2-1】　过已知点 *C* 作已知直线 *AB* 的平行线，如图 2-3a 所示。

作图方法和步骤如图 2-3 所示。

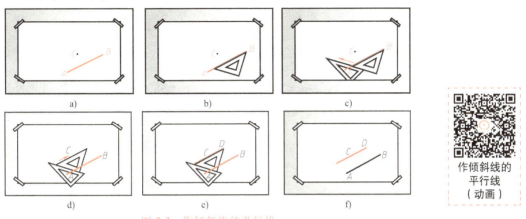

图 2-3　作倾斜线的平行线

作倾斜线的
平行线
（动画）

1）使一个三角板的一边平行于 AB，将另一只三角板紧贴第一个三角板的另一边，如图 2-3b、c 所示。

2）按住第二个三角板，沿箭头方向推第一个三角板，使平行于 AB 的一边过点 C，作直线 CD 即是所求的平行线，如图 2-3d、e、f 所示。

二、作垂直线

1. 作水平线的垂直线

【例 2-2】　过已知点 C 作水平线 AB 的垂直线。

分析：丁字尺不能用于画垂直线，因此可用丁字尺和三角板共同来完成。

作图方法和步骤如图 2-4 所示。

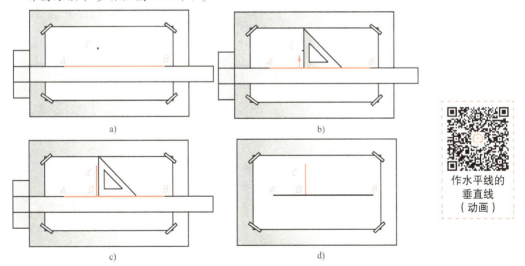

图 2-4　作水平线的垂直线

作水平线的
垂直线
（动画）

1）使丁字尺的工作边与已知直线 AB 平行，如图 2-4a 所示。

2）将三角板一直角边紧贴丁字尺工作边，沿三角板另一直角边过 C 点作直线 CD 即为所求垂直线，如图 2-4b、c、d 所示。

2. 作倾斜线的垂直线

【例2-3】 过已知点 C 作一直线垂直于已知直线 AB，如图 2-5a 所示。

作图方法和步骤如图 2-5 所示。

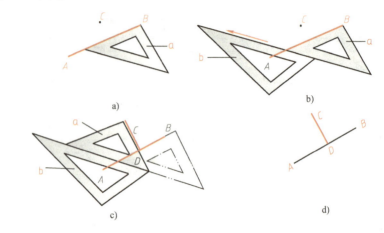

图 2-5　作倾斜线的垂直线

1）使三角板 a 的一直角边紧贴直线 AB，另一三角板 b 的一边紧贴三角板 a 的斜边，如图 2-5b 所示。

2）按住三角板 b 不动，沿三角板 b 的斜边推动三角板 a，让三角板 a 的另一直角边过 C 点，过 C 作直线 CD 即为所求，如图 2-5c、d 所示。

三、等分线段

1. 分直线段为任意等分

【例2-4】 将直线 AB 五等分，如图 2-6a 所示。

作图方法和步骤如图 2-6 所示。

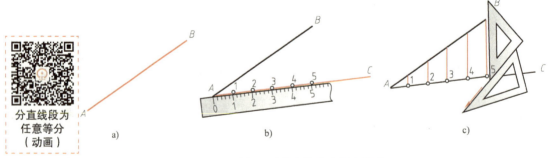

图 2-6　分直线段为任意等分

1）过 A 点作任意直线 AC，用直尺在 AC 上截取 5 个单位，得到 1、2、3、4、5 五个点，如图 2-6b 所示。

2）连接直线 5B，用前面作平行线的方法过 1、2、3、4 分别作 5B 的平行线，交 AB 于四个等分点，即为所求的等分点，如图 2-6c 所示。

观察与思考

图 2-7 所示为楼梯剖面图的一部分，怎样快速简单地画出楼梯的踏步？

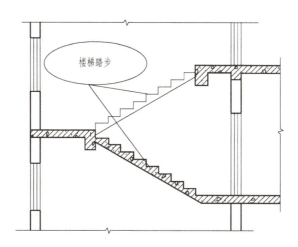

图 2-7　楼梯剖面图（部分）

2. 分两平行线之间的距离为已知等份

【例 2-5】　已知平行线 *AB* 和 *CD*，将 *AB* 和 *CD* 之间的距离分为五等份，如图 2-8a 所示。作图方法和步骤如图 2-8 所示。

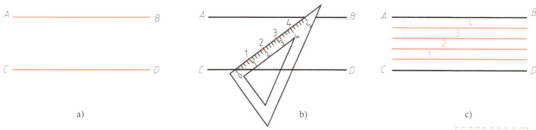

a)　　　　　　　　　　　b)　　　　　　　　　　　c)

图 2-8　分两平行线之间的距离为已知等份

分两平行线
之间的距离
为已知等份
（动画）

1）将三角板上的 0 点对准 *CD* 直线上的任意一点，并使刻度 5 落在 *AB* 上，得到点 1、2、3、4，如图 2-8b 所示。

2）过点 1、2、3、4 作 *AB*、*CD* 的平行线，即为所求，如图 2-8c 所示。

单元 2　正多边形画法

一、作正五边形

作图方法和步骤如图 2-9 所示。

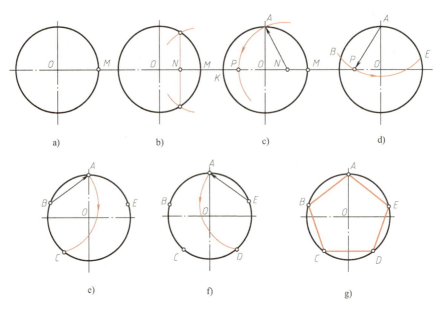

图 2-9 正五边形的作法

1）作 *OM* 的中点 *N*，如图 2-9b 所示。

2）以 *N* 为圆心，*NA* 为半径作弧交 *OK* 于 *P* 点，*AP* 即为正五边形的边长，如图 2-9c 所示。

3）以 *A* 为圆心，*AP* 为半径作弧交圆于 *B*、*E* 两点，如图 2-9d 所示。

4）以 *B* 为圆心，*BA* 为半径作弧交圆于 *C* 点，如图 2-9e 所示。

5）以 *E* 为圆心，*EA* 为半径作弧交圆于 *D* 点，如图 2-9f 所示。

6）依次连接 *A*、*B*、*C*、*D*、*E* 五点即得所求的正五边形，如图 2-9g 所示。

二、作正六边形

【例 2-6】 用丁字尺和三角板六等分圆周作圆内接正六边形。

作图方法和步骤如图 2-10 所示。

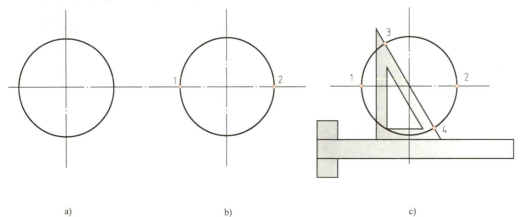

图 2-10 正六边形的作法（一）

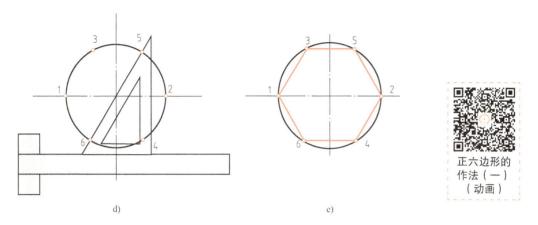

d)   e)

正六边形的
作法（一）
（动画）

图 2-10　正六边形的作法（一）（续）

1）找出圆周与水平中心线的交点 1、2，如图 2-10b 所示。

2）放好丁字尺，用 60°三角板短直角边紧靠丁字尺，60°角放在右边，斜边通过圆心，与圆周交于 3、4 两点，如图 2-10c 所示。

3）丁字尺不动，用 60°三角板短直角边紧靠丁字尺，60°角放在左边，斜边通过圆心，与圆周交于 5、6 两点，如图 2-10d 所示。

4）移走丁字尺和三角板，顺次连接各点，即是所求的正六边形，如图 2-10e 所示。

【例 2-7】　用圆规六等分圆周作圆内接正六边形。

作图方法和步骤如图 2-11 所示。

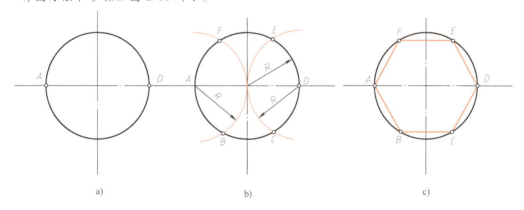

a)   b)   c)

图 2-11　正六边形的作法（二）

1）分别以 A、D 为圆心，R 为半径作圆弧与圆相交于 B、F、C、E 四点，如图 2-11b 所示。

2）顺次连接 A、B、C、D、E、F 六点即得所求的圆内接正六边形，如图 2-11c 所示。

单元 3　徒手作图

1. 直线的画法

画直线的要领是先定出直线的起点和终点，笔杆略向画线方向倾斜，执笔的手腕或小指轻靠纸面，眼睛略看直线终点以控制画线方向。画短线转动手腕即可，画长线可移动手臂画出。运笔及画法如下：

1）水平线自左至右运笔，如图 2-12 所示。

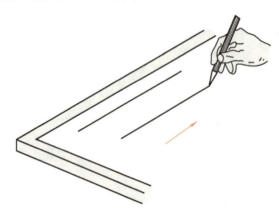

图 2-12 画水平线

2）垂直线自上至下运笔，如图 2-13 所示。

3）倾斜线如图 2-14 所示的方向运笔。

2. 圆的画法

画圆时，以手指或手腕关节为支点，旋转铅笔。

1）徒手画小圆，作图方法和步骤如图 2-15 所示。

2）徒手画较大圆，作图方法和步骤如图 2-16 所示。

3）徒手画大圆，作图方法和步骤如图 2-17 所示。

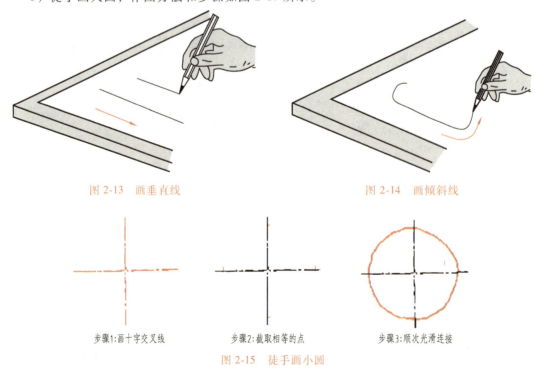

图 2-13 画垂直线　　　　图 2-14 画倾斜线

步骤1:画十字交叉线　　步骤2:截取相等的点　　步骤3:顺次光滑连接

图 2-15 徒手画小圆

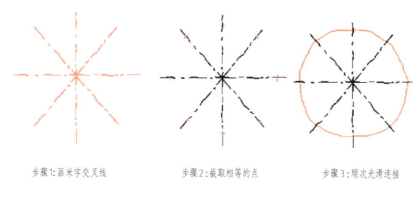

| 步骤1:画米字交叉线 | 步骤2:截取相等的点 | 步骤3:顺次光滑连接 |

图 2-16　徒手画较大圆

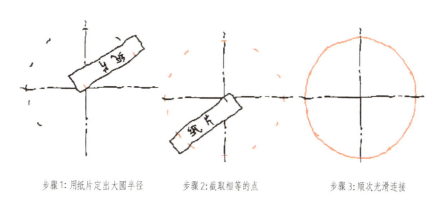

| 步骤1:用纸片定出大圆半径 | 步骤2:截取相等的点 | 步骤3:顺次光滑连接 |

图 2-17　徒手画大圆

知识回顾

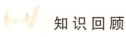

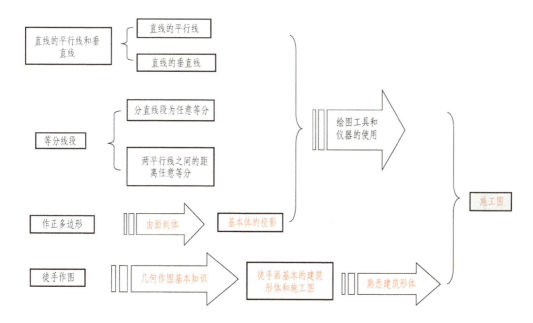

练一练

1. 试述任意等分线段的方法和步骤。
2. 试述把两平行线间距离等分成任意等份且过等分点作平行线的方法和步骤。
3. 试述作正五边形的方法和步骤。
4. 试徒手画出房屋的门窗示意图。
5. 试徒手画出直径为 20mm 的圆。

学习情境3

投影基本知识应用

学习要求

主要内容	知识目标	能力目标	素养目标
投影的概念和分类	1. 熟悉投影的概念 2. 了解投影的分类及特性 3. 了解工程上常用的投影图 4. 掌握平行投影的基本性质	会比较工程上常用的四种投影图特征	1. 培养精益求精的工匠精神 2. 培养自身透过现象看本质的能力，拥有更强的洞察力
正投影图	1. 熟悉三面正投影图的形成原理 2. 掌握三面投影图的规律	1. 能快速找出身边的三面投影体系 2. 会正确演示三面投影体系的展开	
点的投影	1. 熟悉点的三面投影特征 2. 掌握空间两点的相对位置、重影点的识读方法	1. 能根据点的两面投影作出第三面投影 2. 会判断两点的相对位置	
直线的投影	1. 熟悉直线的三面投影特征 2. 能分析三面投影中两直线的相对位置	1. 能正确绘制直线的三面投影图 2. 能正确识读直线投影图	
平面的投影	1. 熟悉平面的三面投影特征 2. 能分析三面投影中点、直线、平面相对位置关系	1. 能正确绘制平面的三面投影图 2. 会判断指定平面的位置	

课前阅读

始于两汉、盛于明清的皮影戏，生命力历经数千年而不衰。皮影艺人利用人物影子表演故事而得名，其间融汇了光的直线传播原理。皮影戏道具人物由兽皮经去毛、去血，加以药物处理使之透明，再用各种各样的刀具或凿或刻而制成。光源采用一碗油，周围一圈灯捻儿。这是古代勤劳智慧的劳动人民将投影原理运用在艺术领域的真实呈现。通过观看皮影戏，我们感受到了传统技艺之美，领略了千年文化的源远流长，体会了匠心。

生活与识图

在日常生活中，我们常常看到影子这种自然现象。在光线的照射下，形体在地面或墙面上都会产生影子，这些影子在某种程度上能够显示出形体的形状和大小，如图3-1所示。当光

图3-1　建筑及投影

线的照射角度和距离发生变化时，形体影子的位置、形状等也随之发生变化。是否可以通过形体的影子将空间的三维形体转变为平面上的二维图形，并使这个二维图形能够准确、全面地表达出形体的形状和尺寸大小呢？

对工程图样的基本要求是能在一个平面上准确表达形体的几何形状和大小。如图 3-2 所示，我们日常所见的绘画和摄影作品所表现的形体或建筑物，虽然形象逼真，立体感强，但是这种图不能把物体各部分的真实形状和大小准确地表示出来，它无法真实地表达设计者的意图，更不能用来指导施工。

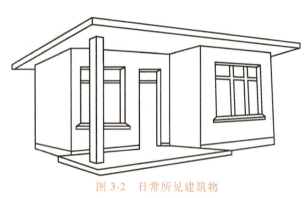

图 3-2　日常所见建筑物

建筑工程中所使用的图样，是根据投影的方法绘制的，如图 3-3 所示。一栋房屋从几个方向绘制出它的投影图，所反映房屋的真实形状和大小，并标注完整的尺寸和符号，再加上技术说明，施工技术人员根据这些投影图，就能建造出符合设计者要求的房屋来。

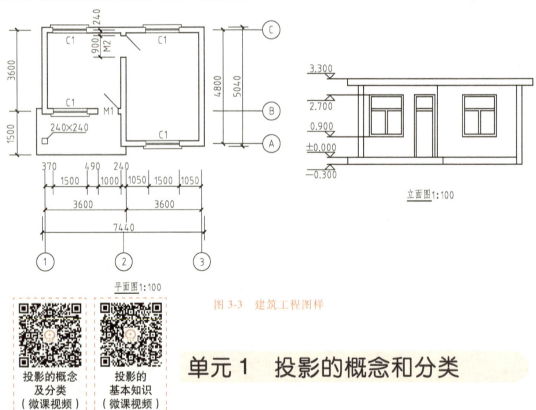

图 3-3　建筑工程图样

单元 1　投影的概念和分类

一、投影的概念

形体在光线的照射下，会在地面或墙面上产生影子。人们从光线、形体和影子之间的内在联系中，经过科学地总结和归纳，形成了在平面上做出形体投影的原理和投影作图的基本规则和方法。

在投影理论中，我们把物体称为形体；把光源称为投射中心；表示光源的线称为投射线；光线的射向称为投射方向；落影的平面（如地面、墙面等）称为投影面；所产生的影子称为投影；用投影表示形体的形状和大小的方法称为投影法；用投影法画出的形体图称为投影图，如图 3-4 所示。

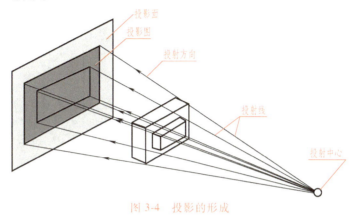

图 3-4　投影的形成

需要指出的是，空间形体在光线的照射下，所得到的影子是灰黑一片的，它只能反映出空间形体的轮廓，而表达不出空间形体的真实面目。为了把形体的各面和内部形状变化都反映在投影图中，我们可以假设光线从规定的方向射来，同时假设光线能够穿透形体而将形体的各个顶点和棱线都在投影面上投下影子，并用虚线表示那些看不见的轮廓线，这样就可以将形体的某些内部形状表示出来，如图 3-5 所示。

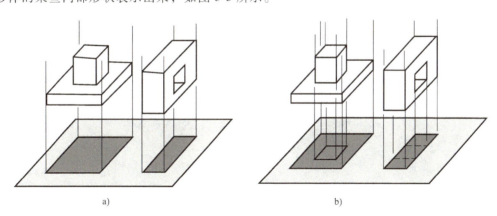

a)　　　　　　　　　　　　　　　　b)

图 3-5　影子与投影
a）影子　b）投影

产生投影必须具备投射线、投影面和形体（或几何元素）三个条件，三者缺一不可，称为投影的三要素。

二、投影的分类

根据投射中心与投影面位置的不同，投影分为中心投影和平行投影两大类。

1. 中心投影

投射中心距离投影面为有限远时，所有的投射线都交汇于投射中心 S，这种投影方法称为中心投影法，如图3-6所示。由此投影方法得到的投影图称为中心投影图，简称中心投影。中心投影的大小和原形体不相等，不能准确地度量出形体的真实尺寸大小。

中心投影的特点是投射线都集中于一点 S，投影的大小与形体和投射中心的距离有关，在投射中心 S 与投影面距离不变的情况下，形体距投射中心越近，影子越大，反之则越小。中心投影适用于绘制透视图。

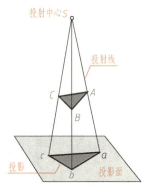

图3-6 中心投影法

2. 平行投影

投射中心距离投影面为无限远时，所有的投射线成为平行线，这种投影方法称为平行投影法，如图3-7所示。由此投影方法得到的投影图称为平行投影图，简称平行投影。平行投影的大小与形体和投射中心的距离远近无关。

根据投射线和投影面夹角的不同，平行投影又可以分为斜投影和正投影两种。

（1）斜投影　投射方向倾斜于投影面时所作出形体的平行投影称为斜投影。斜投影适用于绘制斜轴测投影图。

（2）正投影　投射方向垂直于投影面时所作出形体的平行投影称为正投影。正投影能反映出形体的真实形状和大小，故一般工程图样都是按正投影原理绘制的，我们把用正投影法绘制的图形称为正投影图。

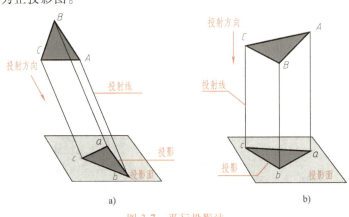

图3-7 平行投影法

a）斜投影　b）正投影

一般的建筑工程图样，都是按照正投影的方法绘制的，即假设投射线互相平行，并垂直于投影面。为了把形体各面和内部形状变化都反映在投影图中，还假设投射线是可以穿透物体的。可见的线用实线绘制，不可见的线用虚线绘制。

工程上常用的投影图有以下四种：

（1）透视投影图　透视投影图是用中心投影法绘制的单面投影图，如图3-8所示。透视投影图同人的眼睛观察物体或摄影所得的结果相似，符合人的视觉印象，直观性强，形象逼真，富有立体感，但作图复杂，度量性差，常用于绘制初步设计方案图、建筑效果图、工艺美术和宣传广告画等，在建筑工程设计中，一般用作辅助图样。

（2）**轴测投影图**　轴测投影图是用平行投影法将形体及确定其空间位置的直角坐标系，投射到选定的投影面上所得到的单面投影图，如图 3-9 所示。轴测投影图立体感较强，非常直观，但作图较复杂，表面形状在图中往往失真，度量性较差，但是形体上互相平行且长度相等的线段，在轴测投影图上仍互相平行、长度相等，所以一般用作工程图的辅助图样。

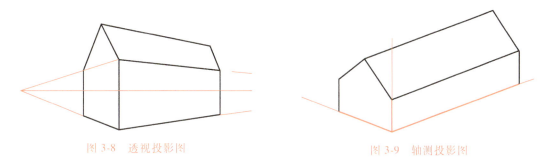

图 3-8　透视投影图　　　　　　　　　图 3-9　轴测投影图

（3）**正投影图**　通常采用多面正投影图。多面正投影图是用正投影的方法将形体分别投射到两个或两个以上相互垂直的投影面上，然后将各投影面展开所得到的投影图。如图 3-10 所示为房屋（模型）的正投影图。正投影图能正确反映形体的形状和大小，并且作图简便，度量性好，所以工程上应用最广，但缺乏立体感，直观性不强，无投影知识的人员很难看懂。

（4）**标高投影图**　标高投影图是用正投影方法绘制的带有高程数字标记的单面投影图，如图 3-11 所示。标高投影图是绘制地形图等高线的主要方法，常用来表达地面的形状，如地形图等。作图时用一组等距离的水平面切割地面，其交线为等高线，将不同高程的等高线投影在水平投影面上，并注出等高线的高程，又称等高线图。

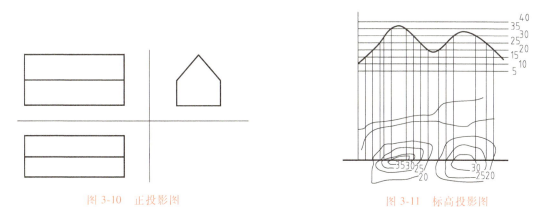

图 3-10　正投影图　　　　　　　　　图 3-11　标高投影图

正投影有反映实长、实形的特性，便于用来表示形体的真实形状和大小。因此，大多数的工程图样，都采用正投影法来绘制。因此，正投影是工程图的主要图示方法，学习投影理论以学习正投影为主。在后面的讲述中如不作特别说明，所述投影即指正投影。

三、正投影的特性

点、直线、平面是最基本的几何元素，正投影的性质是用正投影法作图的基本依据。因此，学习投影方法应该从了解点、直线、平面的正投影特性开始。由于空间直线或平面对投影面所处的位置不同，点、直线、平面的正投影图有如下特性。

1. 类似性

点的正投影仍然是点，当直线段倾斜于投影面时，直线的正投影仍是直线，但比实长短；当平面倾斜于投影面时，平面的正投影与平面类似，仍然保留其空间几何形状，但比实形小，这种性质称为正投影的类似性。

在图 3-12a 中通过空间点 A 向投影面 H（H 表示该投影面为水平面）引一条铅垂线。该铅垂线（即正投影中的投射线）与投影面 H 相交于一点 a，点 a 就是空间点 A 在 H 面上的正投影，显然点的正投影仍然是一个点。在图 3-12b 中空间直线段 AB 与投影面 H 倾斜，AB 在 H 面上的正投影是 ab，显然 ab 仍然是直线，但投影长度小于直线的原长。在图 3-12c 中空间平面四边形 ABCD 与投影面 H 倾斜，平面在 H 面上的正投影为 abcd，显然平面的正投影仍然是平面四边形，但投影图形的面积小于空间平面的面积。

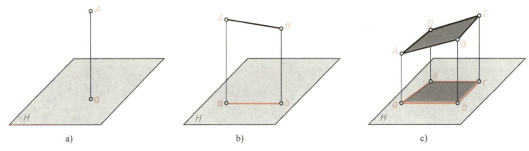

图 3-12　正投影的类似性

2. 全等性

当空间直线段平行于投影面时，其投影与直线段等长；当空间平面平行于投影面时，其投影与平面全等。即空间直线段的长度和平面的大小可以从投影面中直接度量出来，这种性质称为正投影的全等性。

如图 3-13 所示，空间直线段 AB 平行于投影面，其正投影 ab＝AB，直线段的投影反映实长；空间平面 ABCD 平行于投影面，其正投影 abcd 保持平面 ABCD 的形状、大小不变，即平面的投影反映实形。

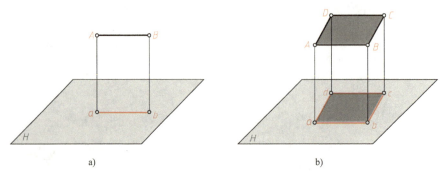

图 3-13　正投影的全等性

3. 积聚性

当空间直线段垂直于投影面时，其正投影积聚为一个点；当空间平面垂直于投影面时，其正投影积聚为一条直线，这种性质称为正投影的积聚性，这种投影称为积聚投影。

如图 3-14 所示，空间直线段 AB 垂直于投影面，其正投影积聚为一点；空间平面 ABCD 垂直于投影面，其正投影积聚为一条直线。

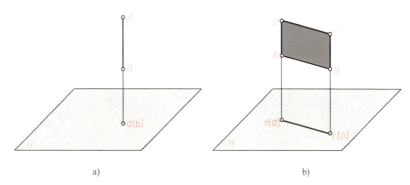

图 3-14　正投影的积聚性

4. 平行性

两平行直线的投影仍互相平行。如图 3-15 所示，如果空间直线 AB 平行于空间直线 CD，那么必有直线 AB 的投影 ab 平行于直线 CD 的投影 cd。

5. 从属性

直线上的点的投影仍在直线的投影上。如图 3-16 所示，空间点 C 在直线 AB 上，那么必有点 C 的投影 c 在直线 AB 的投影 ab 上。

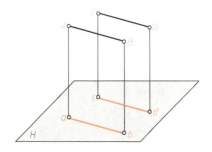

图 3-15　正投影的平行性

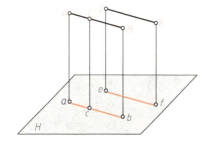

图 3-16　正投影的从属性和定比性

6. 定比性

点分线段所成两线段长度之比等于两线段的投影长度之比，两平行线段长度之比等于它们的投影长度之比。如图 3-16 所示，空间点 C 将直线段 AB 分成线段 AC 和线段 CB 两段，那么必有线段 AC 和线段 CB 的比值与线段 AC 的投影 ac 和线段 CB 的投影 cb 的比值相等，即 AC/CB = ac/cb；空间直线段 AB 和直线段 EF 相互平行，那么必有线段 AB 和线段 EF 的比值与线段 AB 的投影 ab 和线段 EF 的投影 ef 的比值相等，即 AB/EF = ab/ef。

单元2　正投影图

工程图样是工程施工的依据，应尽可能反映形体各部分的形状和大小。由于空间形体是具有长度、宽度和高度的三维形体，如果一个形体只向一个投影面投射，所得到的投影图不能完整地表示出这个形体各个表面及整体的形状和大小。如图 3-17 所示，两个形状不同的物体，而它们在某个投影方向上的投影图却完全相同。可见，单面正投影不能完全确定物体的形状，只用一个正投影图来表达形体是不够的。

一般来说，需要建立一个由互相垂直的三个投影面组成的投影面体系。将形体放在三个相互垂直的投影面之间，用三组分别垂直于三个投影面的平行投射线投影，由此就可得到这些形体在三个不同方向的正投影图，如图 3-18 所示。这样就可以比较完整地反映出形体顶面、正面及侧面的形状和大小。

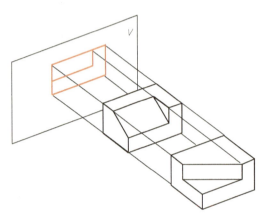

图 3-17 物体的一个投影不能确定其空间形状

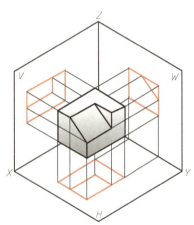

图 3-18 形体的三面投影图

三面投影图
的形成
（微课视频）

一、三面投影图的形成

1. 三面投影图的形成

首先建立一个三投影面体系。如图 3-19a 所示，给出三个互相垂直的投影面，其中呈水平方向的投影面称为水平投影面，用字母 H 表示，简称 H 面；与水平投影面垂直且平行于形体正面和背面的投影面称为正立投影面，用字母 V 表示，简称 V 面；与水平投影面及正立投影面同时垂直相交的投影面称为侧立投影面，用字母 W 表示，简称 W 面。

H、V、W 三个投影面两两相交，其交线称为投影轴，分别是 OX、OY、OZ 投影轴。三条投影轴相交于一点 O，称为原点。

将形体放置在三投影面体系中，放置时尽量让形体的各个表面与投影面平行或垂直，然后用三组平行投射线分别从三个方向进行投射，作出形体在三个投影面上的三个正投影图，这三个正投影图称为三面正投影图。其中：

投射方向从上向下垂直于 H 面得到的在 H 面上的正投影图称为水平投影图，简称 H 投影。

投射方向从前向后垂直于 V 面得到的在 V 面上的正投影图称为正面投影图，简称 V 投影。

投射方向从左向右垂直于 W 面得到的在 W 面上的正投影图称为侧面投影图，简称 W 投影。

2. 三个投影面的展开

由水平投影图（H 投影）、正面投影图（V 投影）和侧面投影图（W 投影）所组成的投

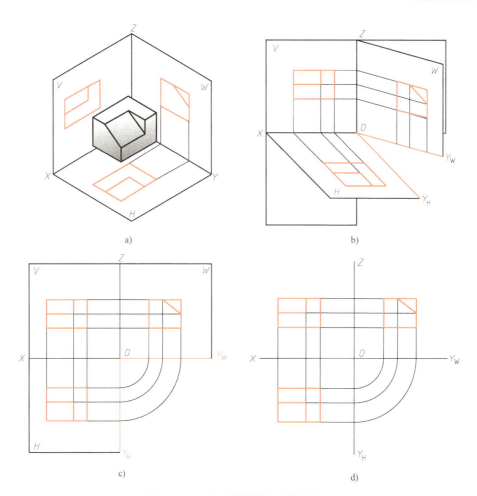

图 3-19　三面正投影图的形成和展开

影图，称为三面投影图，简称三面投影。

三个投影图分别位于三个投影面上，画图非常不便。实际上，为了作图方便，这三个投影图经常要画在一张图纸上（即一个平面上），也就是说我们要将互相垂直的三个投影面展开在一个平面上。展开的方法是：V 面保持不动，H 面绕 OX 轴向下旋转 90°，W 面绕 OZ 轴向右旋转 90°，如图 3-19b 所示。这时 OY 轴分成了两条，位于 H 面上的 Y 轴称为 OY_H，位于 W 面上的 Y 轴称为 OY_W，如图 3-19c 所示。

在实际绘图时，H 面投影在 V 面投影的正下方，W 面投影在 V 面投影的正右方。由于投影面大小与投影图无关，所以投影面的大小是随意取的，故有时在画三面投影图时可不画出投影面的边界，也不必标注出 H、V、W 字样，如图 3-19d 所示。对投影逐渐熟悉后，投影轴 OX、OY、OZ 都可不标注，但初学者最好保留坐标轴。

二、三面投影图的规律

一个形体可用三面正投影图来表达它的整体情况，对于同一形体而言，三面正投影图中各个投影图之间是相互有联系的。如果我们将三个投影图综合起来分析，并根据尺寸标注、符号和一定的说明，就可以准确地了解形体的真实形状和大小。

形体的三个投影图之间既有区别，又相互联系。

1. 尺度关系

一般形体都具有长、宽、高三个方向的尺度，在三面投影体系中，形体的长度是指形体上最左和最右两点之间平行于OX轴方向的距离；宽度是指形体上最前和最后两点之间平行于OY轴方向的距离；高度是指形体上最上和最下两点之间平行于OZ轴方向的距离，如图3-20所示。因此，形体的H面投影反映了形体的水平面形状和形体的长度及宽度，V面投影反映了形体的正面形状和形体的长度及高度，W面投影反映了形体的左侧面形状和形体的宽度及高度。把三个投影图联系起来看，就可以得出这三个投影图之间的相互关系，即H面投影和V面投影长度相等，左右对正；V面投影和W面投影高度相等，上下看齐；H面投影和W面投影宽度相等，前后对应。为了便于作图和记忆，我们把这一投影规律称为"三等"关系，即"长对正、高平齐、宽相等"，"三等"关系是绘制和识读正投影图的基础和必须遵循的投影规律。

2. 方向关系

任何一个形体都有上、下、左、右、前、后六个方向的形状和大小。在三个投影图中，每个投影图各反映其中四个方向的情况，即：H面投影图只反映形体的前、后和左、右四个方向的情况，不反映上、下两个方向的情况；V面投影图只反映形体的上、下和左、右四个方向的情况，不反映前、后两个方向的情况；W面投影图只反映形体的前、后和上、下四个方向的情况，不反映左、右两个方向的情况，如图3-21所示。

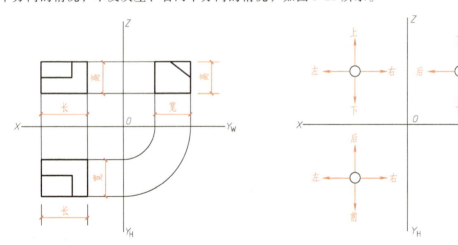

图3-20　三面投影体系的尺度　　　　　　图3-21　三面投影图上的方向

3. 简单形体的投影图

用三面正投影表示一个形体，是各种工程图样常采用的表现方法。但是形体的形状是多种多样的，有简单有复杂，有些简单形体只需要用两个，甚至一个投影图就能表达清楚。如图3-22所示，图中的圆管可用两个正投影表达，圆柱只需要用一个正投影图标明直径符号和尺寸就能表达清楚。

4. 三面正投影图的作图方法和符号

（1）三面正投影图的作图方法和步骤　绘制三面正投影图时，一般先绘制V面投影图或H面投影图，然后再绘制W面投影图。熟练地掌握形体的三面正投影图的画法是绘制和识读工程图样的重要基础。绘制三面正投影图的具体方法和步骤如下：

1）在图纸上先画出水平和垂直十字相交线，以作为正投影图中的投影轴，如图 3-23a 所示。

2）根据形体在三投影面体系中的放置位置，先画出能够反映形体特征的 V 面投影图或 H 面投影图，如图 3-23b 所示。

3）根据投影关系，由"长对正"的投影规律，画出 H 面投影图或 V 面投影图；由"高平齐"的投影规律，把 V 面投影图中涉及高度的各相应部位用水平线拉向 W 投影面；由"宽相等"的投影规律，用以原点 O 为圆心作圆弧或过原点 O 作 45°斜线的方法，得到引线在 W 投影面上与"等高"水平线的交点，连接各关联点而得到 W 面投影图，如图 3-23c、d 所示。

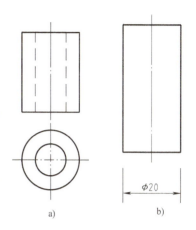

图 3-22 简单形体的投影图
a）圆管　b）圆柱

三个投影图与投影轴的距离，反映物体和三个投影面的距离，由于在绘图时只要求各投

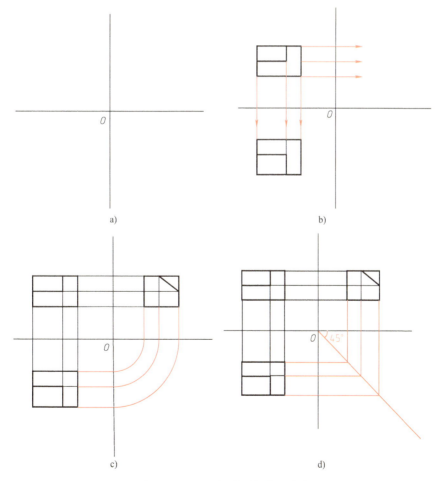

图 3-23 二面正投影图的作图步骤

影图之间的"长、宽、高"关系正确，因此图形与轴线之间的距离可以灵活安排。在实际工程图中，一般不画出投影轴，各投影图位置也可以灵活安排，有时各投影图还可以不画在同一张图纸上。

（2）三面正投影图中的点、线、面符号　为了作图准确和便于校核，作图时可把所画形体上的点、线、面用符号（字母或数字）标注，如图3-24所示。

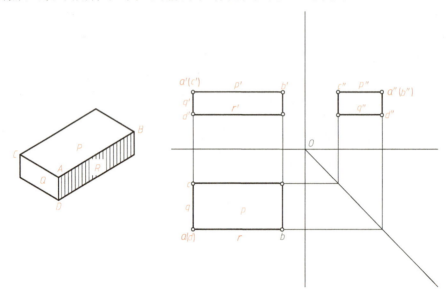

图3-24　点、线、面的符号

一般规定空间形体上的点用大写字母 A、B、C、…或大写罗马数字 Ⅰ、Ⅱ、Ⅲ、…表示；其 H 面投影用相应的 a、b、c、…或数字 1、2、3、…表示；V 面投影用相应的 a'、b'、c'、…或 $1'$、$2'$、$3'$、…表示；W 面投影用相应的 a''、b''、c''、…或 $1''$、$2''$、$3''$、…表示。

投影图中直线的标注，用直线两端的字母表示，如空间直线 AB 在 H 面投影图上标注为 ab，在 V 面投影图上标注为 $a'b'$，在 W 面投影图上标注为 $a''b''$。

空间的面通常用 P、Q、R、…表示，其 H 面投影图、V 面投影图和 W 面投影图分别用 p、q、r、…，p'、q'、r'、…，p''、q''、r''、…表示。

单元3　点的投影

建筑物或构筑物以及组成它们的构件，都可以看成是由若干个几何形体组成，形体又可看成是由若干个点、线（直线、曲线）和面（平面、曲面）构成。因此，研究形体的投影，就是研究形体上点、线、面的投影。点是构成线、面、体的最基本的几何元素，研究点的投影是学习线、面、体投影的基础。

一、点的投影规律

1. 点的单面投影

如图3-25所示为一单面投影体系，图中 H 面为一水平投影面。过空间点 A 向 H 面引一条垂线，该垂线与 H 面产生交点 a，a 点称为空间点 A 在 H 面上的正投影。

如果已知 A 点的空间位置，其正投影 a 是唯一确定的；但是，已知 A 点的正投影 a，不能唯一确定点 A 的空间位置，这是因为位于投射线 SA 上的每一个点（如点 A_1）的投影都在 a 处。

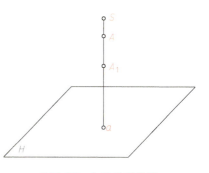

图 3-25　点的单面投影

2. 点的两面投影

首先建立一个两面投影体系，如图 3-26a 所示。两面投影体系由相互垂直的水平投影面 H 和正立投影面 V 组成，并且两投影面相交于投影轴 OX。过空间点 A 分别向 H 面和 V 面作垂线，所得到的两个垂足 a 和 a' 即为点 A 的两个正投影（简称投影）。其中，a 称为点 A 在 H 面上的正投影，即水平投影；a' 称为点 A 在 V 面上的正投影，即正面投影。

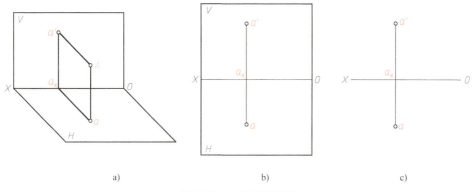

a)　　　　　　　　　　b)　　　　　　　　　　c)

图 3-26　点的两面投影

如果移去空间的点 A，再过投影点 a 和 a' 分别作 H 面和 V 面的垂线，则两垂线的交点必为点 A 的空间位置。显然，有了点的两面投影图，点在空间的位置能被唯一确定。

为使空间点 A 的两投影 a 和 a' 处在同一平面上，我们需要把两面投影体系展开，规定保持 V 面不动，使 H 面绕投影轴 OX 向下旋转 $90°$，使其与 V 面重合，便得到展开后点的两面投影图，如图 3-26b 所示。投影面可以认为是无边界的，一般在投影图上不再画出边框，而只画出投影轴和投影连线 aa'，如图 3-26c 所示。

在图 3-26a 中，Aa、Aa' 分别是空间点 A 向 H 面、V 面所引的投射线，Aa 和 Aa' 可形成一个平面，此平面与 OX 轴相交于 a_x。可以证明，平面 Aaa_xa' 与 H 面、V 面互相垂直，由此可以得出 $a'a_x \perp OX$，$aa_x \perp OX$，$a'a_x \perp aa_x$。显然当 V 面、H 面展开在一个平面上时，a、a'、a_x 三个点位于同一条铅垂线上，也就是说 $aa' \perp OX$。另外，还可以证明，平面 Aaa_xa' 为一矩形，则有 $Aa = a'a_x$，$Aa' = aa_x$。

综上所述可总结出点的两面投影规律：

1）点的水平投影 a 和正面投影 a' 的连线垂直于投影轴 OX，即 $aa' \perp OX$。

2）点的水平投影到 OX 轴的距离等于空间点到 V 面的距离，即 $aa_x = Aa'$。

3）点的正面投影到 OX 轴的距离等于空间点到 H 面的距离，$a'a_x = Aa$。

点的上述投影规律，同样适用于点在投影面上或投影轴上的特殊情况。如图 3-27a 所示，点 A 在 V 面上，它在 V 面上的投影 a' 便与点 A 自身重合，而在 H 面上的投影 a 则落在投影轴 OX 上；点 B 在 H 面上，它在 H 面上的投影 b 与 B 自身重合，而在 V 面上的投影 b' 则落在投影轴 OX 上，点 C 在投影轴 OX 上，它在 V 面上的投影 c' 及在 H 面上的投影 c 均与 C 自身重合。展开之后各点的投影图如图 3-27b 所示。

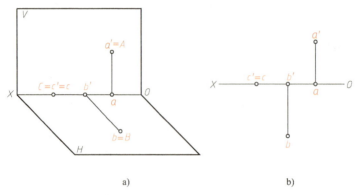

图 3-27 特殊位置点的两面投影

3. 点的三面投影

三面投影体系是在两面投影体系的基础上，增加一个与 H 面、V 面都垂直的侧立投影面 W 所组成的。将空间点 A 置于三面投影体系中，过空间点 A 分别向 H、V、W 投影面投射，作出 A 点的三面正投影 a、a'、a''，如图 3-28a 所示。

为使三面投影 a、a' 和 a'' 处在同一个平面上，仍规定 V 面不动，使 H 面绕投影轴 OX 向下旋转 $90°$，使 W 面绕投影轴 OZ 向右旋转 $90°$，都与 V 面重合。为便于分析，在展开图上将点的相邻投影用细实线连起来，如图 3-28b 所示，aa'、$a'a''$ 称为投影连线，aa' 与 OX 轴交于 a_x，$a'a''$ 与 OZ 轴交于 a_z。作图时常以图 3-28c 的方法将 a 与 a'' 相连，借助 $45°$ 斜线或圆弧线来保证 H 面、W 面投影的对应关系，各投影面的边框不必画出，去掉各投影面边框后点的三面投影图，如图 3-28c 所示。

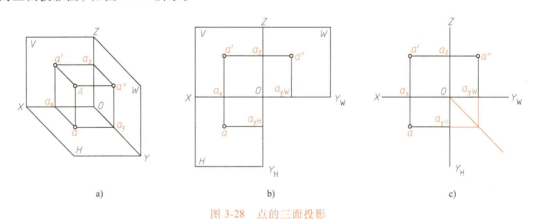

图 3-28 点的三面投影

4. 点的投影规律

从图 3-28a 中可以看出，过空间点 A 的两条投射线 Aa 和 Aa' 所决定的平面，与 H 面和 V 面同时垂直相交，交线分别是 aa_x 和 $a'a_x$，因此，OX 轴必然垂直于平面 Aaa_xa'，也就垂直

于 aa_x 和 $a'a_x$，而 aa_x 和 $a'a_x$ 是互相垂直的两条直线，当 H 面绕 OX 轴旋转至与 V 面成为同一平面时，aa_x 和 $a'a_x$ 就成为一条垂直于 OX 轴的直线，即 $aa' \perp OX$，如图 3-28b 所示。同理，$a'a'' \perp OZ$。a_y 在投影面展开之后，被分为 a_{yH} 和 a_{yW} 两个点，所以 $aa_{yH} \perp OY_H$，$a''a_{yW} \perp OY_W$，即 $aa_x = a''a_z$。

从以上分析可以得出点的三面投影规律：

1) 点的水平投影 a 和正面投影 a' 的连线垂直于 OX 轴，即 $aa' \perp OX$。

2) 点的正面投影 a' 和侧面投影 a'' 的连线垂直与 OZ 轴，即 $a'a'' \perp OZ$。

3) 点的侧面投影 a'' 到 OZ 轴的距离等于点的水平投影 a 到 OX 轴的距离，都等于点到 V 面的距离，即 $a''a_z = aa_x = Aa'$。

从图 3-28a 中还可以看出：

$Aa = a'a_x = a''a_y$，其中 Aa 是空间点 A 到 H 面的距离。

$Aa' = aa_x = a''a_z$，其中 Aa' 是空间点 A 到 V 面的距离。

$Aa'' = aa_y = a'a_z$，其中 Aa'' 是空间点 A 到 W 面的距离。

因此，我们可以得出：点的三个投影到各投影轴的距离，分别代表空间点到相应的投影面的距离，如图 3-29 所示。

上述点的三面投影规律，同样适用于点在投影面或投影轴上的特殊情况。如图 3-30a 所示，点 A 在 V 面上，其在 V 面上的投影 a' 与点 A 自身重合，在 H 面上的投

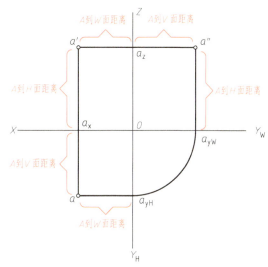

图 3-29　空间点到投影面的距离

影 a 落在 OX 轴上，在 W 面上的投影 a'' 落在投影 OZ 轴上。点 B 在 OY 轴上，其在 H 面上的投影 b 与在 W 面上的投影 b'' 都与点 B 自身重合，在 V 面上的投影 b' 落在原点 O 处。图 3-30b 为各点的三面投影图。

总之，点的正投影仍然是点，而且在过该点垂直于投影面的投射线的垂足处。以上投影

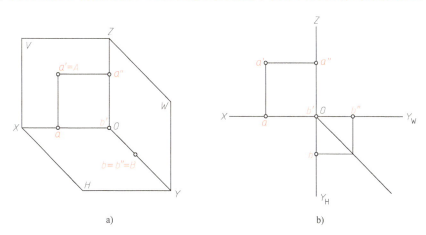

a)　　　　　　　　　　b)

图 3-30　特殊位置点的二面投影

关系说明，在点的三面正投影图中，任何两个正投影都有一定的联系。只要给出一点的任意两个投影，就可以求出第三个投影。

【例 3-1】 已知点 A 的 H 面、V 面投影 a、a'，如图 3-31 所示，求作点 A 的 W 面投影。

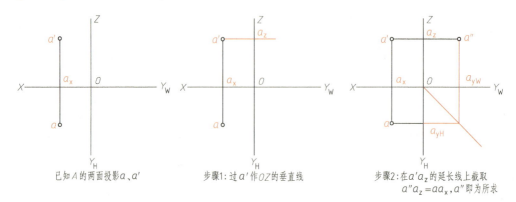

图 3-31　已知点的 H、V 面投影，求作 W 面投影

【例 3-2】 已知点 B 的 H 面投影 b 和 W 面投影 b''，求作点 B 的 V 面投影 b'，如图 3-32 所示。

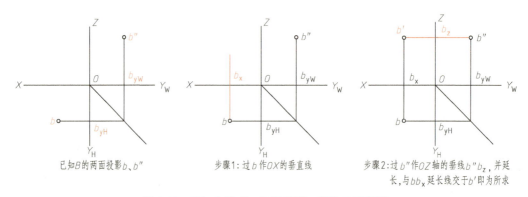

图 3-32　已知点的 H、W 面投影，求作 V 面投影

二、空间两点的相对位置、重影点

1. 点的坐标

在三面投影体系中，空间点及其投影位置可以由点的坐标来确定。点的投影与投影轴的距离，反映该点的坐标，也就是该点与相应的投影面的距离。将三面投影体系看作一个空间直角坐标系，投影轴原点 O 相当于坐标系原点，投影轴 OX、OY、OZ 相当于坐标轴 X、Y、Z 轴，投影面 H、V、W 相当于三个坐标面。

如图 3-33 所示，空间一点 A 到三个投影面的距离，就是点 A 的三个坐标（用小写字母 x、y、z 表示），即：

1）空间点 A 到 W 面的距离为 x 坐标，即 $Aa'' = a'a_z = aa_{yH} = x$。

2）空间点 A 到 V 面的距离为 y 坐标，即 $Aa' = aa_x = a''a_z = y$。

3）空间点 A 到 H 面的距离为 z 坐标，即 $Aa = a'a_x = a''a_{yW} = z$。

学习情境 3
投影基本知识应用

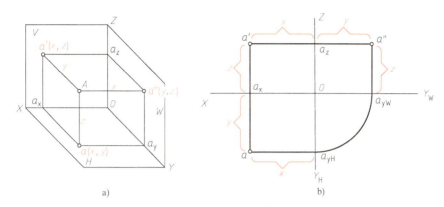

图 3-33　点的坐标

空间点及其投影位置可用坐标方法表示，如点 A 的空间坐标可表示为 A（x，y，z）；点 A 的 H 面投影可表示为 a（x，y，0）；点 A 的 V 面投影可表示为 a'（x，0，z）；点 A 的 W 面投影可表示为 a''（0，y，z）。应用坐标很容易求作点的投影和指出点的空间位置。

【例 3-3】　已知 A 点坐标 $x=12$，$y=15$，$z=20$，即 A（12，15，20），求作点 A 的三面投影图，如图 3-34 所示。

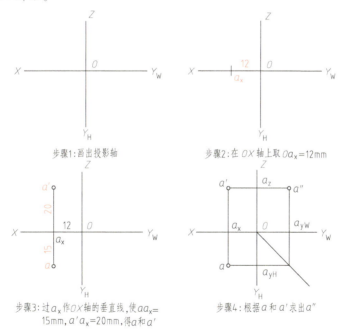

步骤1:画出投影轴

步骤2:在 OX 轴上取 $Oa_x=12$mm

步骤3:过 a_x 作 OX 轴的垂直线，使 $aa_x=15$mm，$a'a_x=20$mm，得 a 和 a'

步骤4:根据 a 和 a' 求出 a''

图 3-34　由点的坐标作三面投影图

2. 空间两点的相对位置

在投影图上判别两点的相对位置是识图的重要依据。空间每个点都具有前后、左右、上下六个方位。空间两点的相对位置是指两点间前后、左右、上下的位置关系，可由两点的三面投影图反映出来，H 面投影反映两点的左右、前后位置关系；V 面投影反映两点的上下、左右位置关系；W 面投影反映两点的上下、前后位置关系。

空间两点的相对位置也可根据坐标值的大小来判定，具体表现为：

53

按 x 坐标判别两点的左右关系，x 坐标大者在左边，x 坐标小者在右边。

按 y 坐标判别两点的前后关系，y 坐标大者在前边，y 坐标小者在后边。

按 z 坐标判别两点的上下关系，z 坐标大者在上边，z 坐标小者在下边。

如图 3-35a 所示，点 A（23、9、17）和 B（11、13、7）的三面投影图。比较 V 面上的投影 a' 和 b'，可知点 A 在点 B 的左、上方；比较 H 面上的投影 a 和 b 可知点 A 在点 B 的后方，综合起来得出空间点 A 在点 B 的左、后、上方，立体图如图 3-35b 所示。

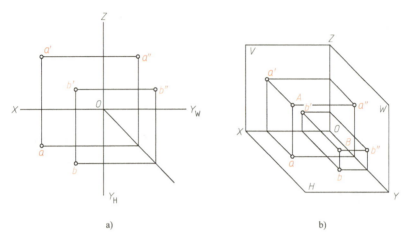

图 3-35 空间两点的相对位置

根据两点坐标值的大小，也可判别相对位置：

$x_A = 23$，$x_B = 11$，$x_A > x_B$，点 A 在点 B 的左方。

$y_A = 9$ ，$y_B = 13$，$y_A < y_B$，点 A 在点 B 的后方。

$z_A = 17$，$z_B = 7$ ，$z_A > z_B$，点 A 在点 B 的上方。

综合可得出点 A 在点 B 的左、后、上方。

【例 3-4】 已知空间点 A（15，8，12），B 点在 A 点的右方 7mm，前方 5mm，下方 6mm。求作点 B 的三面投影。

分析：点 B 在点 A 的右方和下方，说明 B 点的 x、z 坐标小于点 A 的 x、z 坐标；点 B 在点 A 的前方，说明点 B 的 y 坐标大于点 A 的 y 坐标。可根据两点的坐标差作出点 B 的三投影，作图过程如图 3-36 所示。

3. 重影点

当空间的两点位于同一条投射线上时，它们在该投射线所垂直的投影面上的投影重合为一点，这两个点就称为对这个投影面的重影点。当空间两点有两个坐标相同时，在相应的投影面上就会出现重影点。

如图 3-37 所示，AB 位于同一条垂直 H 面的投射线上，它们的水平投影 a 和 b 重合，称点 A 和点 B 为对 H 面的重影点。同理称点 C 和点 D 为对 V 面的重影点。

如果沿着投射方向观看重影点，必然有一点可见，而另一个点不可见。判别可见性的方法归结如下：

1）若两点的水平投影重合，可根据两点的正面投影判别其可见性，z 坐标值大的点为可见。如图 3-37a 所示，点 A 和点 B 的水平投影 a 和 b 重合，正面投影 a' 的 z 坐标值大，b' 的 z

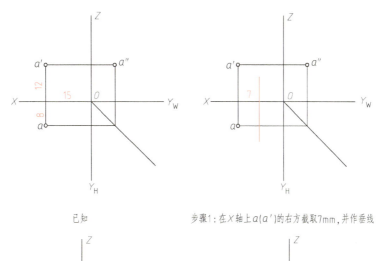

已知

步骤1：在X轴上a(a')的右方截取7mm，并作垂线

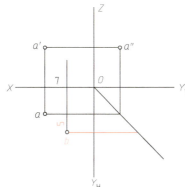

步骤2：在a前方Y_H上截取5mm，并作垂线

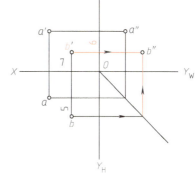

步骤3：在a'下方OZ上截取6mm，
根据投影规律，由b，b'作出b"

图 3-36　求作点 B 的三面投影

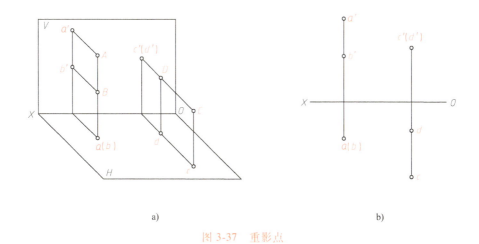

a)　　　　　　　　　　b)

图 3-37　重影点

坐标值小，可以判定点 A 在上，点 B 在下。沿投射方向观看点 A 和点 B 时，也即从上向下看去，点 A 可见，点 B 被遮（不可见）。将不可见点 B 的水平投影 b 加上括号，表示为（b）。

　　2）若两点的正面投影重合，可根据两点的水平投影判别其可见性，y 坐标值大的点为可见。如图 3-37b 所示，点 C 和点 D 的正面投影 c' 和 d' 重合，水平投影 c 的 y 坐标值大，d 的 y 坐标值小，可以判定点 C 在前，点 D 在后。沿投射方向观看点 C 和点 D 时，也即从前向后看去，点 C 可见，点 D 被遮，为不可见。将不可见点 D 的正投影 d' 加上括号，表示为（d'）。

同理，若两点的侧面投影重合，其可见性应根据两点的正面投影或水平投影判别，x 坐标值大的点为可见。

 观察与思考

根据图 3-38 所示的立体图，在投影图中找出点 A、B、C、D、E、F 的三面投影，并判断重影点的可见性及各点的相对位置。

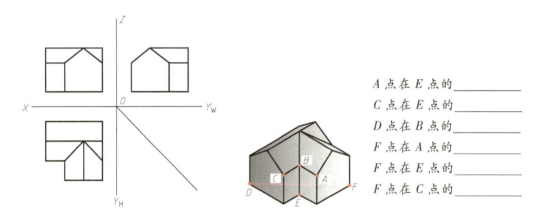

A 点在 E 点的 _____

C 点在 E 点的 _____

D 点在 B 点的 _____

F 点在 A 点的 _____

F 点在 E 点的 _____

F 点在 C 点的 _____

图 3-38　根据立体图找出点的三面投影

单元4　直线的投影

一、直线的投影特性

1. 直线投影的形成

空间一条直线可由直线上的任意两点确定。换句话说，只要确定了直线上的任意两点，该直线在空间的位置即可确定下来。因此，一条直线的投影，可由直线上两点的投影来确定。要作直线的各个投影，一般只需作出该直线上任意两点在各个投影面上的投影，然后分别用直线连接两点在同一投影面上的投影即可。在同一投影面上的投影简称同面投影。对直线段而言，一般用线段的两个端点的投影来确定直线段的投影。图 3-39 所示为直线 AB 的三面正投影。

2. 直线对投影面的倾角

一条直线对投影面 H、V、W 的夹角称为直线对投影面的倾角。

直线对 H 面的倾角称为 α 角，α 角的大小等于 AB 与 ab 的夹角；直线对 V 面的倾角称为 β 角，β 角的大小等于 AB 与 $a'b'$ 的夹角；直线对 W 面的倾角称为 γ 角，γ 角的大小等于 AB

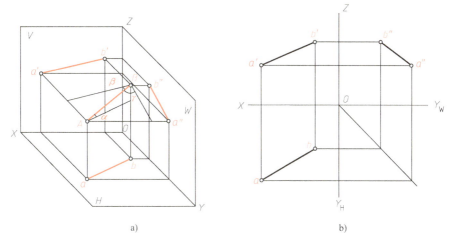

a)   b)

图 3-39　直线的投影

与 $a''b''$ 的夹角，如图 3-39a 所示。

3. 投影面垂直线

垂直于一个投影面，平行于另两个投影面的直线，称为投影面垂直线。投影面垂直线可分为三种：铅垂线、正垂线和侧垂线。

铅垂线——垂直于 H 面，平行于 V、W 面的直线。

正垂线——垂直于 V 面，平行于 H、W 面的直线。

侧垂线——垂直于 W 面，平行于 H、V 面的直线。

投影面垂直线的投影图和投影特性见表 3-1。

表 3-1　投影面垂直线的投影图和投影特性

名称	铅垂线（垂直于 H 面，平行于 V、W 面）	正垂线（垂直于 V 面，平行于 H、W 面）	侧垂线（垂直于 W 面，平行于 H、V 面）
直观图		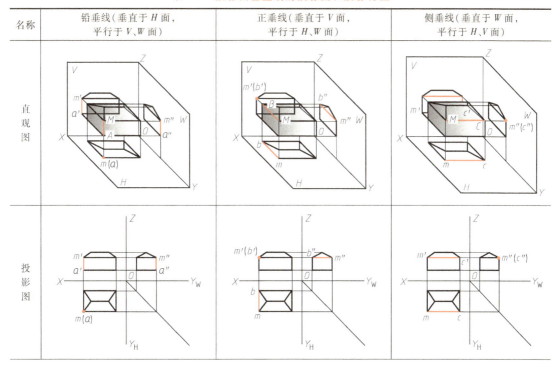	
投影图			

（续）

名称	铅垂线（垂直于H面，平行于V、W面）	正垂线（垂直于V面，平行于H、W面）	侧垂线（垂直于W面，平行于H、V面）
投影特性	1. ma 积聚成一点 2. $m'a'//OZ$，$m''a''//OZ$，且反映实长	1. $m'b'$ 积聚成一点 2. $mb//OY_H$，$m''b''//OY_W$，且反映实长	1. $m''c''$ 积聚成一点 2. $mc//OX$，$m'c'//OX$，且反映实长
	投影面垂直线的投影为"一点两直线"，且"两直线（投影）"同时平行于不属于"点（投影）"所在投影面的投影轴（"一点"指投影面垂直线的投影在所垂直的投影面上的投影积聚成一个点，"两直线"指投影面垂直线在另外两个投影面上的投影）		
判别	空间直线的投影为"一点两直线"时，空间直线为"点"（投影）所在投影面的垂直线		

归纳起来，投影面垂直线的投影特性是直线段在它所垂直的投影面上的投影积聚成一点，其余两投影反映实长，并垂直相应的投影轴。在投影图中，如果直线有一个投影积聚为一点，则该直线必然是投影面垂直线，并垂直于积聚投影所在的投影面。例如表3-1中，直线段MB的V面投影积聚为一点，则直线段MB垂直于V面。

4. 投影面平行线

平行于一个投影面，倾斜于另两个投影面的直线称为投影面平行线。投影面平行线可分为三种：水平线、正平线和侧平线。

水平线——平行于H面，倾斜于V、W面的直线。

正平线——平行于V面，倾斜于H、W面的直线。

侧平线——平行于W面，倾斜于H、V面的直线。

投影面平行线的投影图和投影特性见表3-2。

表3-2 投影面平行线的投影图和投影特性

名称	水平线（平行于H面，倾斜于V、W面）	正平线（平行于V面，倾斜于H、W面）	侧平线（平行于W面，倾斜于H、V面）
直观图	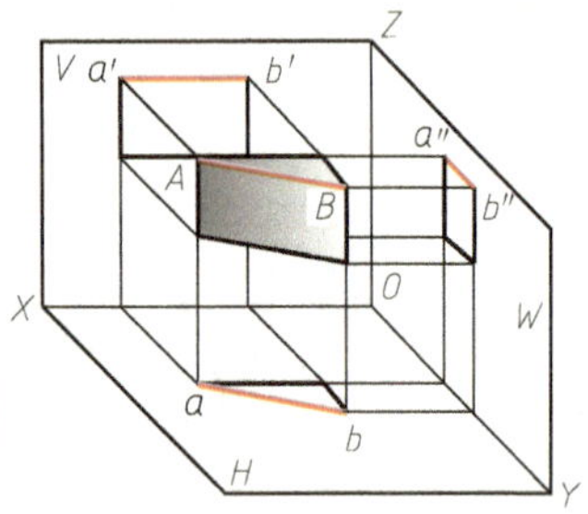	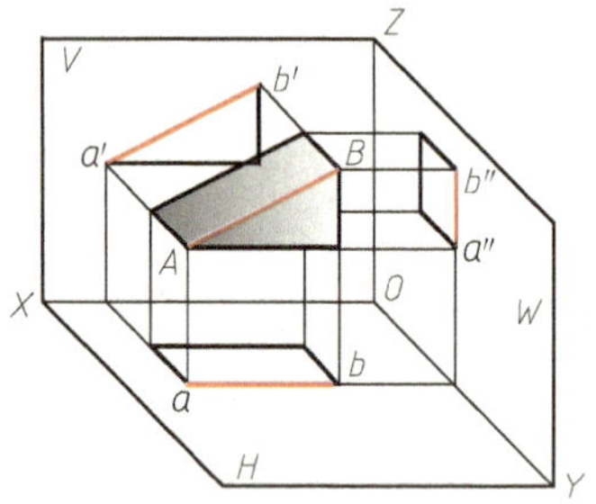	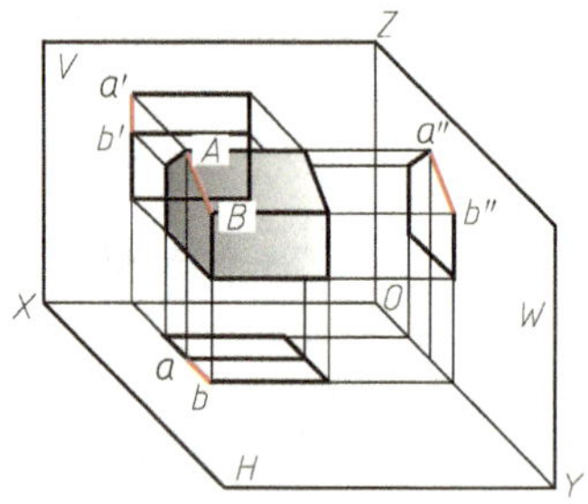
投影图	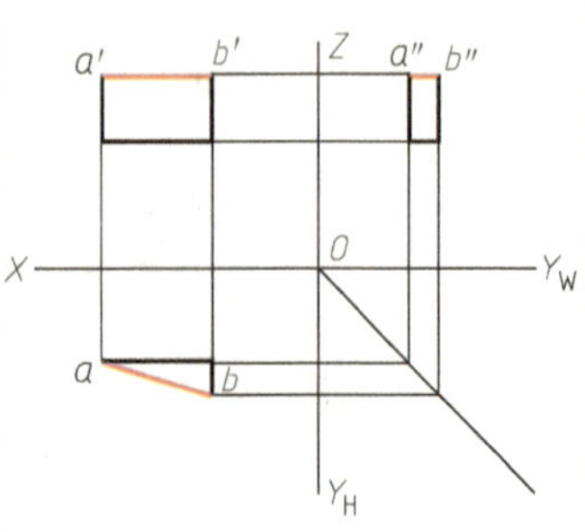	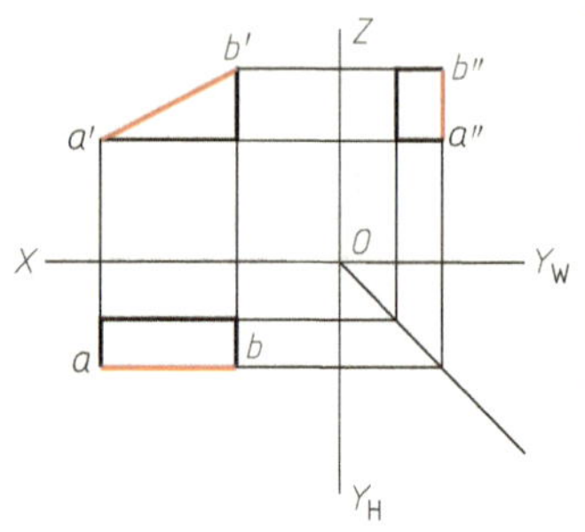	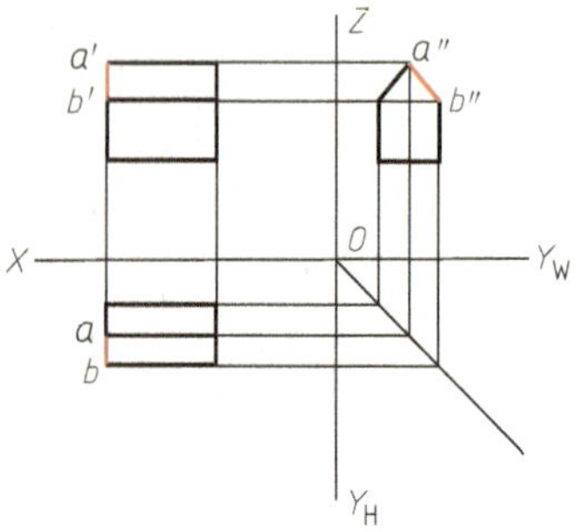

（续）

名称	水平线（平行于 H 面，倾斜于 V、W 面）	正平线（平行于 V 面，倾斜于 H、W 面）	侧平线（平行于 W 面，倾斜于 H、V 面）
投影特性	1. ab 反映实长 2. a′b′//OX，a″b″//OY_W，且长度缩短	1. a′b′反映实长 2. ab//OX，a″b″//OZ，且长度缩短	1. a″b″反映实长 2. ab//OY_H，a′b′//OZ，且长度缩短
	投影面平行线的投影为"一斜二直线"（"一斜"指该投影面平行线的投影为与投影轴倾斜的直线，且此斜线反映空间直线的实长；"二直线"指该投影面平行线的投影为与相应投影轴平行的直线）		
判别	空间直线的投影为"一斜二直线"时，空间直线为"斜线"（投影）所在投影面的平行线		

归纳起来，投影面平行线的投影特性是直线在它所平行的投影面上的投影倾斜投影轴、并且反映实长和倾角，其余两投影面上的投影分别平行相应的投影轴。在投影图中，如果直线有一个投影与投影轴倾斜，另两个投影与投影轴平行，则该直线必然是投影面平行线，并平行于斜线所在的投影面。例如表 3-2 中，直线段 AB 的 V 面投影倾斜投影轴，H、W 面投影均与投影轴平行，则直线 AB 平行于 V 面，所以 a′b′反映线段实长，另外的两个投影 ab 平行于 OX 轴，a″b″平行于 OZ 轴，且较 AB 缩短。

5. 一般位置直线

与三个投影面都倾斜的直线称为一般位置直线。一般位置直线在各投影面上的投影都倾斜于投影轴，且都不反映实长。

一般位置直线的投影如图 3-40 所示，直线 AB 在三投影面体系中的投影均与投影轴倾斜。

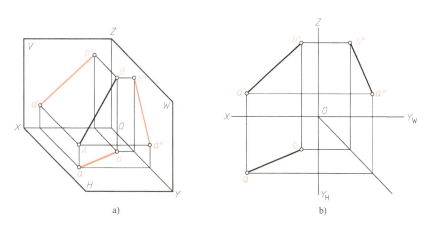

图 3-40 一般位置直线的投影

【例 3-5】 已知铅垂线 AB 的一个端点 A 的投影 a、a′，如图 3-41a 所示，AB = 12mm，并且点 B 在点 A 的正上方，求 AB 的三面投影。

分析：因为 AB 是铅垂线，所以其水平投影积聚为一个点，就在 a 点的位置，同时其正面投影和侧面投影分别垂直 OX 轴和 OY_W 轴且都反映实长，即有 a′b′ = a″b″ = 12mm。又知点 B 在点 A 正上方，故此题只有一解。

作图步骤：由 a′往正上方引直线并量取 a′b′ = 12mm，定出 b′的位置，并用粗实线连接

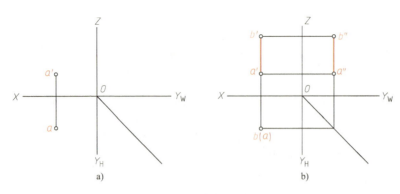

图 3-41 求铅垂线
a）已知 b）作图

$a'b'$。根据点的投影规律，定出 a''、b''，并用粗实线连接 $a''b''$，作图结果如图 3-41b 所示。

注意：直线的可见投影用粗实线表示，辅助作图线用细实线表示。

【例 3-6】 已知点 A 的三面投影，如图 3-42a 所示，过点 A 作正平线 $AB=15mm$，AB 与 H 面的倾角为 $\alpha=30°$，点 B 在点 A 的右上方。求 AB 的三面投影。

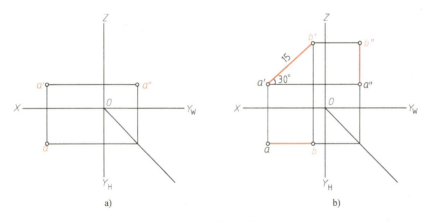

图 3-42 求正平线
a）已知 b）作图

分析：因为 AB 是正平线，所以其正面投影 $a'b'$ 反映实长，且 $a'b'$ 与 OX 轴的夹角反映 α 角的真实大小，为 $30°$，同时其水平投影 ab 和侧面投影 $a''b''$ 分别平行 OX 轴和 OZ 轴，$a''b''$ 和 ab 的投影长度可由 $a'b'$ 定出。

作图步骤：如图 3-42b 所示，在 V 面投影中过 a' 向右上方画 $30°$ 斜线，在斜线上量取 $a'b'=15mm$，定出 b'，连接 $a'b'$；在 H 面投影中过 a 向右引水平线，同时过 b' 向下引垂线，两直线相交，交点为点 b，连接 ab。根据点的投影规律定出 b''，连接 $a''b''$，作图完毕。

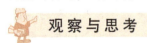 观察与思考

如图 3-43 所示，根据立体图，在投影图中找出直线 AB、BC、CD、AE、AG、EF 的三面投影，并判断直线相对投影面的位置。

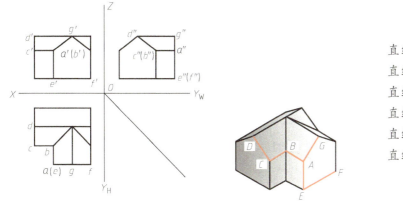

直线 AB 是＿＿＿＿＿

直线 BC 是＿＿＿＿＿

直线 CD 是＿＿＿＿＿

直线 AE 是＿＿＿＿＿

直线 AG 是＿＿＿＿＿

直线 EF 是＿＿＿＿＿

图 3-43　根据立体图找出直线的二面投影

二、直线上的点的投影规律

直线与点的相对位置有点在直线上和点不在直线上之分。直线上点的投影规律如下：

1. 从属性

直线上点的投影，必定在该直线的同面投影上。反之，一个点的各个投影都在直线的同面投影上，则此点必定在该直线上。如果点有一个投影不在该直线的同面投影上，则此点一定不在该直线上。由此可以判断一个点是否在直线上。

如图 3-44 所示，点 E 的 H 面投影 e 在直线 AB 的 H 面投影 ab 上，点 E 的 V 面投影 e′在直线 AB 的 V 面投影 a′b′上，所以点 E 在直线 AB 上。而点 F 的 H 面投影 f 在直线 AB 的 H 面投影 ab 上，但点 F 的 V 面投影 f′不在直线 AB 的 V 面投影 a′b′上，所以点 F 不在直线 AB 上。

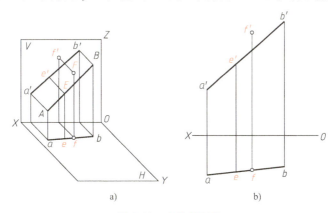

a)   b)

图 3-44　点的从属性

a）直观图　b）点 E 属于直线 AB，点 F 不属于直线 AB

2. 定比性

若直线上的点分线段成比例，则此点的各投影相应地分该线段的同面投影成相同的比例。

如图 3-44a 所示，点 E 分空间直线 AB 成 AE 和 EB 两段，则有

$$AE：EB = ae：eb = a′e′：e′b′ = a″e″：e″b″（证明从略）$$

【例 3-7】 已知线段 AB 的投影 ab 和 $a'b'$，如图 3-45 所示，点 M 在 AB 上，且 $AM:MB=2:3$，求点 M 的投影。

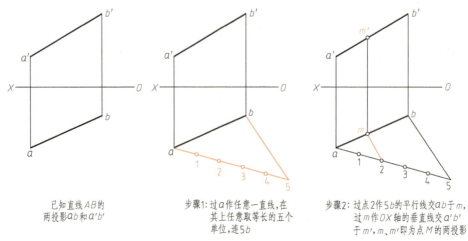

已知直线 AB 的
两投影 ab 和 $a'b'$

步骤1：过 a 作任意一直线，在
其上任意取等长的五个
单位，连 $5b$

步骤2：过点2作$5b$的平行线交ab于m，
过 m 作 OX 轴的垂直线交 $a'b'$
于 m'，m、m' 即为点 M 的两投影

图 3-45 求直线 AB 上分点 M 的投影

【例 3-8】 判定点 K 是否在侧平线 AB 上，如图 3-46a 所示。

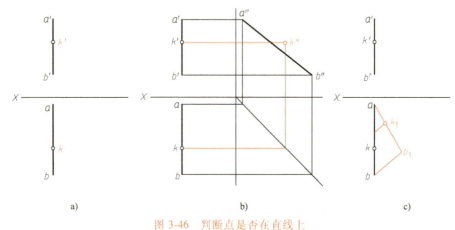

a) b) c)

图 3-46 判断点是否在直线上

a) 已知 b) 作图方法一 c) 作图方法二

分析：直线 AB 是侧平线，尽管点 K 的正面、水平投影都在直线的同面投影上，但还不足以说明点 K 一定在直线 AB 上，需要画出它们的侧面投影或利用直线的定比关系才能判定。

方法一：用直线上点的投影规律来判定。如图 3-46b 所示，补出 W 投影 $a''b''$、k''，可见 k'' 不在 $a''b''$ 上，因此点 K 不在直线 AB 上。

方法二：用定比性来判断。如图 3-46c 所示，作图知 $b'k':k'a' \neq bk:ka$，故点 K 不在直线 AB 上。

三、识读直线投影图

根据上述各种位置直线的投影特性，可判别出直线与投影面的相对位置。

（1）投影面平行线的识读 在直线的三个投影中，仅有一个投影倾斜于投影轴，即可判别该直线为投影面平行线，且平行于倾斜投影所在的投影面。

（2）**投影面垂直线的识读**　在直线的三个投影中，有一个投影积聚为一个点，即可判别该直线为投影面垂直线，且垂直于积聚投影所在的投影面。

（3）**一般位置直线的识读**　在直线的三个投影中，若有两个投影倾斜于投影轴，即可判别该直线为一般位置直线。

 观察与思考

1. 图 3-47 给出了各种位置直线的投影，试判断直线的位置。

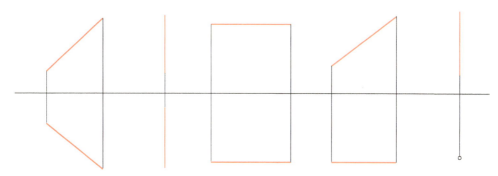

图 3-47　判断直线的位置（一）

2. 判断图 3-48 立体图中直线的位置。

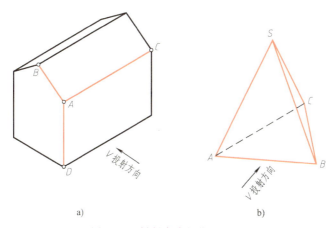

a)　　　　　　　　　b)

图 3-48　判断直线的位置（二）

单元 5　平面的投影

一、各种位置平面的投影

1. 平面的表示方法

在立体几何中，确定平面的方式有以下五种，如图 3-49 所示。

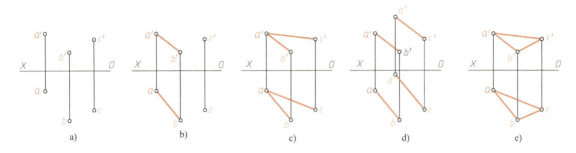

图 3-49　用几何元素表示平面

a）不在同一直线上的三个点　b）一直线及直线外一点　c）两条相交直线

d）两条平行直线　e）平面图形，如三角形

在上述用各种几何元素表示平面的方法中，较多采用平面图形来表示。但是，这种平面图形可能只表示它本身，也有可能表示包含该图形在内的一个无限广阔的平面。

2. 求作平面投影的方法

平面一般是由若干轮廓线围成的，而轮廓线可以由其上的若干个点来确定，所以求作平面的投影，实质上也就是求作平面上点和线的投影。如图 3-50a 所示为一三角形 ABC 的直观图，如要求出三角形 ABC 的投影，只需要求出它的三个顶点 A、B、C 的投影，如图 3-50b 所示，再分别将各同面投影连接起来即可，如图 3-50c 所示。

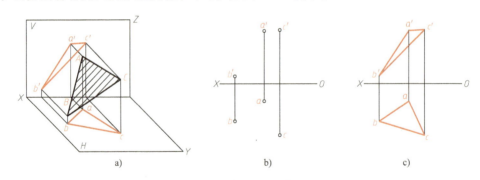

图 3-50　平面投影的作法

a）直观图　b）三个顶点的投影　c）连接三个顶点

3. 各种位置平面的投影特性

根据平面与三个投影面的相对位置，平面可分为投影面平行面、投影面垂直面和投影面倾斜面三种。投影面平行面和投影面垂直面统称为特殊位置平面，投影面倾斜面称为一般位置平面。平面与投影面 H、V、W 的倾角，分别用 α、β、γ 表示。

（1）投影面平行面　平行于一个投影面，同时垂直于另外两个投影面的平面，称为投影面平行面。投影面平行面可分为三种：水平面、正平面和侧平面。

水平面——平行于 H 面，同时垂直于 V、W 面的平面。

正平面——平行于 V 面，同时垂直于 H、W 面的平面。

侧平面——平行于 W 面，同时垂直于 H、V 面的平面。

投影面平行面的投影图和投影特性见表 3-3。

表 3-3 投影面平行面的投影图和投影特性

名称	水平面(平行于 H 面,垂直于 V、W 面)	正平面(平行于 V 面,垂直于 H、W 面)	侧平面(平行于 W 面,垂直于 H、V 面)
直观图			
投影图			
投影特性	1. H 面投影反映实形 2. V、W 面投影积聚为一直线,并分别平行于投影轴 OX、OY_W	1. V 面投影反映实形 2. H、W 面投影积聚为一直线,并分别平行于投影轴 OX、OZ	1. W 面投影反映实形 2. H、V 面投影积聚为一直线,并分别平行于投影轴 OZ、OY_H
	投影面平行面的投影为"一框两直线"("一框"指投影面平行面在所平行的那个投影面上的投影为一个封闭"线框",且此"线框"反映空间平面的实形;"两直线"指投影面平行面在另外两个投影面上的投影均积聚为一"直线",且分别平行于相应的投影轴)		
判别	空间平面的投影为"一框两直线"时,该平面为"框"(投影)所在投影面的平行面		

　　归纳起来,投影面平行面的投影特性是平面在它所平行的投影面上的投影反映平面实形,由于投影面平行面又同时垂直于另外两个投影面,所以它在另外两个投影面上的投影都积聚为一直线,并分别平行于相应的投影轴。

　　(2)投影面垂直面　垂直于一个投影面,同时倾斜于另两个投影面的平面称为投影面垂直面。投影面垂直面可分为三种:铅垂面、正垂面和侧垂面。

　　铅垂面——垂直于 H 面,倾斜于 V、W 面的平面。

　　正垂面——垂直于 V 面,倾斜于 H、W 面的平面。

　　侧垂面——垂直于 W 面,倾斜于 H、V 面的平面。

　　投影面垂直面的投影图和投影特性见表 3-4。

表 3-4　投影面垂直面的投影图和投影特性

名称	铅垂面（垂直于 H 面，倾斜于 V、W 面）	正垂面（垂直于 V 面，倾斜于 H、W 面）	侧垂面（垂直于 W 面，倾斜于 H、V 面）
直观图	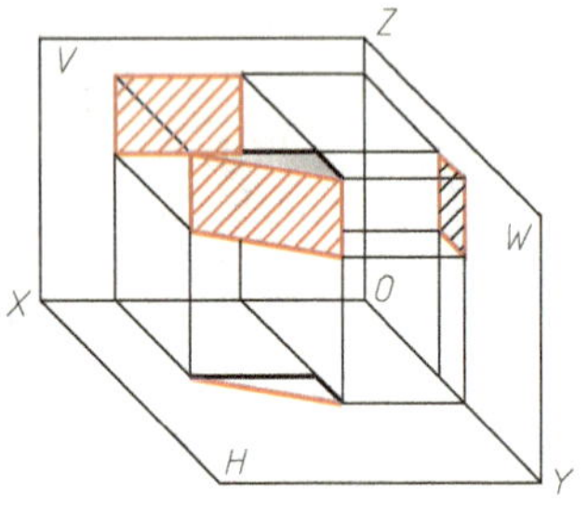	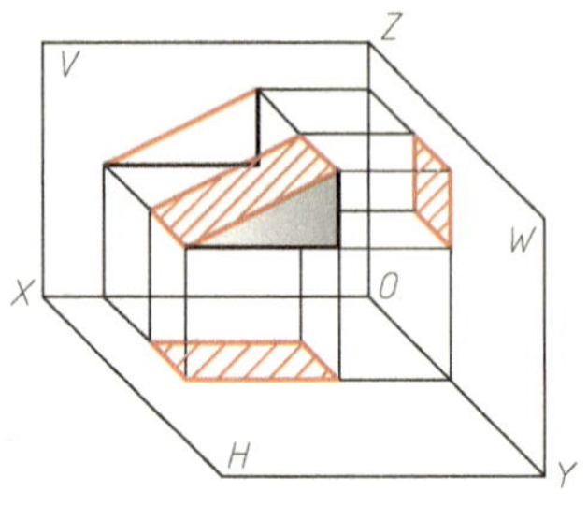	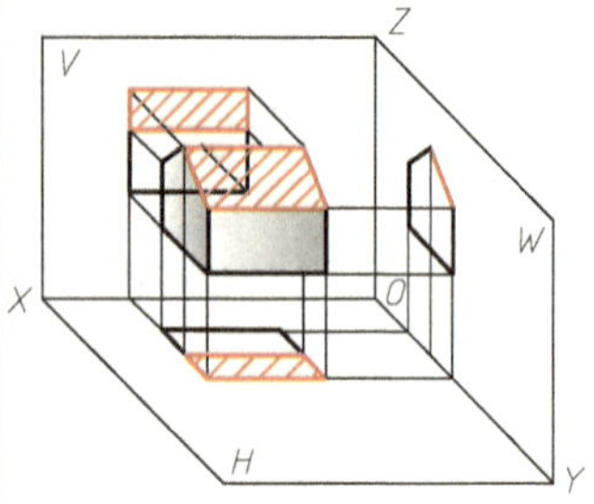
投影图	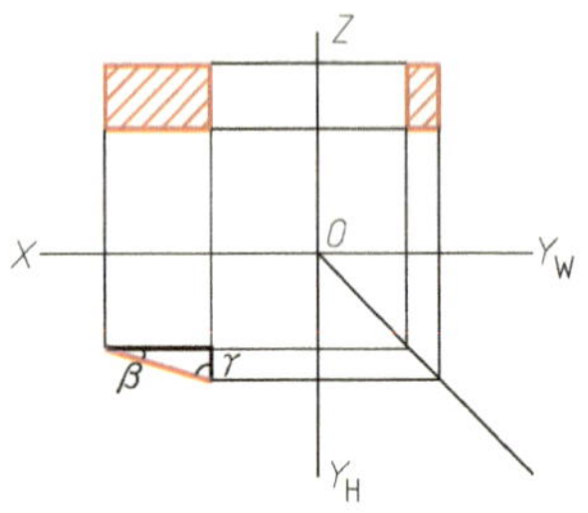	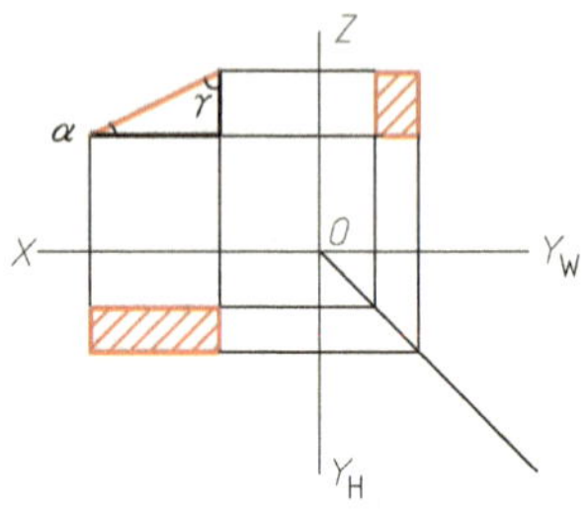	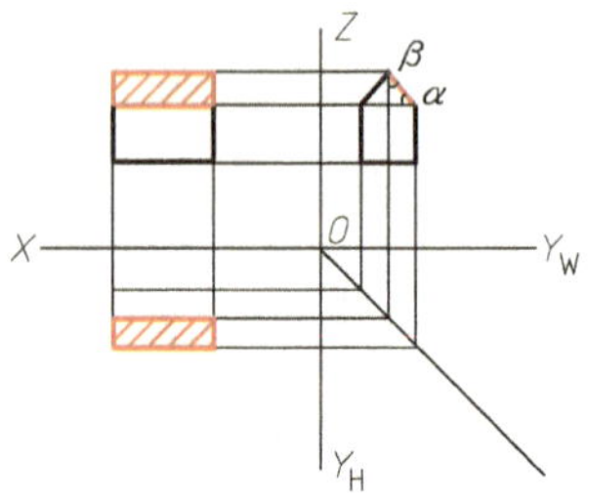
投影特性	1. H 面投影积聚为一斜线，并反映平面与 V、W 面的倾角 β、γ 2. V、W 面投影为缩小的类似形	1. V 面投影积聚为一斜线，并反映平面与 H、W 面的倾角 α、γ 2. H、W 面投影为缩小的类似形	1. W 面投影积聚为一斜线，并反映平面与 H、V 面的倾角 α、β 2. H、V 面投影为缩小的类似形
	投影面垂直面的投影为"两框一斜线"（"两框"指投影面垂直面在倾斜的两个投影面上的投影为两个与空间平面类似的封闭"线框"，且此两个"框"都不反映空间平面的实形；"一斜线"指投影面垂直面在所垂直的投影面上的投影积聚为一条"斜线"）		
判别	空间平面的投影为"两框一斜线"时，该平面为"斜线"所在投影面的垂直面		

　　归纳起来，投影面垂直面的投影特性是平面在它所垂直的投影面上的投影，积聚为一条与投影轴倾斜的直线，而且此直线与投影轴之间的夹角分别反映该平面与另外两个投影面的倾角；其余两个投影面上的投影都比实形小，但反映原平面图形的几何形状。

　　（3）一般位置平面　与三个投影面都倾斜的平面称为一般位置平面。一般位置平面在各投影面上的投影均为空间平面图形的类似形封闭线框，既不反映平面的实形，没有积聚性，也不反映平面与投影面倾角的大小。

　　如图 3-51a 所示是一般位置平面 ABC 的空间情况，图 3-51b 是它的投影图。从图中可以看出，平面 ABC 在三投影面体系中的各个投影均为缩小的类似形。

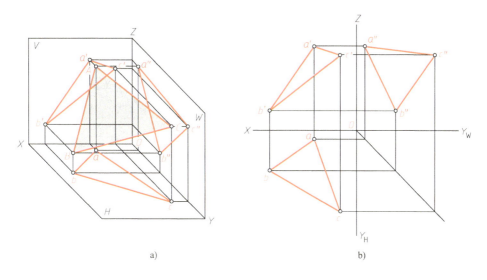

图 3-51 一般位置平面的投影
a）直观图 b）投影图

 观察与思考

如图 3-52 所示，根据立体图，在投影图中找出平面 P、Q、R、S 的三面投影，并判断平面相对投影面的位置。

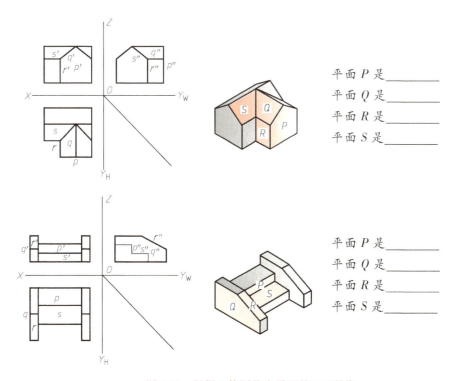

平面 P 是_____
平面 Q 是_____
平面 R 是_____
平面 S 是_____

平面 P 是_____
平面 Q 是_____
平面 R 是_____
平面 S 是_____

图 3-52 根据立体图找出平面的三面投影

二、平面内的点和直线的投影规律

1. 平面内的点

如果一个点在平面内的某一条直线上，则此点必定在该平面上。反之，一个点若在平面上，它必定在平面内的一条直线上。若点的投影属于平面内某一直线的各同面投影，且符合点的投影规律，则点属于平面。如图 3-53 所示，点 M 在直线 DE 上，而直线 DE 又是平面 ABC 内的直线，因此，M 点必然在平面 ABC 内。

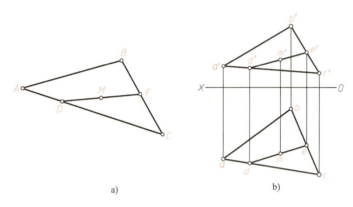

a)   b)

图 3-53　平面内的点

a）示意图　b）投影图

从上述可知，要在平面内取点，必须根据点在平面内的几何条件，在属于该平面内的已知直线上取，即：在平面内取点，要先在平面内取一直线，然后在该直线上定点，这样才能保证点属于平面。

2. 平面内的直线

如果一条直线通过平面内的两个点，或通过平面内的一个点又与该平面内的另一条直线平行，则此直线必定在该平面内。反之，平面内的直线必通过平面内的两点或通过平面内的一点，且平行于平面内的另一条直线。如图 3-54 所示，直线 L_1 通过平面内的 M、N 两点，所以直线 L_1 在平面内；直线 L_2 通过平面内的一点 C，并且与平面内的直线 AB 平行，所以直线 L_2 也在平面内。

图 3-54　平面内的直线

从上述可知，要在平面内取直线，需先在平面内取点，并保证直线通过平面内的两个点，或过平面内的一个点且与平面内的另一条直线平行。

【例 3-9】 已知 △ABC 内一点 K 的正面投影 k′，如图 3-55a 所示，求其水平投影 k。

分析：如一点位于某一平面内，则它必定在该平面内过该点的任一直线上。因而可首先在 △ABC 内过点 K 作一辅助直线，所求的水平投影 k 一定在所作的辅助直线的水平投影上。

具体的作图过程如图 3-55b 所示。

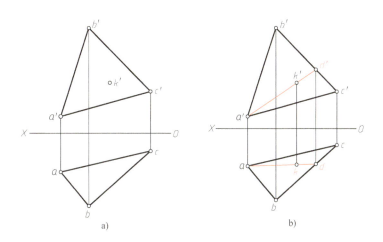

图 3-55　作一般位置平面内点的投影
a）已知　b）作图

1）连接 a′k′ 并延长交直线 b′c′ 于点 d′。

2）过点 d′ 向正下方引铅垂线，交直线 bc 于点 d。

3）连接 ad，然后过点 k′ 向正下方引铅垂线，交直线 ad 于点 k，点 k 即为所求。

【例 3-10】 △ABC 为一水平面，已知它的 H 面投影 △abc 和顶点 A 的 V 面投影 a′，求作 △ABC 的 V 面投影和 W 面投影，如图 3-56a 所示。

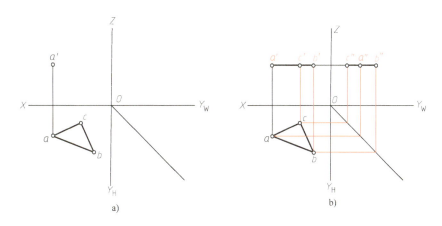

图 3-56　作水平 △ABC 的 V 面投影和 W 面投影
a）已知　b）作图

分析：水平面的 V 面投影和 W 面投影有积聚性，并且分别平行于 OX 轴和 OY_W 轴，所以按已知条件就可作出这个三角形分别积聚成直线的 V 面投影和 W 面投影。

具体的作图过程如图 3-56b 所示。

1）分别由点 a、点 a' 引投影连线，交于点 a''。

2）分别过点 a'、点 a'' 引 OX、OY_W 轴的平行线，再分别由点 b、点 c 引投影连线，与上述平行线交于顶点 B、C 的 V 面投影 b'、c' 和 W 面投影 b''、c''，从而就作出了 $\triangle ABC$ 的有积聚性的 V 面投影 $a'b'c'$ 和 W 面投影 $a''b''c''$。

三、识读平面投影图

根据上述各种位置平面的投影特性，可判别出平面与投影面的相对位置。

（1）投影面平行面的识读　在平面的三个投影中，有一个投影积聚为一平行于投影轴的直线，即可判别该平面为投影面平行面，且平行于非积聚投影所在的投影面。可归纳为："一框两线，框在哪面，平行哪面"。

（2）投影面垂直面的识读　在平面的三个投影中，有一个投影积聚为一倾斜于投影轴的直线，即可判别该平面为投影面垂直面，且垂直于积聚投影所在的投影面。可归纳为："一线两框，线在哪面，垂直哪面"。

（3）一般位置平面的识读　在平面的三个投影中，三个投影均为平面图形，即可判别该平面为一般位置平面。可归纳为："三框定是一般面"。

 观察与思考

1. 判断图 3-57 所示平面图的位置。

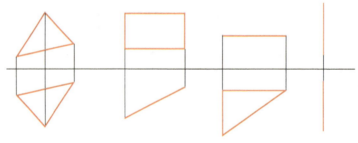

图 3-57　判断平面的位置

2. 判断图 3-58 所示立体图中平面的位置。

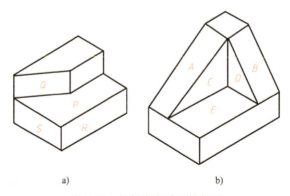

a)　　　　　　　　　　b)

图 3-58　判断指定平面的位置

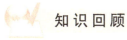 知识回顾

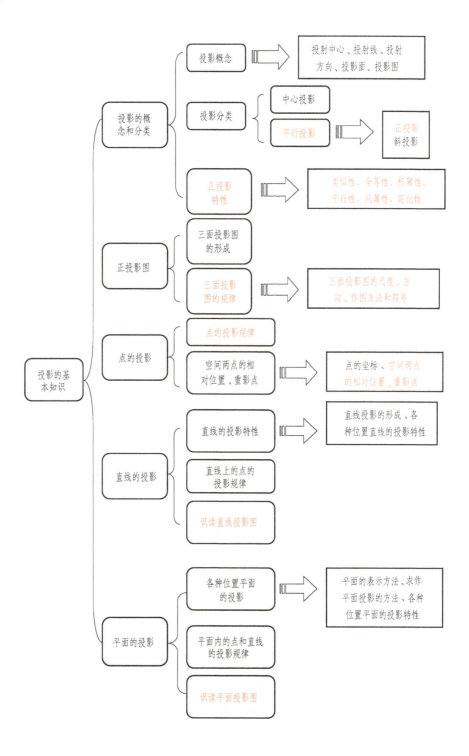

练一练

1. 什么是投影？

2. 投影法有哪几类？各有什么特点？

3. 正投影有哪些特性？

4. 点、直线、平面的正投影规律各是什么？

5. 什么是三面投影体系？三面投影体系中投影面、投影轴、投影图的名称各是什么？

6. 三面投影体系是如何展开的？三个正投影图之间有怎样的投影关系？

7. 根据投影关系，如果点的两个投影图已知，如何作出第三个投影图？

8. 三个投影面各反映形体的哪几个方向的情况？

9. 什么是重影点？试述重影点可见性的判别方法。

10. 直线的投影是如何形成的？

11. 试述投影面平行线和投影面垂直线的投影特性。

12. 如何判定点是直线上的点？

13. 试述投影面平行面和投影面垂直面的投影特性。

14. 试述点、直线在平面内的几何条件。

学习情境4

基本形体和组合体的投影图绘制

学习要求

主要内容	知识目标	能力目标	素养目标
平面体的投影	1. 掌握平面体的三面投影特性 2. 了解平面体表面点和线的投影	1. 能准确绘制出平面体的三面投影图 * 2. 能分析平面体表面上点、直线的投影 3. 提高学生空间思维能力	1. 培养精益求精的工匠精神 2. 培养审美能力，提高学生的审美水平 3. 培养自信心和自我认知能力 4. 培养化繁为简、各个突破的工程分析方法
曲面体的投影	1. 掌握曲面体的三面投影特性 2. 了解曲面体表面的点和线的投影	1. 能准确绘制出曲面体的三面投影图 * 2. 会分析曲面体表面上点、直线的投影 3. 提高学生空间思维能力	
组合体的投影	1. 了解组合体的构成 2. 掌握组合体投影图的画法 3. 熟悉组合体投影图的识读	1. 会分析形体的组合方式 2. 能准确绘制组合体的三面投影图 3. 提高分析问题、解决问题的能力 4. 提高学生理论联系实际的能力	
* 截切体和相贯体	1. 了解截切体的有关概念及性质 2. 了解平面截切体、曲面截切体、相贯体的有关概念及性质 3. 了解立体表面的相贯线	了解常见截切体和相贯体的投影特征	

课前阅读

　　文瀛公园内的万字楼为中国传统木结构手法与近代建筑技术相结合的二层楼阁式建筑。平面布局在采用"卍"字布局的基础上，又在正中布置天井楼阁，这一布局在中国传统建筑实例中极其罕见。屋顶形式多样，双脊卷棚顶与四阿顶相结合，正中天井楼阁为四角攒尖顶。它的造型、结构和材料都是中国本土的，充分体现了中华民族的勤劳与智慧。我们不必人人成为工匠，却可以人人成为工匠精神的践行者。

生活与识图

　　东方明珠是上海市的标志性建筑物，如图4-1所示，其形状虽然复杂，但分析可知其主体是由三个斜立柱、三个直筒立柱、太空舱、上球体、下球体、五个小球、塔座等组成。如果对一般建筑物及其构配件的形体进行分析，就会发现它们的形状虽然复杂多样，但都可以看成各种基本体的组合，如图4-2、图4-3所示。因此，我们要很好地了解建筑形体的投影，必须先掌握基本形体的投影。

图 4-1　东方明珠

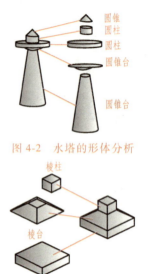

图 4-2　水塔的形体分析

图 4-3　独立基础的形体分析

　　常见的基本形体分为平面体和曲面体两类。表面全部由平面围成的几何体称为平面体。基本的平面立体有棱柱、棱锥、棱台等，如图 4-4 所示。表面由曲面或曲面与平面围成的形体称为曲面体。基本的曲面立体有圆柱、圆锥、圆台、球等，如图 4-5 所示。

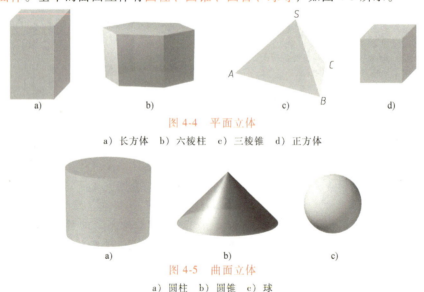

图 4-4　平面立体
a）长方体　b）六棱柱　c）三棱锥　d）正方体

图 4-5　曲面立体
a）圆柱　b）圆锥　c）球

单元 1　平面体的投影

观察与思考

　　建筑形体绝大部分都属于平面体类型，长方体是房屋最基本的组成形体，如图 4-6 所示的 T 形梁、台阶、矩形梁，仔细分析各形体分别由哪些平面体组成的？怎样绘制它们的投影图？对它们进行投影时，怎样放置最好？

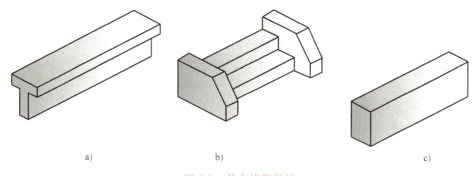

图 4-6　基本建筑形体
a）T 形梁　b）台阶　c）矩形梁

绘制平面体的投影，关键是绘制平面体各多边形表面，即绘制各棱线和各顶点的投影。在平面体的投影图中，可见棱线用实线表示，不可见棱线用虚线表示，以区分可见表面和不可见表面。建筑中常见的平面体有棱柱、棱锥和棱台。

一、棱柱

1. 形体特征

棱柱的各棱线互相平行，底面、顶面为多边形。棱线垂直顶面时称直棱柱，棱线倾斜顶面时称斜棱柱。常见的棱柱有三棱柱、四棱柱、五棱柱和六棱柱等，如图 4-7 所示。最简单的四棱柱是长方体，也是房屋最基本的组成。

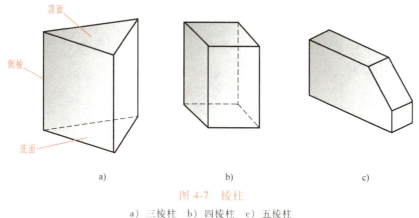

图 4-7　棱柱
a）三棱柱　b）四棱柱　c）五棱柱

2. 安放位置

安放形体时要考虑两个因素：一要使形体处于稳定状态，二要考虑形体的工作状况。为了作图方便，应尽量使形体的表面平行或垂直于投影面，如图 4-8 所示。矩形梁在进行投影时，要考虑梁的正常工作位置，并尽可能让梁的各个表面平行于投影面，使各面的投影反映实形。

3. 投影分析

如图 4-9 所示，四棱柱的顶面和底面平行于水平投影面，前、后面平行于正立投影面，

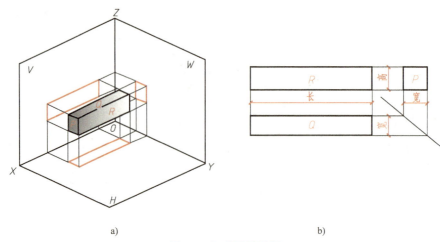

a)   b)

图 4-8　矩形梁的投影

左、右面平行于侧立投影面。在这种位置下，四棱柱的投影特征是：顶面和底面的水平投影重合，并反映实形——矩形，顶面可见，底面不可见，其他面的水平投影分别积聚为矩形的四条边；前、后两侧面的 *V* 面投影重合并反映实形——矩形，前面可见，后面不可见，顶面和底面积聚为矩形的上、下两条边，左、右面积聚为矩形的左、右两条边。*P* 面平行于 *W* 面，*W* 面投影反映实形，正面投影与水平投影积聚为一直线，如图 4-9a 所示；*Q* 面平行于 *H* 面，水平投影反映实形，正面投影和侧面投影积聚为一直线，如图 4-9b 所示；*R* 面平行于 *V* 面，正面投影反映实形，水平投影和侧面投影积聚为一直线，如图 4-9c 所示。

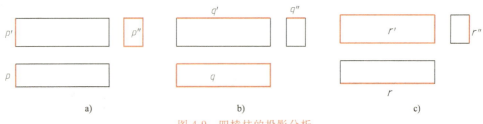

a)   b)   c)

图 4-9　四棱柱的投影分析

 观察与思考

图 4-9 中的 *W* 面上矩形分别是谁的投影？

4. 作图

作图的方法与步骤如图 4-10 所示。

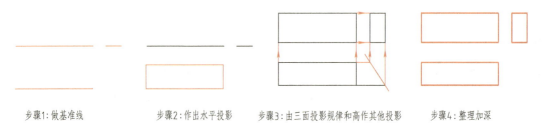

步骤1：做基准线　　　　步骤2：作出水平投影　　步骤3：由三面投影规律和高作其他投影　　步骤4：整理加深

图 4-10　四棱柱投影的作图步骤

观察与思考

观察图 4-10 中的三个投影图，每两个投影图之间的距离表达的意思是什么？是不是一定要相等？

5. 投影特点

棱柱的投影特点可以用四个字来描述："矩矩为柱"，即只要是棱柱，一定有两个面投影的外框是矩形，也就是说，只要形体的两面投影的外框是矩形，并且符合投影规律，该形体一定是棱柱，至于何种棱柱，由第三面投影来判断，如图 4-11 所示。

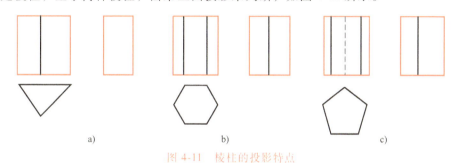

图 4-11　棱柱的投影特点

a）三棱柱的投影　b）正六棱柱的投影　c）正五棱柱的投影

 观察与思考

你还能想出哪些棱柱？试着画出它们的投影。

二、棱锥

1. 形体特征

棱锥的底面是多边形，棱线交于一点，侧棱面均为三角形。常见的棱锥有三棱锥、四棱锥、五棱锥等。

2. 安放位置

安放形体时，底面应平行于 H 面，尽量使底面一条边垂直于 W 面，这样这条边的水平投影和正面投影反映实长，尽量让一个侧面垂直于 W 面，使 W 面投影具有积聚性，如图 4-12 所示。

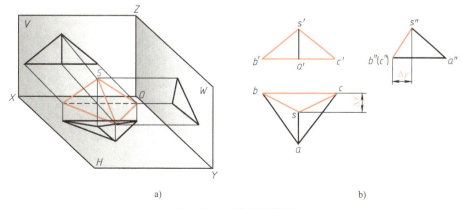

a）　　　　　　　　　　b）

图 4-12　三棱锥的投影

观察与思考

图 4-12 中顶点 S 的侧面投影是否在直线 $b''(c'')a''$ 的垂直平分线上？为什么？自己用 45°线法做出 S 点的侧面投影。

3. 投影分析

（1）**底面 ABC——水平面** 水平投影反映实形，如图 4-13a 中的三角形 abc；正面投影和侧面投影积聚成直线，如图 4-13a 中的直线 $b'a'c'$ 和直线 $b''(c'')a''$ 所示。

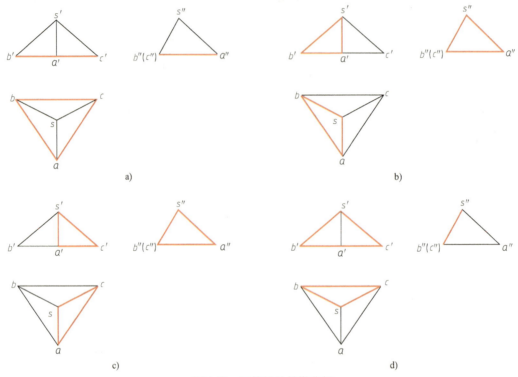

图 4-13 三棱锥的投影分析

（2）**侧面 SAB、SAC——一般位置平面** 三个投影都为类似形，侧面投影重影，面 SAB 可见，面 SAC 不可见，三角形 sab、$s'a'b'$、$s''a''b''$ 是侧面 SAB 的三面投影；sac、$s'a'c'$、$s''a''c''$ 是侧面 SAC 的三面投影，如图 4-13b、c 所示。

（3）**侧面 SBC——侧垂面** 正面投影和水平投影为类似形，侧面投影积聚成直线，如图 4-13d 所示，三角形 sbc、$s'b'c'$ 和直线 $s''b''(c'')$ 为侧面 SBC 的三面投影。

（4）**棱线 SB、SC——一般位置直线** 三面投影均不反映实长。

（5）**棱线 SA——侧平线** 侧面投影反映实长，正面投影和水平投影不反映实长。

4. 作图

作图的方法与步骤如图 4-14 所示。

 观察与思考

在图 4-14 中观察侧面投影是否是等腰直角三角形，中间为什么没有竖线。

5. 投影特点

棱锥的投影特点可以用四个字来描述："**三三为锥**"，即只要是棱锥，一定有两个投影的外框是三角形，从第三面投影来判断是何种棱锥。在读图时，若某个形体的两个投影外框是三角形，该形体一定是锥体，从第三面投影图判断为何种锥体，如图 4-15 所示。

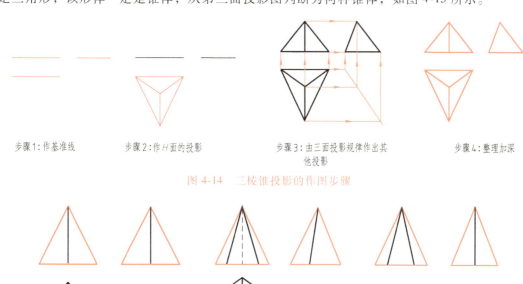

步骤1：作基准线   步骤2：作H面的投影   步骤3：由三面投影规律作出其他投影   步骤4：整理加深

图 4-14   三棱锥投影的作图步骤

a)   b)   c)

图 4-15   棱锥的投影特点

a）正四棱锥的投影   b）正五棱锥的投影   c）正六棱锥的投影

 观察与思考

自己试着作出更多的棱锥体，找出它们的投影特点。

三、棱台

 观察与思考

观察图 4-16a 所示的四棱台与四棱锥有什么样的关系？图中棱台的侧棱之间有什么样的关系？

1. 形体特征

棱台可以看成是棱锥被平行于锥底面的平面截切掉锥顶部分而形成的，如图 4-16a 所示。

2. 安放位置

安放形体时，一般选顶面和底面为水平面、前、后面为侧垂面，左、右面为正垂面，如图 4-16b 所示。

3. 投影分析

四棱台的顶面和底面互相平行，为水平面，正面投影和侧面投影积聚为线，水平投影反

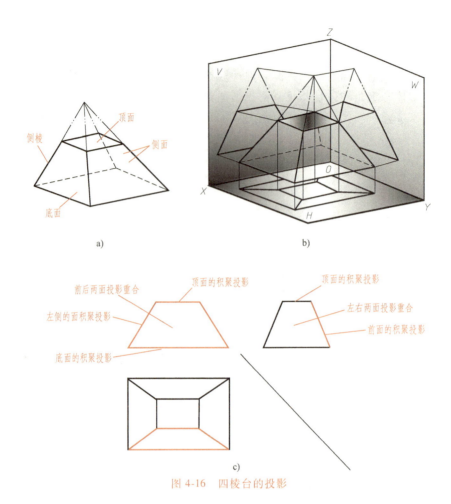

图 4-16 四棱台的投影

映实形，如图 4-17a 所示，小矩形为顶面的投影，大矩形为底面的投影；侧棱的延长线交于一点，如图 4-16b 所示；前、后面为侧垂面，侧面投影积聚为线，正面投影为类似形，前面可见，后面不可见，水平投影为类似形，如图 4-17b 所示；左、右面为正垂面，正面投影积聚为线，侧面投影为类似形，左面可见，右面不可见，水平投影为类似形，如图 4-17c 所示。

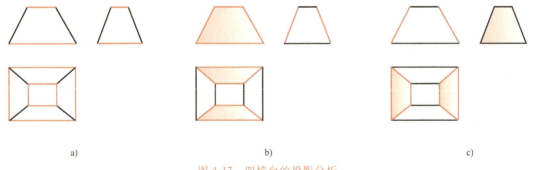

图 4-17 四棱台的投影分析

a）顶面和底面的投影　b）前、后侧面的投影　c）左、右侧面的投影

4. 投影特点

棱台的投影特点也可以用四个字来描述："梯梯为台"，也就是说，只要是台体，必有

两个投影的外框为梯形，从第三面投影判断为何种形体。在读图时，如果两个投影的外框为梯形，可以判断该形体为台体，从第三面投影来判断为何种台体，如图 4-18 所示。

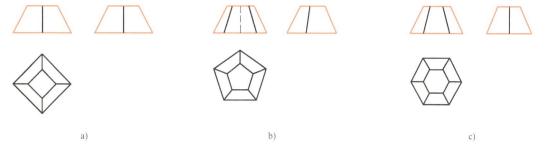

图 4-18 棱台的投影特点

a）正四棱台的投影 b）正五棱台的投影 c）正六棱台的投影

四、平面体上点和直线的投影

平面体上的点和直线，实质上是求直线上和平面上的点和直线。它们的不同之处是平面体上的点和直线需要判断可见性。

平面体上的点的投影的求法可以归结为两种：

（1）特殊面上的点 利用平面的积聚投影和三面投影规律直接求出。

（2）一般面上的点 利用直线上点的投影规律和二面投影原理求出。

平面体上的直线的投影实质上也是平面体上组成直线的无数点的投影，求出一系列点后，顺次连接起来即是，然后判断其可见性。

1. 棱柱表面上点和直线的投影

【例 4-1】 已知三棱柱的三面投影及其表面上的点 A、B 的水平投影 a、b 和点 C 的正面投影 c'，求作它们的另两个投影。

分析：由已知条件可知，A 点位于三棱柱的顶面，B 点位于三棱柱的底面，C 点位于三棱柱的左前面，如图 4-19d 示意图所示。三个面的投影都有积聚性，因此可以利用平面的积聚投影和三面投影规律直接作图。

作法一：由 a、b 分别向 V 面直接作投影连线，与三棱柱顶面和底面的 V 面投影相交得到 a'、b'，然后利用 45°线求出 a"、b"；由 c' 向 H 面直接作投影连线，与三棱柱的左侧面的

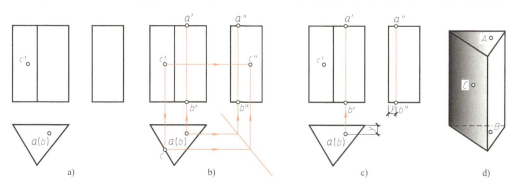

图 4-19 三棱柱表面上点的投影

a）已知 b）作法一 c）作法二 d）示意图

积聚投影相交得到 c 点，利用 45°线和三面投影规律求出 c''，如图 4-19b 所示。

作法二：根据"长对正"，在三棱柱的顶面和底面的积聚投影 V 面上作出 a'、b'，然后根据"宽相等"作出 a''、b''，如图 4-19c 所示。

 观察与思考

在图 4-19b 图中 45°线怎样作出？是正面投影右下角的平分线吗？自己用作法二求出 C 点的另两面投影。

【例 4-2】 已知三棱柱的三面投影和正面投影上的直线 $a'b'$ 和 $b'c'$，如图 4-20a 所示。求 AB、BC 在其他两个面上的投影。

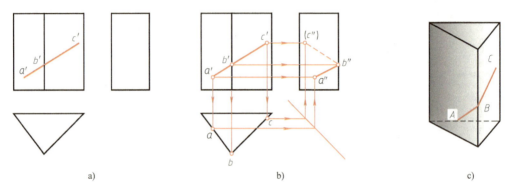

图 4-20 三棱柱表面上直线的投影
a）已知 b）作图 c）示意图

分析：由已知条件可知，直线 AB 在左前面上，直线 BC 在右前面上，B 点在前棱上，如图 4-20c 示意图所示，分别具有积聚性，因此可以求出直线端点 A、B、C 的投影，然后连接端点，即得直线的投影。

作图步骤：

1）在 H 面上，左前面和右前面积聚成一直线，过 a' 和 c' 向 H 面作投影线与左前面和右前面的积聚投影分别相交得到 a 和 c，前棱线在 H 面上的投影积聚成点，点 b 也在这个点上。

2）利用 45°辅助线和三面投影规律求出 a'' 和 (c'')，因为 C 点位于右前面，而右前面的 W 面投影不可见，因此 C 点的 W 面投影也不可见，B 点在前棱线上，可以直接利用"高平齐"求出 b''，如图 4-20b 所示。

3）连接 $a''b''$ 和 $b''(c'')$ 就是所求直线的 W 面投影，但是需要判断可见性，怎样判断可见性呢？只要直线的一个端点在投影面上处于不可见的位置，那么该直线就不可见，画虚线。图中点 C 在 W 面上的投影不可见，因此 BC 的 W 面投影不可见，为虚线，如图 4-20b 所示。

2. 棱锥表面上点和直线的投影

【例 4-3】 已知三棱锥表面上点 M、N 的正面投影 m'、(n')，如图 4-21a 所示。求点 M、N 的水平面投影和侧面投影。

分析：由于 m' 可见，可判定 M 点在 SAB 侧面上，如图 4-21b 所示，SAB 面的三面投影都是无积聚性线框，为一般位置平面，该面上的点要用辅助直线法求解；n' 不可见，位于后侧面 SBC 上，因为 SBC 为侧垂面，侧面投影积聚，因此可以利用积聚性求出 N 点的侧面投影，然后利用"宽相等"求出水平投影。

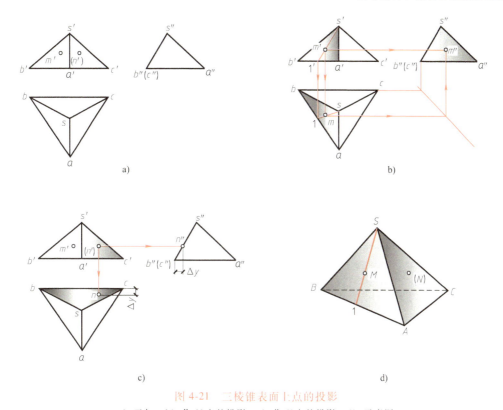

图 4-21　三棱锥表面上点的投影
a）已知　b）作 M 点的投影　c）作 N 点的投影　d）示意图

作图步骤：

1）作辅助线的三面投影。在面 SAB 上，过 M 点作辅助线 $S1$ 的两面投影 $s'1'$、$s1$。

2）求 M 点的另两面投影。根据直线上点的投影规律，求出 M 点的另两面投影 m、m''。

3）判定可见性。因为 M 点在面 SAB 上，SAB 的水平投影和侧面投影可见，因此 m、m'' 可见，如图 4-21b 所示。

4）求 N 点的其他两面投影。N 点位于后侧面上，而后侧面是侧垂面，积聚为线，因此可利用"高平齐"直接作出 n''，然后利用三面投影规律作出 n，因为面 SBC 的水平投影面可见，因此 n 点可见，如图 4-21c 所示。

 观察与思考

如果点在棱线上，怎样作三面投影？如果是三棱锥表面上的线，怎样求它的三面投影？

【例 4-4】　已知三棱锥的三面投影和侧面 SAC 上的直线 MN 的正面投影 $m'n'$，如图 4-22a 所示。求直线 MN 的其他两面投影。

分析：从已知条件可以得出，直线 MN 在三棱锥的右侧面上，M 点在棱线上，可以根据直线上点的投影规律和三面投影规律直接求出，N 点在右侧面上，右侧面是一般位置平面，因此 N 点的投影可用辅助线法求出，如图 4-22e 所示。

作图步骤：

1）作 M 点的投影。M 点位于棱线 SA 上，可以利用直线上点的投影规律和"高平齐""宽相等"求出其他两面投影，如图 4-22b 所示。

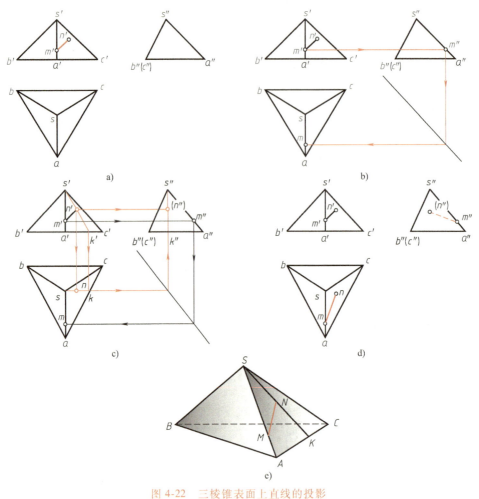

图 4-22　三棱锥表面上直线的投影

a）已知　b）作 M 点的投影　c）作 N 点的投影　d）连接整理　e）示意图

2）求 N 点的投影。因为 N 在侧面 SAC 上，面 SAC 是一般位置平面，因此，N 点用辅助线法作出。在平面 SAC 上过 N 点作直线 SK，利用直线上点的投影和三面投影规律求出 N 点的其他两面投影，因为侧面 SAC 的 W 面投影不可见，因此 N 点的 W 面投影也不可见，如图 4-22c 所示。

3）连接直线的投影。H 面上 M、N 点均可见，因此直线 mn 可见，在 W 面上 N 点不可见，因此直线 m″n″不可见，画虚线，如图 4-22d 所示。

3. 棱台表面上点和直线的投影

因为棱台是由棱锥经平面截取的，所以棱台上点的求法和棱锥上点的求法相同。

【例 4-5】　已知四棱台的三面投影和侧面上 A 点的正面投影 a′，如图 4-23b 所示。求 A 点的水平投影和侧面投影。

分析：由于 a′ 可见，可知 A 点位于四棱台的前侧面上，如图 4-23a、c 所示。四棱台前侧面为侧垂面，其侧面投影积聚为一斜线，则 A 点投影可用积聚性法直接求出。

作图步骤：

1）分析 A 点在棱台的位置。如图 4-23b 所示，a′ 可见，因此 A 点位于四棱台的前侧面

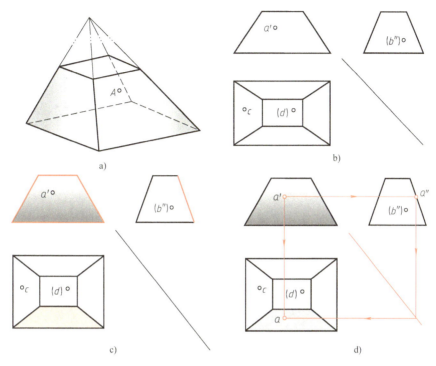

图 4-23　四棱台表面上点的投影

上，如图 4-23c 所示。

2）利用积聚投影求出 a″。如图 4-23d 所示，再根据投影规律求出 a，判定可见性。

 观察与思考

图 4-23 中的 B、C、D 点分别在棱台的哪些面上？把它们所在平面的投影补画出来，如果棱面上有一条直线，怎样求出它的三面投影？

单元2　曲面体的投影

由曲面或者曲面和平面包围而成的立体称为曲面体。常见的曲面体是回转体，回转体是由一母线（直线或曲线）绕一固定轴线作回转运动形成的，圆柱体、圆锥体、球体都是回转体，如图 4-24 所示。

1. 母线、素线与轮廓线

绕一轴线旋转形成曲面体的直线或曲线称为母线。母线在曲面体上的任何位置称为素线，如图 4-24 所示。

确定曲面体的外形线称为轮廓线（或转向轮廓线），轮廓线也是可见与不可见的分界线。当回转体的旋转轴在投影体系中摆放的位置合理时，轮廓线与素线重合，这种素线称为轮廓素线。在三面投影体系中，常用的四条轮廓素线分别为：形体最前素线、最后素线、最左素线和最右素线，如图 4-25 所示。

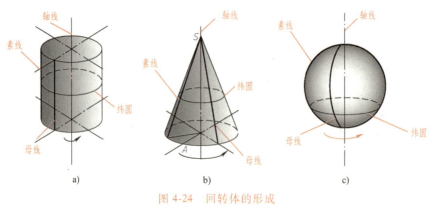

图 4-24 回转体的形成

a）圆柱 b）圆锥 c）球

观察与思考

曲面体对于不同的投影面，轮廓素线相同吗？

2. 纬圆

由回转体的形成可知，母线上任意一点的运动轨迹为圆，该圆称为纬圆，纬圆垂直于轴线，如图 4-24 所示。回转体的投影就是围成它的回转面或回转面和平面的投影。

一、圆柱

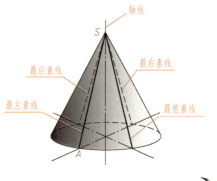

图 4-25 圆锥的轮廓素线

1. 形体特征

圆柱体由圆柱面与顶面和底面围成。圆柱面是一条直线围绕一条轴线始终保持平行和等距旋转而成，圆柱面上任意一条平行于轴线的直线称为圆柱面的素线，如图 4-24a 所示。

2. 安放位置

圆柱在投影时，一般使顶面和底面平行于 H 面，圆柱的轴线垂直于 H 面，圆柱面垂直于 H 面。

3. 投影分析（图 4-26）

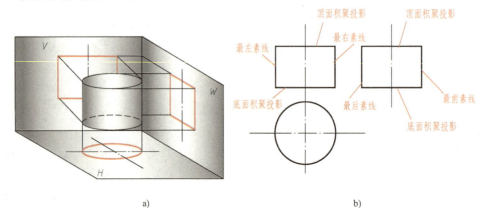

图 4-26 圆柱的投影分析

（1）水平投影——圆　它是顶面和底面的重合投影（实形），顶面可见，底面不可见；圆周是圆柱面的积聚性投影；圆心是轴线的积聚性投影。

（2）正面投影——矩形线框　它是前、后半个圆柱面的重合投影，前半圆柱面可见，后半圆柱面不可见；中间一条是轴线的投影，也是最前素线和最后素线的投影；上下两横线是顶面和底面的积聚投影；左右两条竖线是最左、最右素线的投影，也是圆柱面前、后分界的转向轮廓线。

（3）侧面投影——矩形线框　它是左、右半圆柱面的重合投影，左半圆柱面可见，右半圆柱面不可见；上下两横线是顶面和底面的积聚投影，中间是轴线的投影，也是最左素线和最右素线的投影；左右两竖线是最前、最后两素线的投影，也是圆柱面左、右分界的转向轮廓线。

4. 作图

作图的方法与步骤如图 4-27 所示。

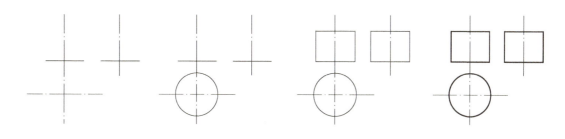

步骤1:作出对称中心线和　　步骤2:作出特征面水平投影　　步骤3:由投影规律作出其他面投影　　步骤4:整理加深
　　　边界线的投影

图 4-27　圆柱投影的画法

5. 投影特点

圆柱的投影特点符合柱体的投影特点，即"矩矩为柱"；第三面的投影特征是"圆"。读图时，形体有两面投影是等大的矩形，第三面投影是圆，那么该形体一定是圆柱。

二、圆锥

1. 形体特征

圆锥体由圆锥面和底面围成。圆锥面可看作由一条直母线 SA 绕与它斜交的轴线回转而成的曲面；圆锥面上任意一条与轴线斜交的直线，称为圆锥面上的素线；母线绕轴线旋转时，母线上的每一点的运动轨迹都是一个圆，这个圆称为圆锥的纬圆，如图 4-24b 所示。

 观察与思考

在图 4-24b 中，点如果在圆锥的素线或在圆锥的纬圆上，点是否在圆锥上？

2. 安放位置

做圆锥的投影时，应使底面平行于 H 面，如图 4-28 所示。

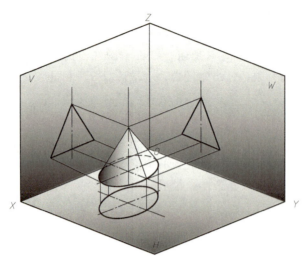

图 4-28 圆锥的安放位置

3. 作图

作图的方法与步骤如图 4-29 所示。

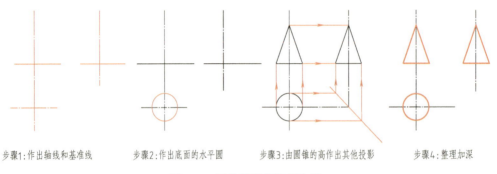

步骤1:作出轴线和基准线　　　步骤2:作出底面的水平圆　　　步骤3:由圆锥的高作出其他投影　　　步骤4:整理加深

图 4-29 圆锥投影的作图步骤

4. 投影分析（图 4-30）

（1）**水平投影——圆** 它是圆锥面和底面的重合投影（实形），过圆心的两条单点长画线是对称中心线，圆心是轴线和锥顶的投影，圆锥面可见，底面不可见。

（2）**正面投影——等腰三角形** 它是前、后半圆锥面的重合投影，前半圆锥面可见，后半圆锥面不可见；中间竖直的单点长画线是轴线的投影，也是最前素线和最后素线的投影，底边是圆锥底面的积聚投影，左、右两边是最左、最右素线的投影，也是圆锥面前、后分界的转向轮廓线。

（3）**侧面投影——等腰三角形** 它是左、右半圆锥面的重合投影，左半圆锥面可见，右半圆锥面不可见；中间竖直的单点长画线是轴线的投影，也是最左素线和最右素线的投影；底边是底面的投影；两边是最前、最后素线的投影，也是圆锥面左、右分界的转向轮廓线。

5. 投影特点

圆锥的投影特点符合锥体的投影特点，即"**三三为锥**"。也就是说，如果有两面投影为全等三角形，第三面投影为圆的肯定是圆锥的投影，如图 4-30 所示。

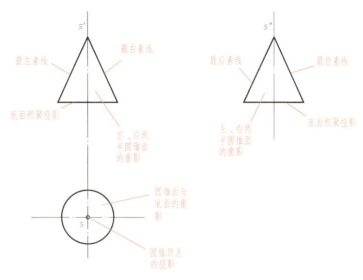

图 4-30　圆锥的投影分析

三、球体

1. 形体特征

球体由球面组成，圆球的表面可看作由一条圆母线绕其轴线回转而成；母线圆上的点运动轨迹是圆，同圆锥一样该圆称为纬圆，纬圆垂直于轴线，如图 4-24c 所示。

2. 投影分析

圆球的三个投影都是等径圆，然而不同的投影的轮廓线是球面上不同圆的投影，如图 4-31 所示。

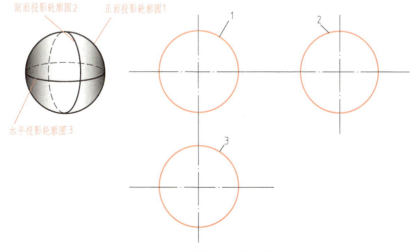

图 4-31　球体的投影分析

（1）H 面上的圆　投影的轮廓线是球的最大水平圆的投影，把球分为上下两部分，上面可见，下面不可见。

（2）*V* 面上的圆　投影的轮廓线是球的最大正平圆的投影，把球分为前后两部分，前面可见，后面不可见。

（3）*W* 面上的圆　投影的轮廓线是球的最大侧平圆的投影，把球分为左右两部分，左面可见，右面不可见。

3. 作图

作图的方法与步骤如图 4-32 所示。

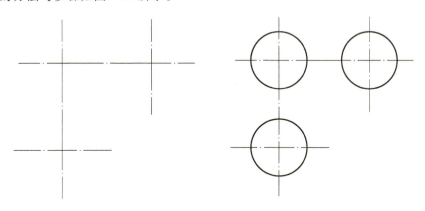

步骤1：根据投影规律作出对称中心线　　　　步骤2：以球的半径为半径画三个等大的圆

图 4-32　球体投影的作图步骤

4. 投影特点

球的投影可以描述为"三圆为球"，也就是说，在读图时，形体的三面投影是三个等大的圆，该形体一定是球体（应该符合投影规律）。

四、曲面体上点和直线的投影

曲面体上点的求法：一种是特殊位置点利用投影的积聚性直接求出；另一种是一般位置点利用素线法或纬圆法求出。

曲面体上直线的投影的求法：一种是先在直线上找出一些特殊点，利用曲面体上点的求法求出这些点的投影；另一种是在直线上找出一些一般点，利用素线法或纬圆法求出这些点的投影。判断可见性，用光滑的曲线连接，可见的部分用实线，不可见的部分用虚线，曲面体上的轮廓素线是可见与不可见的分界线。

1. 圆柱体表面上点和直线

（1）圆柱面上的点

【例 4-6】　已知圆柱的三面投影和圆柱面上点的 *A*、*N* 的一个投影 a'、(n'')，如图 4-33b 所示。求这两点的其他两面投影。

分析：由 a'、(n'') 可知，*A* 点的正面投影可见，位于左前 1/4 圆柱面上，*N* 点的侧面投影不可见，位于右前 1/4 圆柱面上，如图 4-33a 所示，因为圆柱面的水平投影具有积聚性，因此可以利用圆柱面的积聚投影求出这两点的水平投影，然后利用三面投影规律求出第三面投影。

作图步骤：

1）利用圆柱面的积聚投影，由 a' 作出 *A* 点的水平投影 *a*，因为 *A* 点位于圆柱面的左前

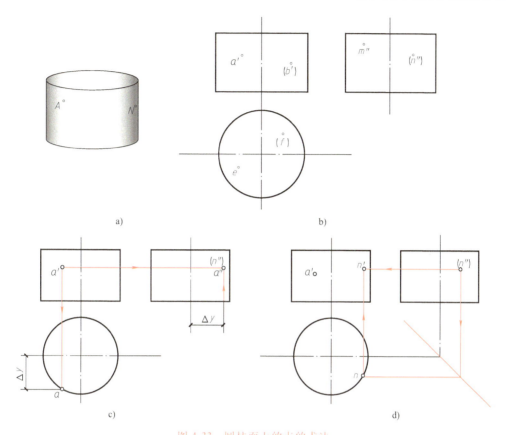

图 4-33　圆柱面上的点的求法

a）示意图　b）已知　c）作 A 点的投影　d）作 N 点的投影

方，因此 a 点在水平圆的左前 1/4 圆弧上，然后利用三面投影规律的"高平齐、宽相等"，求出 A 点的侧面投影 a″，如图 4-33c 所示。

2）利用圆柱面的积聚投影，根据"宽相等"，由（n″）作出 N 点的水平投影 n，因为 N 点位于圆柱面的右前方，因此 N 点在水平圆的右前 1/4 圆弧上，然后利用三面投影规律的"高平齐、长对正"，求出 N 点的正面投影 n′，如图 4-33d 所示。

 观察与思考

图 4-33b 中 B、E、F、M 点分别在圆柱的哪个位置？图 4-33d 中的 45°辅助线为什么没有在 V 面投影矩形右下角的平分线上？

（2）**圆柱面上的直线**　求圆柱面上直线的投影，实质上也是求圆柱面上点的投影，求出一系列点的投影，用光滑的曲线连接即可，关键是需要判断曲线的可见性。

【例 4-7】　已知圆柱的三面投影和圆柱正面投影上的直线 a′n′，如图 4-34b 所示。求该直线的其他两面投影。

分析：从圆柱的正面投影和直线 a′n′分析，该直线实际上是圆柱面上的一段曲线的正面投影，并且正面投影可见，因此这段曲线在圆柱面的前半圆柱面上，如图 4-34a 所示。利用圆柱面上点的投影先求出特殊点的投影，再求出一些一般点的投影，然后用光滑的曲线连接起来，并判断可见性，可见的用实线，不可见的用虚线。

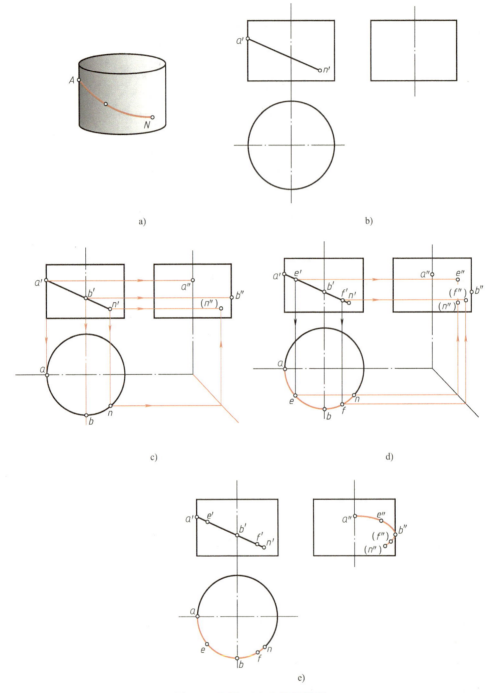

图 4-34　圆柱面上直线的投影

a）示意图　b）已知　c）作特殊点的投影　d）作一般点的投影　e）用光滑曲线连接并判断可见性

作图步骤：

1）找出直线上的特殊点，*A*、*B*、*N* 点，*A* 点既是直线的端点，又是最左素线上的点，其他两面投影可以直接作出；*B* 点位于圆柱面的最前素线，其他两面投影也可以直接作出，*B* 点的侧面投影是所求直线的侧面投影可见与不可见的分界点；*N* 点是直线的另一端点，但不是特殊位置点，利用圆柱面的积聚投影和三面投影规律，求出其他两面的投影，如图 4-34c 所示。

2）作出一般点 E、F 的三面投影，或更多一般点的三面投影，如图 4-34d 所示。

3）因为直线上的点都在圆柱面上，所以水平投影和圆柱面的水平投影重影，如图 4-34e 所示圆弧 $\overparen{aebfn}$；用光滑曲线将侧面投影上的点顺次连接，b'' 是曲线上可见与不可见的分界点，曲线 $a''e''b''$ 可见，画实线；曲线 $b''(f'')(n'')$ 不可见，画虚线。

2. 圆锥表面上点和直线

（1）圆锥表面上的点　求圆锥表面上点的投影方法有三种：一是直接法；二是纬圆法；三是素线法。

1）直接法。当所求点在圆锥面轮廓素线上时，就可以利用投影规律直接求解。

【例 4-8】　已知圆锥的三面投影和 A 点的正面投影，如图 4-35a 所示。求 A 点的其他两面投影。

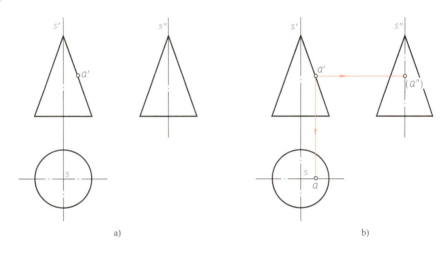

图 4-35　圆锥面上特殊点的投影

a）已知　b）作图

分析：由已知条件可知，A 点位于圆锥的最右轮廓素线上，是特殊点，可以直接根据投影规律求出投影。

作图步骤：A 点位于最右轮廓素线，水平投影在对称轴线上，侧面投影与轴线的投影重合，利用投影规律直接求出，如图 4-35b 所示。

2）纬圆法（辅助纬圆法）。圆锥母线上的点随母线绕轴线旋转，形成回转面上的纬圆，如图 4-24b 所示。求作圆锥面上的点，可先求出点所在的纬圆的投影，再利用纬圆找出点，这种方法称为纬圆法。

【例 4-9】　已知圆锥的三面投影及其表面上 A 点的 V 面投影 a'，如图 4-36a 所示。求 A 点的其他两面投影。

分析：由 V 面投影可知 A 点可见，因此 A 点在圆锥的前半圆锥面上，如图 4-36b 所示。点 A 处于一般位置，但是可以作出过点 A 的纬圆的投影，如图 4-36c 所示，利用三面投影规律求出 A 点的投影。

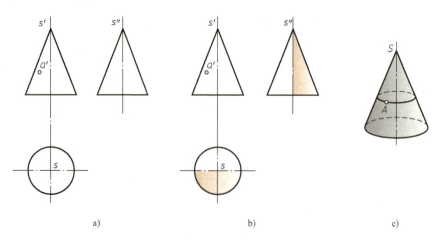

图 4-36　圆锥面上点的投影（一）

作图步骤：

1）过 A 点作纬圆。因纬圆是 H 面的平行面，因此在 V 面的投影是平行于 OX 轴的直线，水平投影为圆，如图 4-37a 所示。

2）作纬圆 H 面的投影。

3）由 a′ 点求出 a，再由"高平齐""宽相等"求出 a″，如图 4-37b 所示。

 观察与思考

图 4-37 中纬圆的 H 面投影为什么可以只作出 1/4 圆？纬圆的半径如何求出？

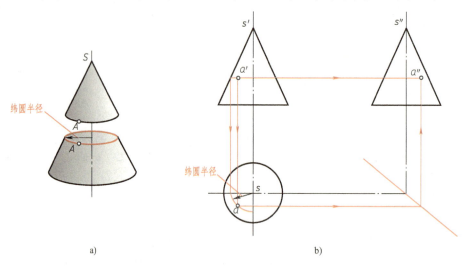

图 4-37　纬圆法求圆锥面上点的投影

3）素线法。圆锥面上任意一点与锥顶的连线，均是圆锥面上的素线，作图时先求出素线的投影，再求出素线上点的投影来求圆锥面上的点的投影，这种利用圆锥面上素线找圆锥面上点的方法称为素线法，如图 4-38a 所示。在上个例子中可以用素线法求出 A 点的其他投影。

作图步骤：

1）在 V 面上过 a′ 点作素线 SB 的 V 面投影 s′b′。

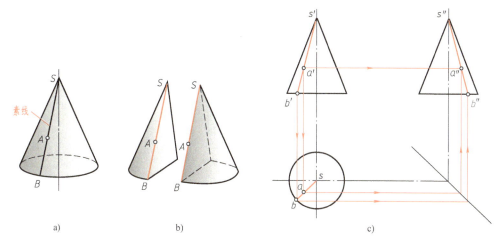

图 4-38　圆锥面上点的投影（二）

2）由 $s'b'$ 根据直线的投影规律求出 sb 和 $s''b''$。

3）根据直线上点的投影规律，由 a' 求出 a 和 a''，并判断可见性。

圆锥表面上直线的投影实质上是求圆锥表面上点的投影集合，求出一系列点的投影后，用光滑的曲线连接起来即可，并判断可见性，圆锥的轮廓素线是圆锥表面上的线的可见与不可见的分界线。

（2）圆锥表面上的直线

【例 4-10】　已知圆锥的三面投影和侧面投影上的直线 $a''b''$，如图 4-39a 所示，求直线 AB 的其他两面投影。

分析：由已知条件可以判断直线 $a''b''$ 在左半圆锥面上，如图 4-39b 所示，可以先求出一些特殊点的投影，再求出一些一般点的投影，然后用光滑的曲线连接起来并判断可见性。

作图步骤：

1）作特殊点的投影。a''、b'' 点是直线的端点，但不是特殊位置点，因此可以利用素线法或纬圆法求出其他两面投影，c'' 是轮廓素线上的点，可以直接利用投影规律求出其他两面投影，如图 4-39c 所示。

2）作一般点的投影。在直线上选定一些一般点，如图 4-39d 中的 e''、f'' 点，利用素线法或纬圆法求出其他两面投影。

3）用光滑的曲线将这些点连接起来，并判断可见性，轮廓素线上的点是曲线可见与不可见的分界点，如图 4-39e 所示，V 面投影的 c' 是曲线可见与否的分界点，曲线的一个端点不可见，曲线不可见，图 4-39e 中 $(a')(e')$ 不可见，因此曲线 $(a')(e')c'$ 不可见，用虚线；而曲线 $c'f'b'$ 可见，用实线。

3. 圆球上点和直线

（1）圆球上点的投影　求球面上点的投影一般用纬圆法。

【例 4-11】　已知球的三面投影和 A 点的正面投影 a'，如图 4-40 所示。求 A 点的其他投影。

作图步骤：

1）判断 A 点在球体上的位置。由图 4-40b 可知，正面投影 a' 可见，因此 A 点在球的左前上方 1/4 球体上，如图 4-40a、c 所示。

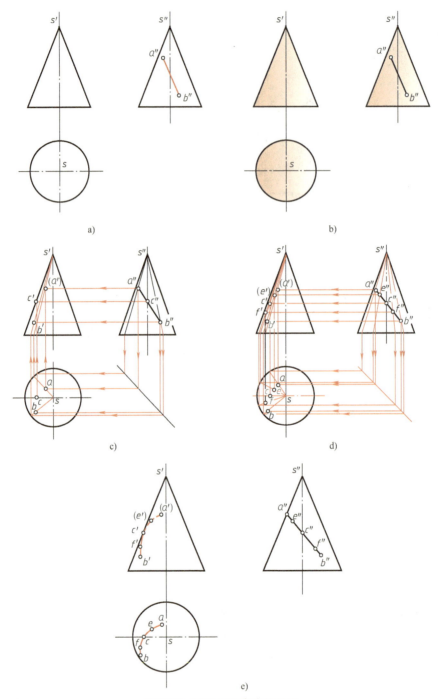

图 4-39　圆锥面上直线的投影

a）已知　b）判断直线的位置　c）作特殊点的投影　d）作一般点的投影　e）用光滑的曲线连接并判断可见性

2）在 H 投影面上作出水平纬圆，如图 4-40d 所示。

3）由三面投影规律，作出 A 点的其他两面投影，如图 4-40e 所示。

（2）圆球上直线的投影　圆球上直线的投影实质上是求圆球上点的投影集合，求出一系列点的投影，然后用光滑的曲线连接而成，并判断可见性。

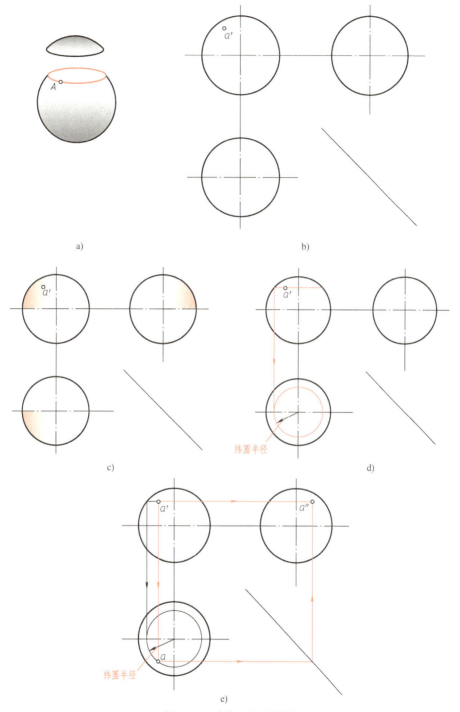

图 4-40 球体上点的投影

a）示意图　b）已知　c）判断 A 点的位置　d）作水平纬圆　e）利用投影规律作出其他投影

 观察与思考

1. 如图 4-40 所示，如何求 A 点所在纬圆的半径？

2. 只能用水平纬圆求 A 点的三面投影吗？水平纬圆只画 1/4 圆弧可以吗？应画哪 1/4 圆弧？如图 4-41 所示，用侧面纬圆也可以求 A 点的三面投影。

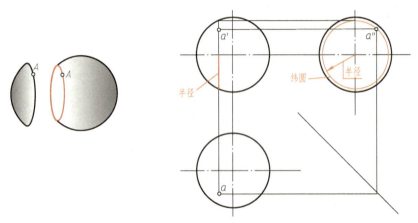

图 4-41　用侧面纬圆求 A 点的投影

【例 4-12】　已知球的三面投影和侧面投影上的直线 $a''e''$，如图 4-42a 所示。求弧线的其他两面投影。

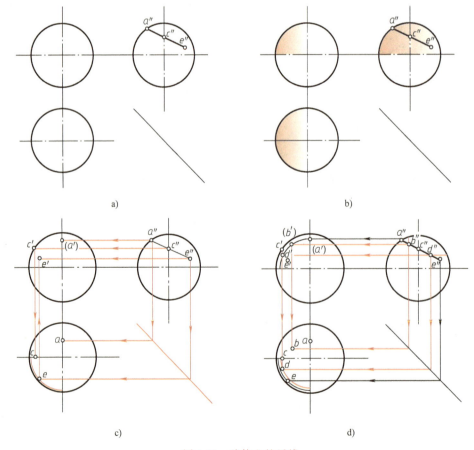

图 4-42　球体上的弧线

a）已知　b）判断直线的位置　c）作特殊点的投影　d）作一般点的投影

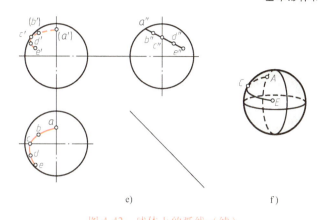

e)   f)

图 4-42　球体上的弧线（续）

e）用光滑的曲线连接并判断可见性　f）示意图

作图步骤：

1）判断直线的位置。由侧面投影可知，直线位于球体的左上 1/4 球体上，如图 4-42b、f 所示。

2）作特殊点的投影。A、C 两点位于球体的最大轮廓圆上，可以直接利用投影规律作出正面投影和水平投影；E 点位于一般位置，用纬圆法求出水平投影和正面投影，如图 4-42c 所示。

3）作一般点的投影。B、D 两点是一般位置点，所以用纬圆法求出水平投影和正面投影，可以多作几点，如图 4-42d 所示。

4）擦去多余的线。用光滑的曲线连接起来，并判断可见性；C 点在最大正平圆上，因此 C 点的正面投影是曲线正面投影可见与不可见的分界点，曲线 (a') (b') c' 不可见，用虚线，曲线 c'd'e' 可见，用实线；整个曲线的水平投影均可见，用实线，如图 4-42e 所示。

单元 3　组合体的投影

 生活与识图

大家小时候都玩过积木，如图 4-43 所示。由于组合体是由若干个基本体构成的，因此可以采用"化整为零""搭积木"的方法来画其投影，这种方法即是本书上介绍的组合体投影方法的其中一种：形体分析法。

由若干个基本体所组成的形体，称为组合体。工程形体的形状虽然很复杂，但都可以看成是基本体的组合，如图 4-44 所示。

一、组合体的构成

组合体的构成有以下三种形式：

（1）叠加式　由两个或两个以上的基本体叠加而成，如图 4-44a 所示。

图 4-43 搭积木

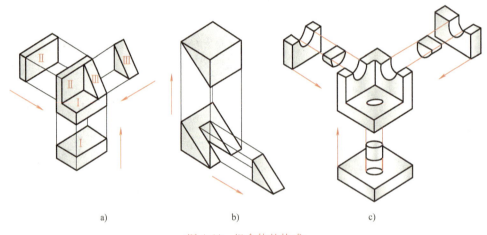

a)   b)   c)

图 4-44 组合体的构成

a）叠加式组合体 b）切割式组合体 c）综合式组合体

（2）切割式 形体比较复杂的物体，可看作是基本几何体经切割后形成的，如图 4-44b 所示。

（3）综合式 综合式组合体是既有形体叠加又含有形体的切割成分，如图 4-44c 所示。

观察与思考

这三种形式的组合体能否都看成切割式或看成其他形式，也就是说，组合体被看成叠加式、切割式、综合式是否是唯一的？

二、组合体投影图的画法

画组合体投影图，一般按照形体分析、视图选择、画图三步进行。

1. 形体分析

画三视图之前，应对组合体进行形体分析。首先分析所要表达的组合体是属于哪一种组合形式（切割、叠加、混合），由几部分组成；然后分析各部分之间表面连接关系，从而对所要表达的组合体的形体特点有个总的概念，为画其投影图做好准备。如图 4-44a 所示是叠加式组合体，由 Ⅰ、Ⅱ、Ⅲ 三部分组成，Ⅰ 形体在最下方；Ⅱ 形体在 Ⅰ 形体的后上方；Ⅲ 形体在 Ⅰ 形体的右上方，Ⅱ 形体的前方。

2. 视图选择

视图选择的原则是用尽量少的视图把物体完整、清晰地表达出来。视图选择包括确定形体的放置位置、选择主视图的投影方向及确定视图数量三个问题。

（1）确定形体的放置位置　形体通常按正常的工作位置放置，有些形体按照制造加工时的位置放，如预制桩、柱等一类的杆状形体是按照加工位置平放，梁的工作位置是横放，柱的工作位置是竖放。如图 4-45a、b 是一个台阶正常工作位置。

（2）选择主视图的投影方向　正立面投影图是一组投影图的核心，是最重要的投影图，因此正立面投影方向的选择应满足"正常的安放位置"和"表达形状特征"的原则。应使正立面图尽可能多地反映物体的形状特征及各组成部分的相对位置；选择正立面图的投影方向时，还要考虑尽可能减少投影图中的虚线，如图 4-45b 所示；另外，还要考虑合理地利用图纸。

（3）确定视图数量　确定视图数量的原则是在把形体表达足够充分的前提下，尽量减少投影图数量。

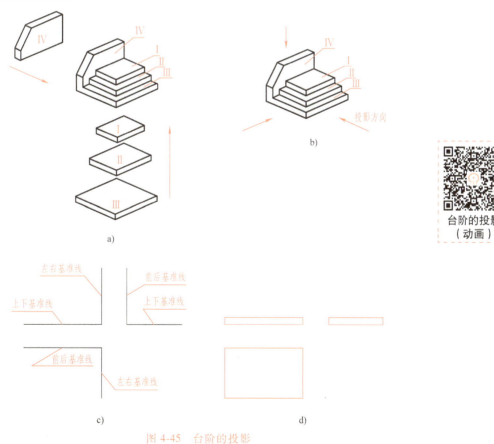

图 4-45　台阶的投影

a）形体分析　b）选择投影方向　c）画基准线　d）画底板Ⅲ

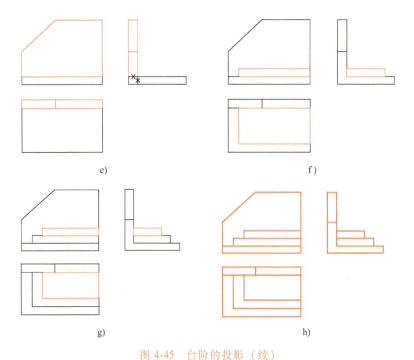

图 4-45 台阶的投影（续）

e）画挡板Ⅳ　f）画形体Ⅱ　g）画形体Ⅰ　h）检查、加深

3. 画图

（1）选定比例、确定图幅　视图选择后，应根据组合体的大小和复杂程度，按标准规定选择适当的比例和图幅。选择原则为：表达清楚，易画、易读，图上的图线不宜过密或过疏。

（2）确定投影图的位置　确定投影图的位置即画出各投影图的基准线，布图应使各投影图布局均匀，不能偏向某边；各投影图之间要留有适当的空间，以便于标注尺寸。

基准线一般选用对称线，较大的平面或较大圆的中心线和轴线，基准线是画图和量取尺寸的起始线，如图 4-45c 所示。

（3）画底稿　画图时一般是一个基本体一个基本体地画，画图时应注意每部分投影图之间都必须符合投影规律，即"高平齐、宽相等、长对正"；注意各部分之间表面连接处的画法。基本形体在组合时，连接处一般会有下面四种情况，如图 4-46 所示。

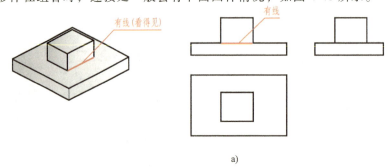

a）

图 4-46 组合体的连接形式

a）相邻表面相交，不共面

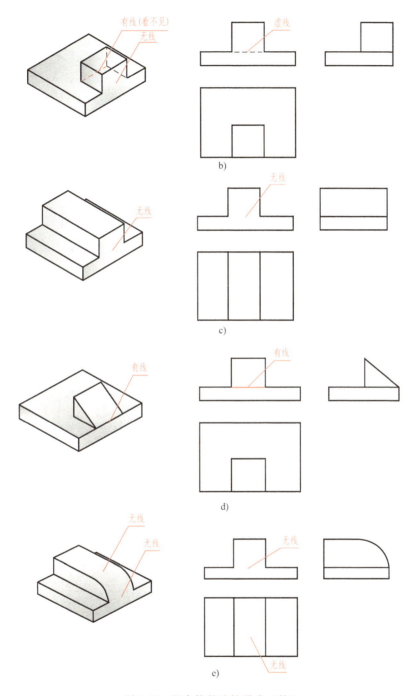

图 4-46 组合体的连接形式（续）

b）连接部位对齐共面，后面不共面　c）连接部位对齐共面，后面共面

d）连接处对齐不共面　e）连接处相切光滑过渡

1）两形体叠加时，相邻表面相交不共面，在相交处产生交线，如图 4-46a 所示。

2）两形体叠加时，连接部位共面，没有交线；当连接面后面不共面时，在后面有交线，但是看不到，对应的投影用虚线，如图 4-46b 所示。

3）两形体叠加时，连接部位共面，没有交线；当连接面后面也共面时，对应的投影也没有交线，如图 4-46c 所示。

4）两形体叠加时，连接部位对齐但不共面，有交线，如图 4-46d 所示。

5）两形体叠加时，连接处两表面相切，因为光滑过渡，在连接处没线，如图 4-46e 所示。

观察与思考

仔细观察图 4-46 中的两基本体的相对位置有何变化？各线条的画法有哪些变化？为什么？

如图 4-45e 所示，Ⅲ、Ⅳ两形体连接处，因为是同一个平面上的，所以那两条线应该去掉。

（4）检查、加深　底稿图画完后，应对照立体检查各图是否有缺少或多余的图线，改正错处，然后加深全图，如图 4-45h 所示。

4. 作图举例

【例 4-13】　绘制如图 4-47 所示组合体的三面投影图。

组合体的形体分析（动画）

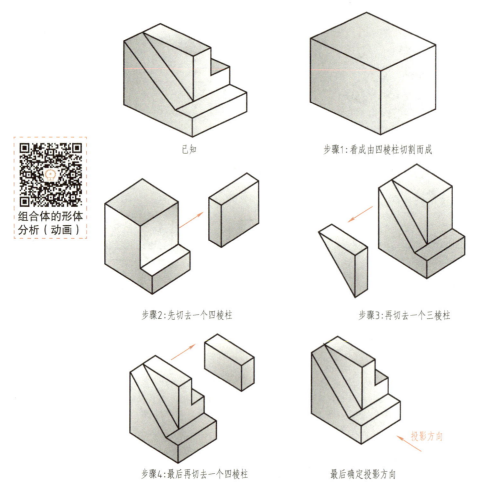

已知　　　　　　　　　　　步骤1：看成由四棱柱切割而成

步骤2：先切去一个四棱柱　　　　步骤3：再切去一个三棱柱

步骤4：最后再切去一个四棱柱　　　最后确定投影方向

投影方向

图 4-47　组合体的形体分析

分析：该形体可以看成是由四棱柱经过一系列切割而成，如图 4-47 所示，先切去一个四棱柱，再切去一个三棱柱，最后切去一个四棱柱，形成图 4-47 所示的形体，而基本形体的投影特点我们已经学过，按照投影原理就可以画出形体的三面投影图了。需要注意的是，基本形体被切割后出现的线条不要漏画或多画。

作图步骤（如图 4-48 所示）：

1）选定比例，确定图幅。

2）布置投影图，画出各图基准线。

3）画底稿。画图的顺序是：一般先画没被切割的形体，然后按顺序切割，投影规律画出每次切割后形体的投影，注意线条的可见性的判断。

4）最后检查、加深。

画组合体视图一般采用以上所述的形体分析法画图，即一个基本体一个基本体地画。但有时会遇到物体的部分结构与基本形体相差较大，用形体分析法难以画出。画这样形体的投影图可在形体分析法的基础上辅以线面分析法画图，即对较难画的部分，一个面一个面地画。

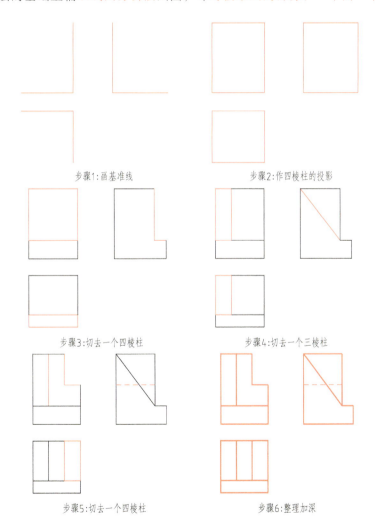

图 4-48　组合体的投影

三、组合体投影图的识读

投影图的识读就是根据形体投影图想象出形体的空间形状，也就是看图、读图、识图。画图是遵循投影规律和运用形体分析法将空间的物体表达在平面上，是由物到图，由空间到平面，培养学生的绘图能力；读图则是根据形体已知的投影图（二维图形）想象出它的空间形状，由图到物，即由平面到空间，培养学生的空间分析能力、想象力和构思能力，要能正确迅速地读懂图，一要有扎实的读图基础知识；二要掌握读图的方法；三要通过典型题反复进行读图实践。只有通过多读多练，达到真正掌握识读组合体投影图的能力，才能为阅读施工图打下良好的基础。

1. 读图的基本知识

（1）利用正投影的"三等关系"和"方位"关系，分清形体的相对位置　在投影图中，形体的三面投影图不论是局部还是整体，都符合"三等关系"，利用三等关系是读图的关键。

在投影图中，掌握形体的方位关系，可以了解组合体中各基本形体在组合体中的位置。

从图 4-49a 中可以看出，在 V 面投影图中，反映上下、左右关系，小四棱柱在大四棱柱的上方和中部；H 面投影图反映前后、左右关系，小四棱柱在大四棱柱后方和中部。在图 4-49b 中，由 V 面投影可以发现小圆柱是凹进大圆柱里的。在图 4-49c 中，虽然 H 面投影和图 4-49b 图中一样，但是从 V 面投影可以看出，小圆柱在大圆柱的上方。

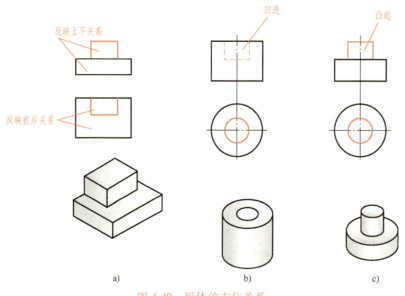

图 4-49　形体的方位关系

（2）将几个投影图联系起来看　组合体的某一投影图只能反映在某一方向的形状和两个方向的尺寸以及四个方位，因此，在一般没有标注尺寸和注释的情况下，形体的某一个投影图不能确定其空间形状。如图 4-50 中所示的组合体的正立面投影图都是相同的，但是由于它们的水平投影图和侧面投影图不一样，则所表示组合体的形状各不相同；甚至有的两面投影图都相同，表达的形体也是不一样的。如图 4-51 所示的组合体的正立面投影图和水平投影都是相同的，但是由于它们侧面投影图不一样，则所表示组合体的形状各不相同，这时就更需要去看其他的投影图，找出不同，从而正确地判断形体的形状。

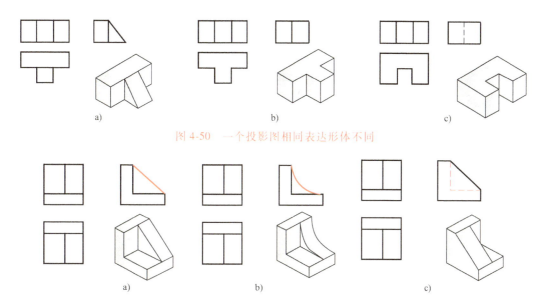

图 4-50　一个投影图相同表达形体不同

a)　　　　　　　　　　b)　　　　　　　　　　c)

图 4-51　两个投影图相同表达形体不同

观察与思考

你还能想出符合上述条件的哪些形体？

（3）熟练掌握各种位置直线、平面、基本几何体、较简单的组合体的形状和投影特征

分析投影图，首先从具有特征性的封闭图形入手，找出它在另一投影中的对应投影，由对应投影图形确定该平面的形状、位置。

（4）读图时应先从特征投影图入手　注意在阅读、思考投影图时，并不单一使用某种方法，而是综合运用所掌握的方法与经验。一般来说，阅读投影图是"先整体，后细部"，即先用形体分析法认识立体的整体，进而用线面分析法认识立体的细部。

2. 读图的基本方法与步骤

（1）形体分析法　形体分析法读图是以基本形体为读图单元，将组合体投影图分解为若干简单的线框，然后判断各线框所表达的基本形体的形状，再根据各部分的相对位置综合想象出整体形状。简单地说，形体分析法就是一部分、一部分地看。

【例 4-14】　已知形体的三面投影图，如图 4-52 所示，试根据投影图想象出形体的形状。

分析：

1）由形体的三面投影图可以看出，V 面投影为特征投影，由 V 面投影可以把该组合体分成 Ⅰ、Ⅱ、Ⅲ、Ⅳ四部分。

2）分析形体 Ⅰ：由三面投影规律可以得出形体 Ⅰ 为长方体。

3）分析形体 Ⅱ：由三面投影规律可以得出形体 Ⅱ 为长方体截去一个半圆柱。

4）分析形体 Ⅲ、Ⅳ：由三面投影规律可以得出形体 Ⅲ、Ⅳ 为三棱柱。

5）由三面投影分析各形体之间方位关系，可知形体 Ⅰ 在下方，形体 Ⅱ 在形体 Ⅰ 的中后上方，形体 Ⅲ、Ⅳ 在形体 Ⅰ 的上方，形体 Ⅱ 的左右，从而想象出组合体。

（2）线面分析法　线面分析法读图是以线、面为读图单元，分析组成形体投影图的线段和线框的形状和相互位置，根据投影规律逐一找全各面三面投影图，然后按平面的投影特

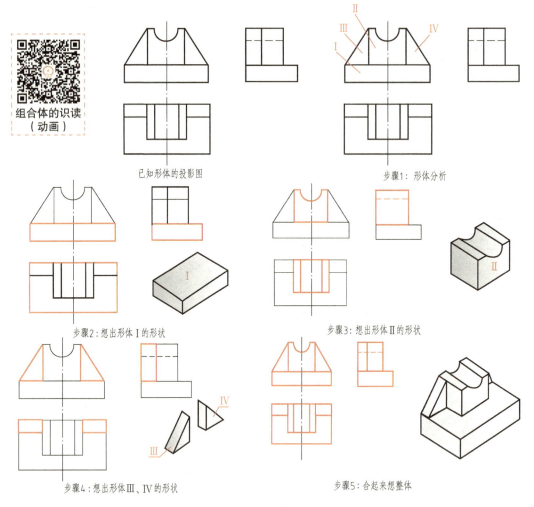

已知形体的投影图   步骤1：形体分析

步骤2：想出形体 I 的形状   步骤3：想出形体 II 的形状

步骤4：想出形体 III、IV 的形状   步骤5：合起来想整体

图 4-52　组合体的识读

征判断各面的形状和空间位置，从而想象出由它们组成形体的具体形状。线面分析法是形体分析法的辅助手段，一般不独立应用。当物体上的某部分形状与基本体相差较大，用形体分析法难以判断其形状时，这部分的投影图可以采用线面分析法读图，即将这部分投影图的线框分解为若干个面，简单地说，线面分析法看图就是一个面、一个面地看。

【例 4-15】　已知形体的三面投影图，如图 4-53 所示，根据形体的三面投影图，想象其空间形状。

分析：

1）一般线面分析法用于切割形体，先把形体看成由四棱柱切割而成。

2）用侧平面切割四棱柱。

3）用正垂面切割四棱柱。

4）用水平面切割四棱柱。

5）经过这样切割后形成了如图 4-53 步骤5所示的形体。

6）用两个铅垂面切割剩余形体。

7）切去一个长方体。

8）想出组合体的形状。

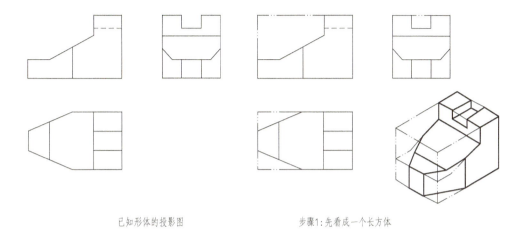

已知形体的投影图　　　　　　　　步骤1：先看成一个长方体

步骤2：用一个侧平面切割　　　　　　　　步骤3：用一个正垂面切割

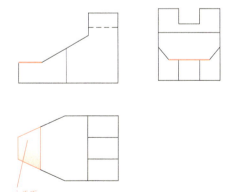

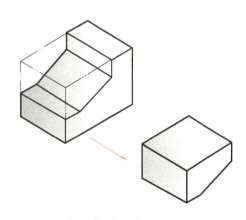

步骤4：用一个水平面切割　　　　　　　　步骤5：等于切掉一个五棱柱

图 4-53　线面分析法

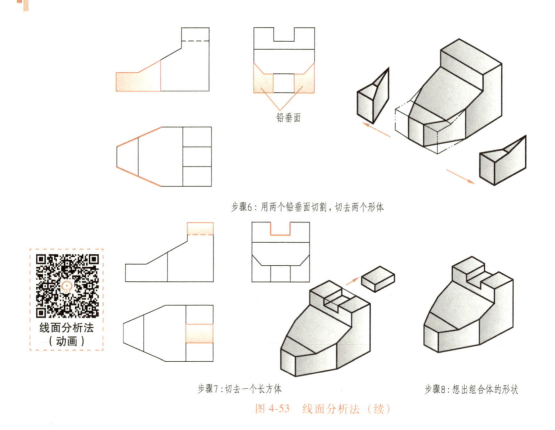

铅垂面

步骤6：用两个铅垂面切割，切去两个形体

线面分析法
（动画）

步骤7：切去一个长方体

步骤8：想出组合体的形状

图 4-53　线面分析法（续）

* 单元 4　截切体和相贯体

一、截切体

1. 平面立体的截交线

立体被平面截切后的形体称为截切体，该平面称为截平面，截切后在立体上得到的平面图形称为截断面，截断面由封闭的线框组成，此线框称为截交线，如图 4-54 所示。

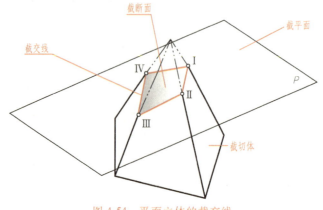

图 4-54　平面立体的截交线

观察与思考

观察图 4-54 中截平面与截切体有哪些共有部分？各有什么特点？截交线有什么特点？

（1）平面立体截交线的性质

1）平面立体的截交线是截平面与平面立体表面的共有线，截交线上的点是截平面与立体表面上的共有点，如图 4-54 所示的点Ⅰ、Ⅱ、Ⅲ、Ⅳ。

2）由于平面立体的表面都具有一定的范围，所以截交线通常是封闭的平面多边形，如图 4-54 中由点Ⅰ、Ⅱ、Ⅲ、Ⅳ组成的四边形。

3）多边形的各顶点是平面立体的各棱线或边与截平面的交点，多边形的各边是平面立体的棱面与截平面的交线，或是截平面与截平面的交线。

（2）平面立体截交线的求法　平面立体被单个或多个平面切割后，既具有平面立体的形状特征，又具有截平面的平面特征。因此在看图或画图时，一般应先从反映平面立体特征投影图的多边形线框出发，想象出完整的平面立体形状并画出其投影。平面立体上的切口的画法，常利用平面特征中的类似形这一投影特征来作图。

【例 4-16】　已知六棱柱被平面截断，作出其截交线的投影，如图 4-55 所示。

分析：该六棱柱被平面截切，截平面是正垂面，因此在求截交线时，求出截平面与棱线的交点连线即可。

作图步骤：

1）求出截平面与棱柱上若干条棱线的交点。如果立体被多个平面截切，应求出截平面的交线。

2）棱柱为六棱柱，截平面与六条棱线都相交，交点在 V 面投影图可以求出为 1′、2′、3′、4′、(5′)、(6′)，根据投影规律求出这些点的其他投影。

3）依次连接 1″2″、2″3″、3″4″、4″5″、5″6″、6″1″并判断可见性。截切后点Ⅰ位于最高点三面投影都可见，其他点由投影规律也均可见。

4）画出被截切后所剩的棱线。

5）整理轮廓线。

2. 曲面立体的截交线

（1）曲面立体截交线的性质　曲面立体的截交线通常是封闭的平面曲线，或是由曲线和直线所围成的平面图形或多边形；曲面立体的截交线为曲面立体表面和截平面的共有线；曲面立体截交线上的点为立体表面和截平面的共有点，截交线围成的平面图形就是断面。

1）平面截切圆柱。当平面截切圆柱时，由于截平面与圆柱轴线的相对位置不同，会形成不同的截交线。如图 4-56 所示，当截平面垂直于圆柱轴线时，截交线为圆；截平面与轴线倾斜时，截交线为椭圆；截平面与轴线平行时，截交线为矩形。

2）平面截切圆锥。当平面截切圆锥时，由于截平面与圆锥的相对位置不同，会形成不同的截交线。如图 4-57 所示，当截平面垂直于圆锥轴线时，圆锥表面的截交线为圆；截平面通过圆锥顶与圆锥面相交时，截交线为一个等腰三角形；截平面倾斜于圆锥的轴线，且与圆锥面上的所有素线都相交时，截交线为椭圆；截平面平行于一条素线时，截交线由抛物线和直线组成；截平面平行于两条素线时，截交线由双曲线和直线组成。

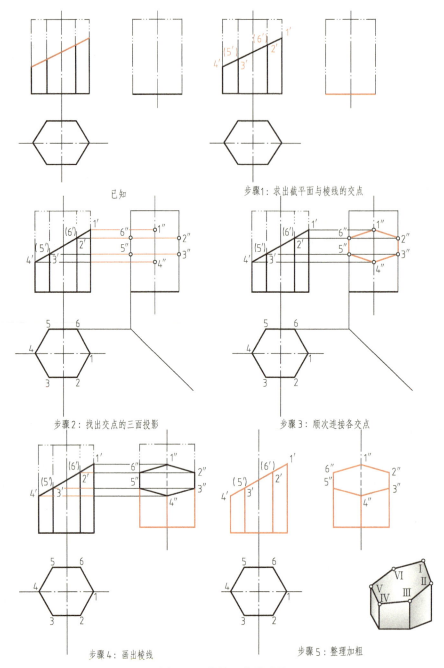

已知

步骤1：求出截平面与棱线的交点

步骤2：找出交点的三面投影

步骤3：顺次连接各交点

步骤4：画出棱线

步骤5：整理加粗

图 4-55　棱柱上的截交线

（2）求作截交线的方法

1）截平面垂直于投影面时，截交线的相关投影积聚为直线，用已知曲面上的点和线的一个投影，求作另一面投影或另两面投影的方法作图。

2）求解平面切割曲面体，应尽量利用曲面的积聚投影。若无积聚投影，利用素线法或纬圆法求出若干点，然后用连点法将其依次光滑连接即得所求的截交线。此时，应先求出截交线上特殊位置点的投影，如最左、最右、最前、最后、最高、最低的点等。然后在连点较

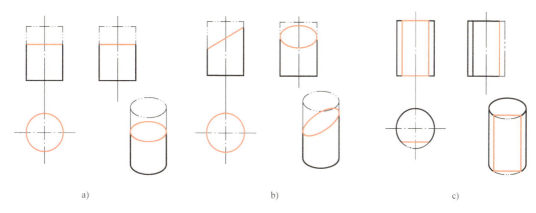

a)   b)   c)

图 4-56 平面截切圆柱

a）截平面垂直于圆柱的轴线时　b）截平面倾斜于圆柱的轴线时　c）截平面平行于圆柱的轴线时

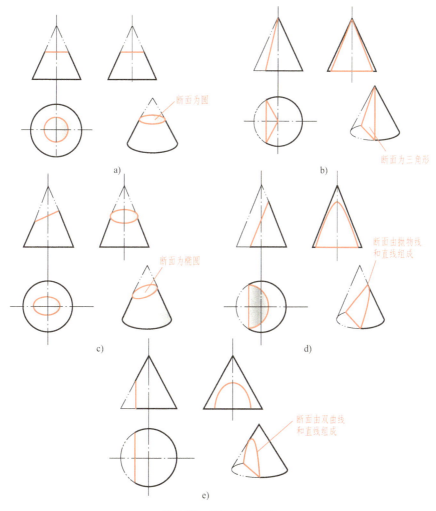

图 4-57 平面截切圆锥

a）截平面垂直于圆锥的轴线　b）截平面通过锥顶　c）截平面倾斜于轴线与素线相交
d）截平面平行于一条素线　e）截平面平行于两条素线

稀疏处或曲率变化较大处，按需要在适当的位置求出截交线上的一般位置点，最后将特殊点和一般位置点连接成截交线的投影。

二、相贯体

生活与识图

实际的建筑形体是一个复杂的建筑形体，由很多的基本体经过切割、叠加或相交构成的组合形体。在组合形体和建筑形体的表面上，经常会出现一些交线，这些交线有些是平面与形体相交产生的，有些则是两个形体相贯而形成的。要了解建筑形体，就要知道他们基本体之间是怎样组合的，有怎样的特点。观察图4-58中的建筑形体由几个基本形体组成？它们是怎样组合的？它们相贯的相贯线有何特点？

两立体相交，称为相贯，相贯体实际上是一个整体。相贯体在立体表面留有的交线，称为相贯线，如图4-58中的直线 AB、BC、CD。相贯线的形状取决于参与相贯的两立体的形状和两立体之间的相对位置。参与相交的两立体不同，相贯线又可分为两平面体相贯线、平面体与曲面体相贯线、两曲面体相贯线。但任何相贯线都具有以下的性质：

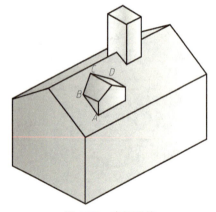

图 4-58　建筑形体

（1）**表面性**　相贯线位于两立体的表面上。

（2）**公共性**　相贯线是两立体表面的共有线，也是两立体的分界线。相贯线上的点都是两立体表面的共有点。

（3）**封闭性**　相贯线一般是封闭的空间折线（通常由直线或直线与曲线组成）。

1. 两平面体相贯线

两平面体相交时，相贯线上各个折点是平面体上参与相交的棱线或底面边线与另一平面体表面的交点，每段折线是两平面体中两相交侧面的交线。所以，求两平面体表面交线仍然是求平面上的投影问题。

【例4-17】　如图4-59所示，已知两垂直相交的坡屋顶房屋的投影，求作它们的相贯线。

分析：这两个坡屋顶的房屋可以看成两个五棱柱，因此实质上是求两个五棱柱的交线。两个五棱柱在 V、H 面分别具有积聚性，因此可以利用积聚性求出相贯点，然后连接求出相贯线。

作图步骤：

1）利用积聚性得出棱线与棱面的交点 a'、b'、c'、d'、e'、f'、g' 和 a''（g''）、b''（f''）、c''（e''）、d''。

2）利用三面投影规律求出这些点的 H 面投影。

3）顺次连接各点并整理，即得相贯线。判断相贯线的可见性，因为示意图中该相贯线的 H 面投影可见，因此为实线。

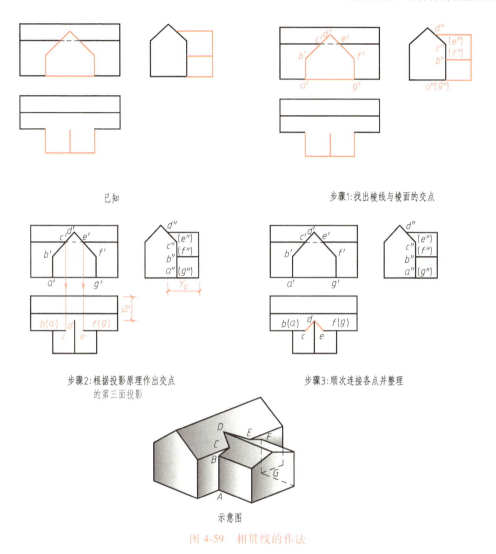

已知

步骤1:找出棱线与棱面的交点

步骤2:根据投影原理作出交点的第三面投影

步骤3:顺次连接各点并整理

示意图

图 4-59　相贯线的作法

2. 平面体与曲面体相贯线

 生活与识图

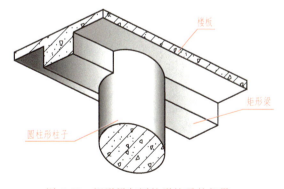

图 4-60　矩形梁与圆柱形柱子的相贯

在建筑中，柱子与矩形梁相贯，它们的对称轴线相交且互相垂直，这是建筑中最常见的平面体与圆柱相贯情形。如图 4-60 所示，此时梁和柱子的相贯线是由直线和水平圆弧组成的。此时，求平面立体与曲面立体的相贯线，实质上就是求直线与曲面立体的贯穿点和平面与曲面立体的截交线。

（1）相贯线的形状　平面体与曲面体相交，一般情况下，相贯线是由若干段平面曲线或平面曲线和直线围成的。

（2）**相贯线的求法**　相贯线上各段平面曲线或直线，就是平面立体上各侧面或底面截割曲面立体时所得的截交线。每一段平面曲线或直线的折点，就是平面立体上各棱线或底面边线与曲面立体表面的交点。求平面体与曲面体的相贯线，一般情况下还是采用表面上求点的方法做出相贯线。

【例 4-18】　如图 4-61 所示，已知四棱柱与圆柱相贯的 H 和 W 两面投影，求 V 面投影。

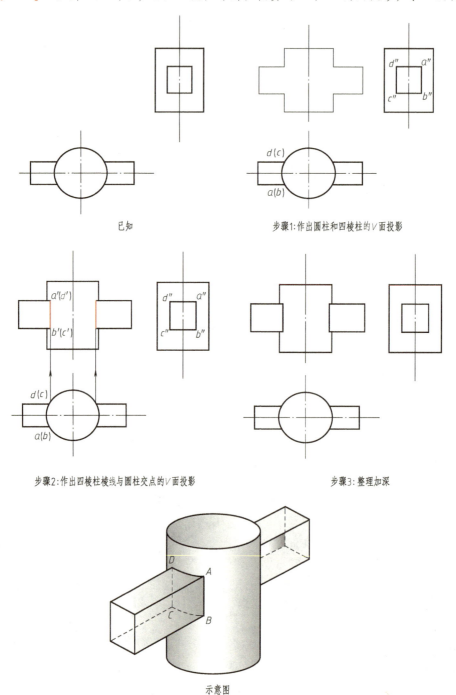

已知　　　　步骤1:作出圆柱和四棱柱的 V 面投影

步骤2:作出四棱柱棱线与圆柱交点的 V 面投影　　　步骤3: 整理加深

示意图

图 4-61　四棱柱与圆柱相贯

作图步骤：

1）先根据已知的 H 和 W 面投影作出圆柱和四棱柱的 V 面投影轮廓。

2）在 H 面投影，由点 a（b）和点 d（c）向 V 面引投影连线，与四棱柱对应连线交于 a'（d'）、b'（c'），连接 $a'b'$ 即是圆柱与四棱柱相贯线 AB 的 V 面投影；（c'）（d'）的 V 面投影与 $a'b'$ 重合。同理画出对称的右边的相贯线。

3）去掉多余的线并整理加深。

3. 两曲面体相贯线

 生活与识图

曲面立体相贯是建筑中常用的建筑形式。图 4-62 为上海东方明珠电视塔，观察一下。它是由哪些基本形体相贯而成的？

图 4-62　曲面立体相贯

曲面立体相贯，常见于建筑工程中的一些节点，其相贯线作法一般用表面取点法。两曲面立体相交，如果其中有一个是圆柱，且圆柱的轴线又垂直于投影面，在这种情况下，就可以应用表面取点法求相贯线的投影。当圆柱轴线是垂直线时，该圆柱面必与轴线同时垂直于一个投影面，在该投影上的投影积聚成一个圆，这样，就可以利用一个圆的投影，求出相贯线的其余投影。

【例 4-19】　求圆拱形屋面的相贯线，如图 4-63 所示。

分析：由图 4-63 可知，该房屋是由两直径不相等的圆柱体相交，且轴线互相垂直相交，如图 4-63 示意图所示。它的相贯线是一条封闭的空间曲线，并前、后对称。由于大圆柱的轴线垂直于 V 面，小圆柱的轴线垂直于 W 面，因此，相贯线的 V 面投影积聚在大圆柱的圆周上，且在小圆柱的范围内；相贯线的 W 面投影积聚在小圆柱的圆周上；相贯线的 H 面投影可应用表面取点法求出。

作图步骤：

1）作特殊点。为了控制相贯线的范围，首先要求出相贯线上的特殊点。所谓特殊点是指相贯线上的最高点、最低点、最前点、最后点、最左点和最右点，或者虚实分界点，或者转向轮廓上的点。

2）作一般点。在相贯线的已知侧面投影上任取一积聚点 $4''$、$5''$，用高平齐投影规律找出其 V 面投影 $4'$、（$5'$），由 $4'$、（$5'$）及 $4''$、$5''$ 作出其 H 面投影 4、5。同理，可以作出更多一般点的投影。

3）完成相贯线的投影。按照相贯线的 W 面投影所表示的各点顺序，将各点的 H 面投影依次连接。

4）最后整理加深。

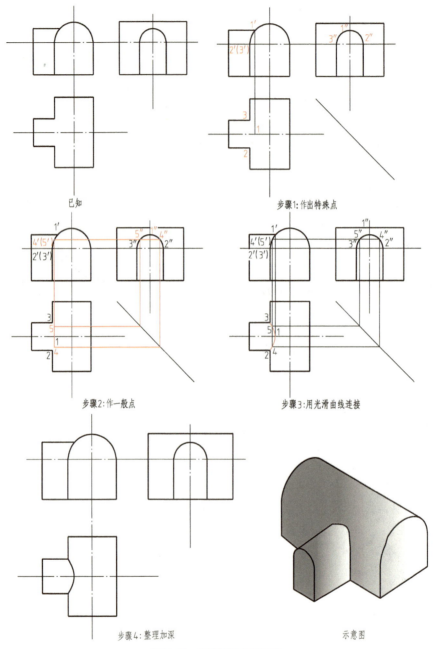

已知

步骤1：作出特殊点

步骤2：作一般点

步骤3：用光滑曲线连接

步骤4：整理加深

示意图

图 4-63 圆拱形屋面相贯

三、坡屋面交线的画法

生活与识图

在房屋建筑中，坡屋面是常见的一种斜面体屋顶的形式。观察图 4-64 中建筑的几个坡面，思考坡面之间的交线有什么不同？

图 4-64　坡屋面

在坡屋顶中，坡屋面的交线是两平面立体相贯在房屋建筑中常见的一种实例。如果各个屋面与水平面的倾角都相等，屋顶檐口的高度在同一水平面上，由这种屋面构成的屋顶称为同坡屋面，如图 4-65 所示。

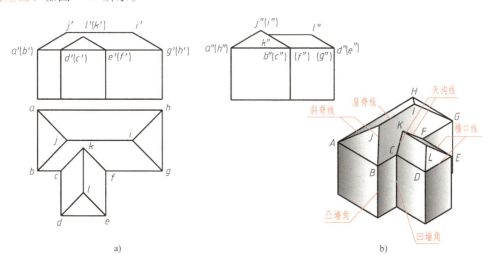

a)　　　　　　　　　　　　b)

图 4-65　同坡屋面
a）同坡屋面三面投影图　b）同坡屋面示意图

同坡屋面的特点如下：

1）屋檐线相互平行的两坡面如相交，必相交成水平屋脊线，其水平投影与两屋檐口线的水平投影平行且等距，如图 4-65 中的直线 *IJ*、*KL*。

2）檐口线相交的两相邻坡面，必交成斜脊线或天沟线，斜脊线位于凸墙角处，天沟线位于凹墙角处，无论是天沟线或斜脊线，它们的水平投影必在两檐口线水平投影夹角的平分线上；当两檐口线相交成直角时，天沟线与斜脊线的水平投影与屋檐线的水平投影都成

45°，如图 4-65 中的直线 AJ、JB、KF、DL 等。

3）在屋面上如果有两条交线交于一点，必有第三条交线交于此点，这个点就是三个相邻屋面的共有点，如图 4-65 中的 I、J、K、L 四点。

因此作同坡屋面的投影图，可根据同坡屋面的投影特点，直接求得水平投影，再根据各坡面与水平面的倾角求得 V 面投影以及 W 面投影。

【例 4-20】 已知同坡屋面屋顶檐口线的平面形状和屋面倾角 $\alpha = 30°$，如图 4-66 所示，求房屋的 H 面投影和 V 面投影。

作图步骤：

1）延长屋檐线的水平投影。

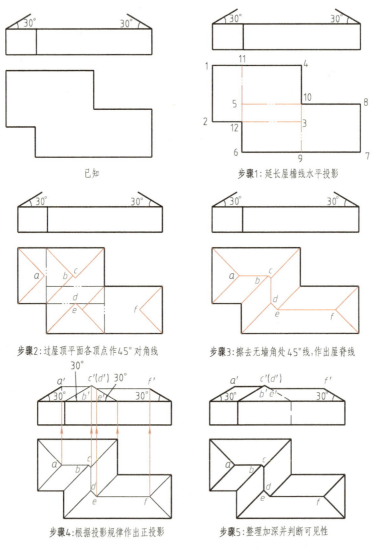

图 4-66　同坡屋面的投影

2）在屋面的水平投影上，由于屋檐的水平夹角都是 90°，因此根据同坡屋面的投影特点，天沟线和斜脊线的水平投影与屋檐线的水平投影都成 45°，在水平投影上作相交屋檐线的 45°线，即是天沟线或斜脊线。

3）擦去多余的线，连接屋脊线。

4）根据投影规律作出正面投影。

5）整理加深并判断可见性。

 **知识回顾**

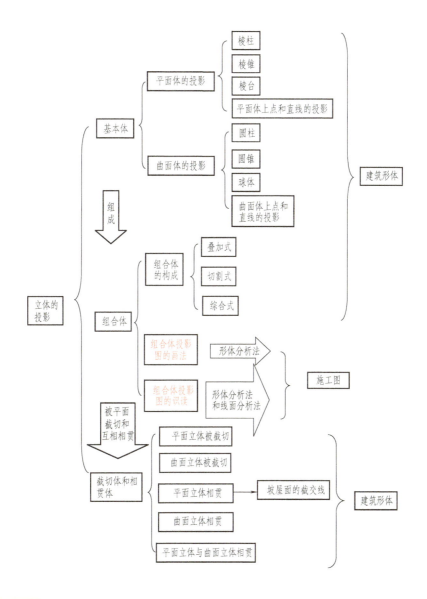

 练一练

1. 常见的基本形体分哪两类？

2. 柱体、锥体、台体、球体的投影特征分别是什么？

3. 组合体通常是怎样组合的？有哪些组合方式？

4. 作组合体的投影时，应注意哪些问题？有哪些画法步骤？

5. 组合体的读图方法有哪些？

6. 什么是相贯线？相贯线有哪些基本性质？

7. 两立体相贯的相贯线有哪些特点？怎样求它们的相贯线？

8. 什么叫同坡屋面？同坡屋面的投影有哪些特点？

轴测图绘制

学习要求

主要内容	知识目标	能力目标	素养目标
轴测投影的基本知识	1. 熟悉轴测投影图的基本概念 2. 了解轴测投影的种类和特点	具有区分轴测投影类别的能力	1. 培养细心严谨的工作作风 2. 主动思考、质疑和挑战问题,培养自身的批判思维能力
轴测投影图的画法	1. 掌握正等轴测图的画法及尺寸标注方法 2. 了解斜轴测图的画法 3. 了解圆轴测图的画法	具有正确绘制正等轴测投影图的能力	

课前阅读

　　轴测图起源于中国,其历史可以追溯到五代十国时期乾祐三年(公元950年)的"界画"。界画,顾名思义,是指用界尺辅助作画,画中的建筑都用平行线推出。北宋时期王希孟的千里江山图和张择端的清明上河图中,建筑也使用了类似的画法。界画绘者的初心是精准,是一种工匠精神的表达和建造目的的表现。可以说,不具备匠心就不可能画好界画。宋元时期的界画曾经达到按比例放大即可指导施工的程度,具有现代工程制图的作用。我们应该努力学习,坚持做好每一件事情,由小到大,由学习到创新,时刻保持热爱学习、尊重知识、精益求精的态度和精神。

生活与识图

　　我们常常在房地产开发商的宣传册上看到如图5-1所示的住宅小区的总体规划图,立体感很强,可以使我们了解小区建筑物的总体布局及周围环境。这个图样是如何绘制的?与多面正投影图有何不同?

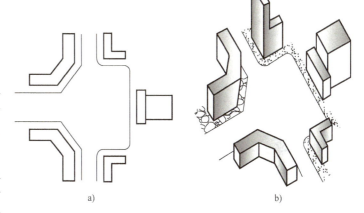

a)　　　　　　　　　　b)

图 5-1　建筑小区总体规划图

a) 平面图　b) 立体图

单元 1　轴测投影的基本知识

正投影图能够准确完整地反映形体的真实形状和大小，且作图简便，是建筑工程设计和施工主要采用的图样。但正投影图缺乏立体感，没有学过投影知识的人很难看懂，而且必须把三个投影图联系起来，才能想象出空间形体的全貌。当形体较复杂时，形体的正投影图就更难看懂，这时需要采用立体感较强的轴测投影图作为工程上的辅助图样，以帮助读图，便于施工。

轴测投影图虽然立体感较强，但作图烦琐，度量性差，常常不能准确地反映形体的真实形状、大小和比例尺寸。如图5-2所示为一形体的三面正投影图和轴测投影图的比较。

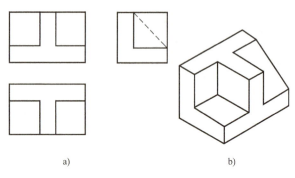

a)　　　　　　　　　b)

图 5-2　正投影图与轴测投影图的比较

a）正投影图　b）轴测投影图

一、轴测投影图的形成和分类

1. 轴测投影图的形成

为了分析方便，取三条确定长、宽、高三个方向的坐标轴 OX、OY、OZ 与形体上三条相互垂直的棱线重合。用一组平行投射线沿不平行于任一坐标面的某一特定方向，将物体连同其参考直角坐标系一起，投射在单一投影面上所得到的具有立体感的图形，称为轴测投影图，简称轴测图，如图5-3所示。因此，轴测投影属于平行投影的一种。

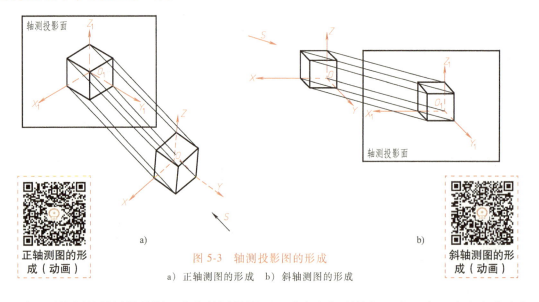

a)　　　　　　　　　　　　　b)

图 5-3　轴测投影图的形成

a）正轴测图的形成　b）斜轴测图的形成

用于画轴测投影图的投影面称为轴测投影面，确定空间形体长、宽、高三个方向的直角坐标轴 OX、OY、OZ 在轴测投影面上的投影 O_1X_1、O_1Y_1、O_1Z_1 称为轴测轴，相邻两轴测

轴之间的夹角 $\angle X_1O_1Y_1$、$\angle Y_1O_1Z_1$、$\angle X_1O_1Z_1$ 称为 轴间角，三个轴间角之和为 360°。

在轴测投影中平行于轴测轴 O_1X_1、O_1Y_1、O_1Z_1 的线段，与对应的空间形体上平行于坐标轴 OX、OY、OZ 的线段的长度之比，即形体上线段的投影长度与其实际长度的比值，称为 轴向伸缩系数，简称伸缩系数，分别用 p_1、q_1、r_1 来表示，即：

$$OX\ 轴向伸缩系数\ p_1 = O_1X_1/OX$$
$$OY\ 轴向伸缩系数\ q_1 = O_1Y_1/OY$$
$$OZ\ 轴向伸缩系数\ r_1 = O_1Z_1/OZ$$

轴间角和轴向伸缩系数是绘制轴测投影图的重要元素，它们与形体各面或投射线对轴测投影面的倾斜角度有关。如果给出轴间角，便可作出轴测轴；再给出轴向伸缩系数，便可画出与空间坐标轴平行的线段的轴测投影。所以，轴间角和轴向伸缩系数是画轴测图的两组基本参数。

2. 轴测投影的分类

根据投射线和轴测投影面相对位置的不同，轴测投影分为 正轴测投影 和 斜轴测投影 两类。

1）当形体的长、宽、高三个方向的坐标轴与轴测投影面倾斜，投射线与轴测投影面垂直，这样所形成的轴测投影称为正轴测投影，简称正轴测，如图 5-3a 所示。

2）当形体两个方向的坐标轴与轴测投影面平行（形体的一个坐标面与轴测投影面平行），投射线与轴测投影面倾斜，这样所形成的轴测投影称为斜轴测投影，简称斜轴测，如图 5-3b 所示。如坐标轴 X、Y 与轴测投影面平行可得到 水平斜轴测投影图，如坐标轴 X、Z 与轴测投影面平行可得到 正面斜轴测投影图。

二、轴测投影图的特性

轴测投影图的特性是用一个图形直接表达建筑物的整体形状，图形立体感强，易于识别。

由于轴测投影是在单一投影面上用平行投影法绘制的一种投影图，所以轴测投影具有平行投影的一切特性。

1）形体上相互平行的直线的轴测投影仍相互平行。因此，形体上平行于坐标轴的直线段，其轴测投影仍平行于相应的轴测轴。

2）两平行直线或同一直线上的两线段的长度之比值，在轴测投影中保持不变。

3）形体上与坐标轴平行的线段，与轴测轴发生相同的变形，具有相同的轴向伸缩系数。因此，平行于坐标轴的线段的轴测投影长度与该线段的实际长度之比值，等于相应的轴向伸缩系数。也就是说，在画轴测投影图时，平行于坐标轴的线段长度可根据轴向伸缩系数来量取和确定。

4）形体上与坐标轴不平行的直线段，其投影可能变长或缩短，不能直接在图上量取尺寸，而要先定出直线段的两端点的位置，再画出该直线段的轴测投影。

总之，轴测投影的特性和轴间角及轴向伸缩系数是画轴测投影图的主要依据。

单元 2　轴测投影图的画法

绘制轴测投影图常用的方法有 坐标法、叠加法和切割法 等，其中坐标法是绘制轴测投影图的基本方法。但在实际作图中，往往是几种方法混合使用，需要根据形体的形状特点不同而灵活采用不同的作图方法。

1. 坐标法

坐标法是根据形体表面上各点的空间位置（或形体三面正投影图中的点的坐标），沿轴测轴或平行于轴测轴的直线上进行度量，画出各点的轴测投影，然后按位置连接各点画出整个形体轴测投影图的方法。

2. 叠加法

一些形体往往是由若干个简单几何形体叠加组合而成的，因此在画这类形体的轴测图时，可采用自下而上逐个叠加添画的方法，即先画好底部形体，然后以此为基础，在其顶面上画出上部形体的形状，依次逐个叠加，从而完成形体的轴测图。

3. 切割法

切割法是将切割式的组合体视为一个完整的简单几何体，先作出它的轴测图，然后将多余的部分切割掉，最后得到组合体的轴测图。

此外，在轴测图中为了使图形清晰，一般不画不可见的轮廓线（虚线）。画图时为了减少不必要的作图线，在方便的情况下，一般先从可见部分开始作图，如先画出物体的前面、顶面或左面等。

画轴测图时还应注意，只有平行于坐标轴方向的线段才能直接量取尺寸作图，不平行于坐标轴方向的线段可由该线段的两个端点的位置来确定。

一、正轴测投影图

当投射方向与轴测投影面垂直，而且形体的三个坐标轴与轴测投影面的三个夹角相等，三个轴向伸缩系数相等时所得到的投影，称为正等轴测图，简称正等测。

1. 轴间角和轴向伸缩系数

由于三个坐标轴与轴测投影面的倾斜角度相等，三个轴测轴之间的轴间角一定相等。根据计算，正等测投影图每两个轴测轴之间的三个轴间角均为 $120°$。它们的轴向伸缩系数也相等，经计算约等于 0.82，即 $p_1 = q_1 = r_1 \approx 0.82$。为作图方便，常采用简化伸缩系数，即取 $p_1 = q_1 = r_1 = 1$。这样便可按实际尺寸画图，但画出的图形比原轴测投影大些，各轴向长度均放大 $1/0.82 \approx 1.22$ 倍。

作图时，经常将轴测轴 O_1Z_1 画成铅垂线，轴测轴 O_1X_1、O_1Y_1 与水平线各成 $30°$ 夹角，故可直接用 $60°$ 角尺作图，如图 5-4 所示。

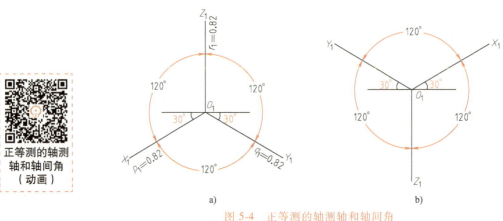

正等测的轴测轴和轴间角（动画）

a)

b)

图 5-4 正等测的轴测轴和轴间角

2. 正等轴测图的画法

【例 5-1】 已知长方体的三面正投影图，如图 5-5a 所示，求作长方体的正等测投影。

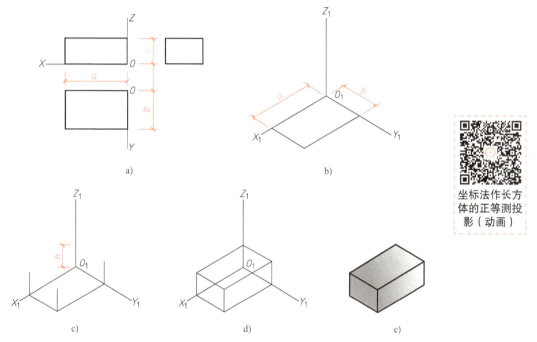

a) b)

坐标法作长方体的正等测投影（动画）

c) d) e)

图 5-5 坐标法作长方体的正等测投影

分析：长方体的各面均为长方形，画轴测图时，可先沿轴向量取各坐标尺寸，再作出整个长方体的轴测投影。

作图步骤：

1）在正投影图上选坐标轴，如图 5-5a 所示。

2）画轴测轴，沿坐标轴方向量取长方体的长度和宽度尺寸，并作出长方体的底面投影，如图 5-5b 所示。

3）沿坐标轴方向量取长方体的高度尺寸，在长方体的底面各角点向上作 O_1Z_1 轴平行线，并截取长方体的高度，得长方体的顶面各角点，如图 5-5c 所示。

4）将顶面各角点连接起来，得出长方体的正轴测投影，如图 5-5d 所示。

5）核对并擦去多余作图线，加深图线，完成全图，如图 5-5e 所示。

【例 5-2】 已知正六棱柱的两面投影图，如图 5-6a 所示，画出其正等轴测图。

分析：正六棱柱的顶面和底面均为水平的正六边形，在轴测图中，顶面可见，底面不可见，所以宜从顶面画起，各顶点可用坐标法确定。

作图步骤：

1）在正投影图上选坐标轴，把坐标原点取在六棱柱顶面中心处，如图 5-6a 所示。

2）画轴测轴，并在其上量得 $O_1A = Oa$，$O_1D = Od$，$O_1M = Om$，$O_1N = On$，得 A、D 和 M、N 四点，如图 5-6b 所示。

3）过点 M、N 分别作 O_1X_1 轴的平行线，在其上量得 B、C 和 E、F 四点，连接各点得顶面，如图 5-6c 所示。

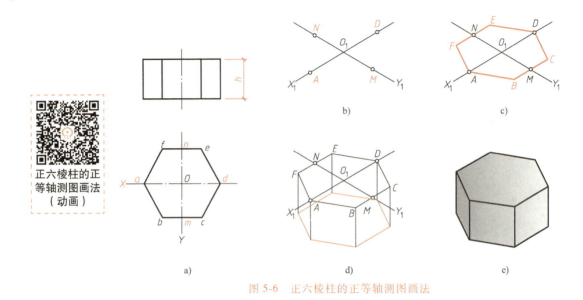

图 5-6　正六棱柱的正等轴测图画法

4）由点 A、B、C、D、E、F 向下作铅垂线，在其上截取六棱柱的高度 h，得底面各点，并依次连接底面各点，如图 5-6d 所示。

5）核对并擦去多余作图线，加深图线，完成全图，如图 5-6e 所示。

【例 5-3】　已知台阶的正投影图，如图 5-7 所示，求作其正等测图。

分析：由正投影图可看出，该台阶由一侧栏板和三级踏步组合而成。为简化作图，选其前端面的右下角为坐标原点。

作图步骤：

1）在台阶的三面正投影图上选定坐标轴，如图 5-7 所示。

平面体正等轴测图的画法（微课视频）

2）画出轴测轴，根据正投影图画出台阶前端面的轴测投影，如图 5-8a 所示。

3）过前端面的各角点，沿 O_1Y_1 轴方向，由前向后作直线，并对应截取长度 a 和 b，如图 5-8b 所示。

图 5-7　台阶的正投影图

4）画出踏步和栏板的正等测图，如图 5-8c 所示。

5）核对并擦去多余作图线，加深图线，即完成台阶的正等测图，如图 5-8d 所示。

二、斜轴测投影图

当空间形体的坐标轴 OZ 铅垂放置，OX 和 OZ 确定的坐标面平行于轴测投影面，投射方向倾斜于轴测投影面时，所得到的斜轴测投影称为正面斜轴测图，简称斜二测。

由于在斜二等轴测图中，形体的坐标面 XOZ 平行于轴测投影面，所以形体上平行于坐标面 XOZ 的平面，在斜轴测图中反映实形。因此，作轴测图时，当形体上具有较多的平行

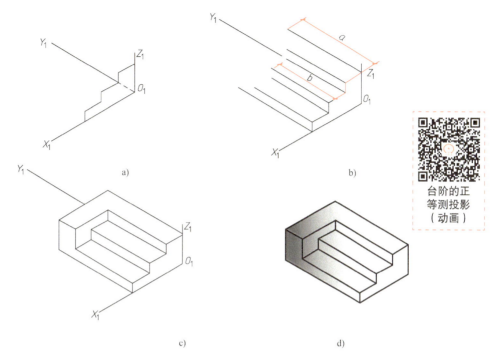

图 5-8　台阶的正等测投影

于坐标面 XOZ 的圆或曲线时，选用斜轴测图，作图比较方便。

1. 轴间角和轴向伸缩系数

由于空间形体的坐标轴 OX 与 OZ 平行于轴测投影面，其投影不发生变化，正面投影反映实形，所以轴测轴 O_1X_1 和 O_1Z_1 仍分别为水平方向和铅垂方向，正面斜轴测图的轴间角 $\angle X_1O_1Z_1 = 90°$，$p_1 = r_1 = 1$。而坐标轴 OY 垂直于轴测投影面，但因投影方向是倾斜的，所以 OY 的轴测投影 O_1Y_1 是一条倾斜线，通常取 $\angle X_1O_1Y_1$ 和 $\angle Y_1O_1Z_1$ 为 $135°$，O_1Y_1 的轴向伸缩系数 $q_1 = 0.5$。轴测轴 O_1Y_1 的方向可根据作图需要选择，斜二测的轴测轴 O_1Y_1 与水平线的夹角为 $45°$，它可以向右画，也可以向左画，如图 5-9 所示。

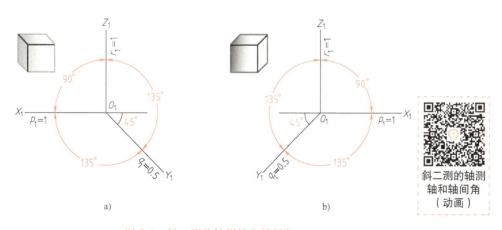

图 5-9　斜二测的轴测轴和轴间角

a）向右画　b）向左画

2. 斜二测投影图的画法

【例5-4】　已知台阶的正投影图，如图5-10所示，求作其正面斜二测图。

正面斜二轴
测图的画法
（微课视频）

台阶的正面
斜二测图
（动画）

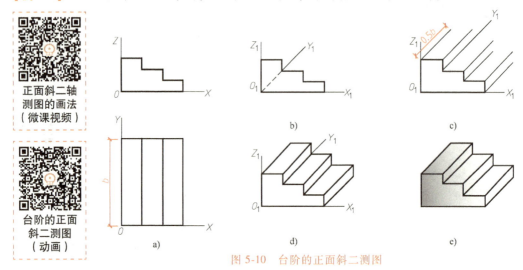

图 5-10　台阶的正面斜二测图

分析：台阶平行于正立投影面的表面在斜二测图中反映实形，因此正面投影可以直接抄绘，然后过各点引 O_1Y_1 轴向平行线，并按 $q_1 = 0.5$ 量取宽度，连线即得。

作图步骤：

1）在台阶的正投影图上选定坐标轴，如图5-10a所示。

2）画出轴测轴，根据正投影图画出台阶前端面的轴测投影，如图5-10b所示。

3）过前端面的各角点，沿 O_1Y_1 轴方向，由前向后作直线，并按 $q_1 = 0.5$ 量取尺寸，如图5-10c所示。

4）画出踏步的斜二测投影图，如图5-10d所示。

5）核对并擦去多余作图线，加深图线，即完成台阶的正面斜二测图，如图5-10e所示。

【例5-5】　画出图5-11a所示建筑形体的水平斜二测投影图。

分析：形体平行于水平投影面的表面在斜二测图中反映实形，因此水平投影不发生变形，可以直接抄绘，然后过各点引 O_1Z_1 轴向平行线，并按 $q_1 = 0.5$ 量取高度，连线即得。

作图步骤：

1）在建筑形体上选定直角坐标系，如图5-11a所示。

2）画出轴测轴，根据正投影图，画出其水平投影的水平斜二测，如图5-11b所示。

3）过平面图形各角点，向上作 O_1Z_1 轴平行线，按 $q_1 = 0.5$ 截取各高度，画出各顶面的水平斜二测，如图5-11c所示。

4）核对并擦去多余作图线，加深图线，即完成建筑形体的水平斜二测，如图5-11d所示。

*三、曲面体的轴测投影图

在正投影中，当圆所在的平面平行于投影面时，其投影仍是圆。当圆所在平面倾斜于投影面时，它的投影就变成了椭圆。在轴测投影中，除斜轴测投影有一个面不发生变形外，一般情况下正方形的轴测投影都成了平行四边形，平面上圆的轴测投影也都成了椭圆。图5-12为一正方体表面上三个内切圆的轴测图。

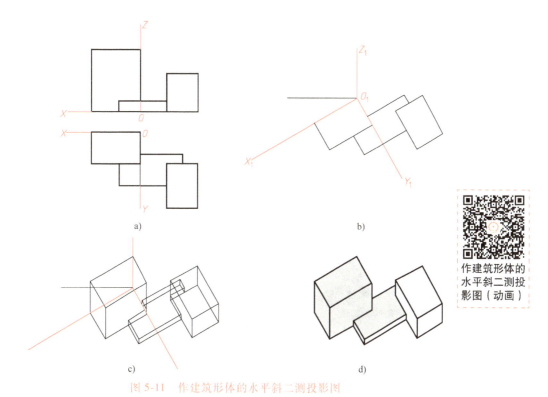

图 5-11　作建筑形体的水平斜二测投影图

画曲面体的轴测图关键是解决圆的投影变成椭圆的画法。圆的轴测投影是一个椭圆时，其作图方法通常是作出圆的外切正方形作为辅助图形，先作圆外切正方形的轴测图，再在其中用四心圆弧法或八点法作椭圆。

1. 平行于坐标面的圆的正等测画法

图 5-12a 为一正方体表面上三个内切圆的正等测图。对平行于坐标面的圆，圆的外切正方形在轴测投影中成为菱形，它

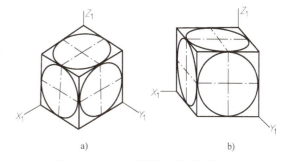

图 5-12　平行于投影面的圆的轴测图

a）正等测　b）斜二测

的正等测图可用四心圆弧法作近似椭圆（圆的正等测），现以平行于坐标面 XOY 的圆（即水平圆）为例，如图 5-13 所示，其正等测的近似椭圆作图步骤如下：

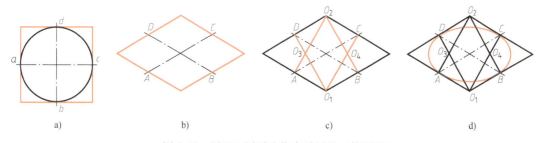

图 5-13　用四心圆弧法作水平圆的正等测图

1）在正投影图中，作圆外切正方形，并确定圆周上 a、b、c、d 四点，如图 5-13a 所示。

2）画轴测轴，并作出圆外切正方形的正等测图，确定圆周上 a、b、c、d 四点的正等测投影，如图 5-13b 所示。

3）圆外切正方形的钝角顶点记作 O_1、O_2，连接 O_1D 和 O_2A 交得 O_3，连接 O_1C 和 O_2B 交得 O_4，如图 5-13c 所示。

4）分别以 O_1、O_2 为圆心，O_1C 为半径画圆弧 CD、AB；再分别以 O_3、O_4 为圆心，O_3A 为半径画圆弧 AD、BC，四段圆弧光滑连接就形成了圆的正等测图，如图 5-13d 所示。

平行于坐标面 YOZ、XOZ 的圆的正等测图作法与平行于坐标面 XOY 的圆的正等轴测图作法相同，只是三个方向的椭圆的长短轴方向不同。

2. 平行于坐标面的圆的斜二测画法

图 5-12b 为一正方体表面上三个内切圆的斜二等轴测图，从图中可以看出，平行于坐标面 XOZ 的圆的斜二测仍是大小相同的圆，平行于坐标面 XOY 和 YOZ 的圆的斜二测投影是椭圆。此时，圆的外切正方形在轴测投影中成为一般平行四边形，它的斜二测可用八点法作椭圆（圆的斜二测），如图 5-14 所示。

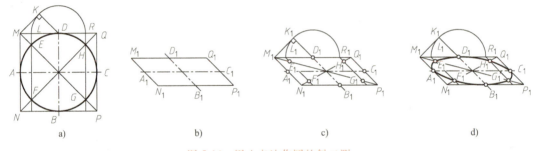

图 5-14　用八点法作圆的斜二测

圆的斜二测作图步骤：

1）先作圆的外切正方形 $MNPQ$，得切点 A、B、C、D。再以 MD 为斜边作等腰直角三角形 MKD。在 MQ 上截取 $DL = DR = DK$，过点 L、R 分别作 BD 的平行线，交正方形的对角线于 E、F 和 H、G（E、F、G、H 四点也就是圆的外切正方形的对角线与圆周的交点），如图 5-14a 所示。

2）作圆外切正方形 $MNPQ$ 的斜二测，即为平行四边形 $M_1N_1P_1Q_1$，如图 5-14b 所示。图中 A_1C_1 和 B_1D_1 为平面上圆的中心线的斜二测。

3）以 M_1D_1 为斜边作等腰直角三角形 $M_1D_1K_1$。在 M_1Q_1 上截取 $D_1L_1 = D_1R_1 = D_1K_1$，过 L_1、R_1 分别作 B_1D_1 的平行线，交平行四边形 $M_1N_1P_1Q_1$ 的对角线于点 E_1、F_1 和点 H_1、G_1，如图 5-14c 所示。

4）用曲线板光滑地连接 A_1、F_1、B_1、G_1、C_1、H_1、D_1、E_1 八个点，即得圆的斜二测（椭圆），如图 5-14d 所示。

【例 5-6】 根据带切口圆柱的正投影图，如图 5-15a 所示，作其正等测图。

分析：根据正投影图可知，该形体为铅垂放置的圆柱体，顶部被通过轴线的正平面切割出一个切口。作图时可先作出完整圆柱体的正等测图，再切去切口。

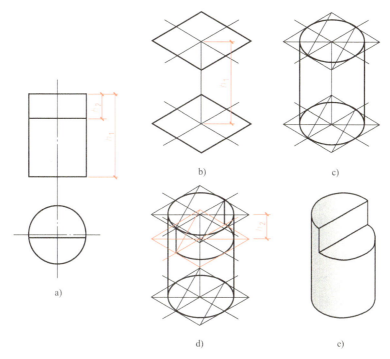

图 5-15　作带切口圆柱体的正等测图

作图步骤：

1）画圆柱体轴线的轴测投影，在其上量取圆柱体的高 h_1，以圆柱体高的上下两个端点为中心，分别作出圆柱体上下底面圆的外切正方形的正等测图（菱形），如图 5-15b 所示。

2）分别在上下两菱形内用四心圆弧法画椭圆，并作两椭圆的公切线，如图 5-15c 所示。

3）自顶面往下量取切口高度 h_2，在切口处用四心圆弧法画半圆的正等测图，并画出圆柱轮廓素线的轴测投影，如图 5-15d 所示。

4）核对并擦去多余作图线，加深图线，即完成带切口圆柱体的正等测图，如图 5-15e 所示。

【例 5-7】　根据带圆角长方板的正投影图，如图 5-16a 所示，作其正等测图。

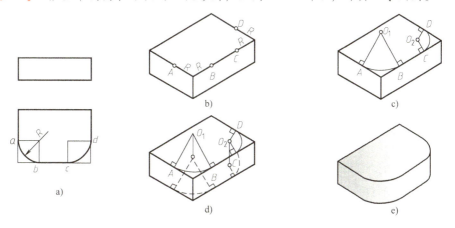

图 5-16　作带圆角长方板的正等测图

分析：圆角是圆的四分之一，在正等测图上为椭圆的一部分，可用四心圆弧法中的一段圆弧来近似画出。

作图步骤：

1) 在水平投影图中标出切点 a、b、c、d，如图 5-16a 所示。

2) 作出直角长方形板的正等轴测图，并从顶面的顶点向两边量取圆角半径 R 长度得 A、B、C、D 四点，如图 5-16b 所示。

3) 过 A、B、C、D 四点分别作所在边的垂线，两垂线的交点 O_1、O_2 即为圆角的圆心，并以 O_1A 为半径画圆弧 AB，以 O_2C 为半径画圆弧 CD，得顶面圆角，如图 5-16c 所示。

4) 用移心法（顶面圆心、切点都平行下移板厚的距离）画出底面圆角，并作公切线和棱线，如图 5-16d 所示。

5) 核对并擦去多余作图线，加深图线，即完成带圆角长方板的正等测图，如图 5-16e 所示。

【例 5-8】 根据带切口圆柱的正投影图，如图 5-17a 所示，作其侧面斜二测图。

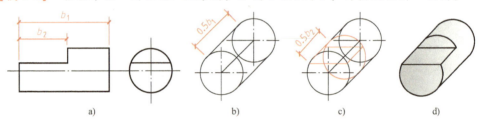

a)   b)   c)   d)

图 5-17 作带切口圆柱的侧面斜二测图

分析：带切口圆柱平行于侧立投影面的表面在侧面斜二测图中反映实形，因此侧面投影可以直接抄绘，然后 O_1X_1 轴向平行线按 $p_1=0.5$ 量取长度。

作图步骤：

1) 画圆柱体轴线的轴测投影，在其上量取圆柱体长的一半 $0.5b_1$，以左右两个端点为圆心，分别作出圆柱体左右底面圆的侧面斜二测图（与侧面投影相同的圆），并作两圆的公切线，如图 5-17b 所示。

2) 自左向右量取切口长度的一半 $0.5b_2$，在切口处画出与两底面相同的圆，并画出圆柱轮廓素线的轴测投影，如图 5-17c 所示。

3) 核对并擦去多余作图线，加深图线，即完成带切口圆柱的侧面斜二测图，如图 5-17d 所示。

【例 5-9】 根据组合体的正投影图，如图 5-18a 所示，作其斜二测图。

分析：从正投影图中可以看出，形体中的曲线部分平行于正立投影面，其正面斜二测图反映实形，因此可直接抄绘正面投影。

作图步骤：

1) 画斜二测轴测轴，由于正面斜二测投影不发生变形，可直接抄绘形体的正面投影，如图 5-18b 所示。

2) 过正面轴测图上的圆心及各关键点引 O_1Y_1 轴向平行线，并在各平行线上量取 $0.5b$，画出组合体后面圆的斜二测图及轮廓素线；连接各相关点，画出上部半圆柱的转向线（即两圆的公切线），如图 5-18c 所示。

3) 核对并擦去多余作图线，加深图线，即完成形体的正面斜二测图，如图 5-18d 所示。

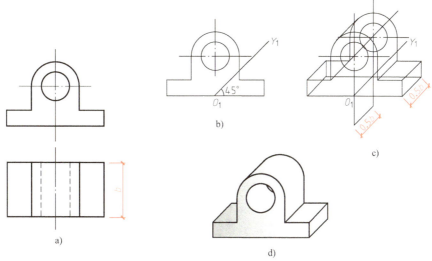

图 5-18　组合体的斜二测图

知识回顾

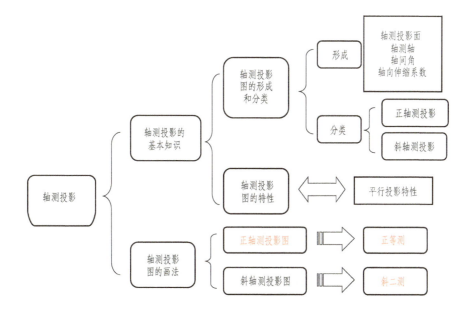

练一练

1. 什么是轴测投影？它与正投影有什么区别？它有哪些特点？

2. 正轴测投影与斜轴测投影有什么区别？

3. 正等测、斜二测的轴间角、轴向伸缩系数以及简化系数各是多少？

4. 试述轴测投影图的常用方法和作图步骤。

5. 圆的轴测投影是椭圆时，常用作图方法有哪几种？

课外活动

实测教学楼台阶，画出其正等测图和斜二测图。

1. 条件准备

在校园内选择形状比较典型的室外台阶为测绘对象（根据学生的学习能力，教师可以指定），将每班学生分成若干组（3～5人一组），每组有一组长，到学校测量工具室借钢卷尺和记录板。

2. 操作步骤

1) 带学生进入工作项目现场。

2) 徒手画出测绘对象的形象图（可以是轴测图，也可以是三面投影图）。

3) 两名学生拉尺子读尺寸，一学生在形象图上标注尺寸。

4) 检查量测尺寸，要求完整、正确。

5) 根据轴测投影图的特性，按照一定比例，用绘图工具完成其正等测图和斜二测图。

3. 小贴士

量测台阶的尺寸时将尺子拉直，尺寸数字符合要求（指导老师要逐一检查量测数据，不符合要求的，让学生重新量测，同时再给学生一次成绩）。

学习情境6

形体的常见图示方法训练

学习要求

主要内容	知识目标	能力目标	素养目标
视图的配置	1. 熟悉六面投影图的形成 2. 掌握投影图布置及图名的命名方法 3. 了解镜像投影图	1. 具有识读六面投影图的能力 2. 能绘制形体的六面投影图 3. 具有绘制镜像视图的能力	1. 增强遵守规范的意识 2. 培养认真、勤奋的工作态度 3. 提高辨证思想、逻辑思维能力
剖面图	1. 了解剖面图的形成 2. 掌握剖面图的基本规定及分类	具有绘制剖面图的能力	
断面图	1. 了解断面图的形成 2. 掌握断面图的基本规定及分类	具有绘制断面图的能力	

课前阅读

剖视图有剖面线，顺着迹线瞧对面；
符号文字来配合，首先看清剖几边；
凡是没有注明的，一定通过中心线；
剖视原是假想的，每次要当是整体。

这段关于剖面图的"识图歌谣"是著名图学家赵学田（1900—1999）编写的。他以毕生的精力献身图学教育，普及图学知识，他的"九字诀"，即"长对正、高平齐、宽相等"，使他声誉远播。他的"识读歌谣"，1984年2月收录在叶永烈编的《科学家诗词选》中。他持身严谨、不骄不躁、兢兢业业、死而后已，他的一生，是中国当代图学发展历程的写照，他的品德，足以垂范后人。我们要大力弘扬胸怀祖国、勇攀高峰、敢为人先的创新精神，追求真理、严谨治学的求实精神，甘为人梯、奖掖后学的育人精神。

生活与识图

我们周围的房屋，正面和背面形状往往不一样，有时左右山墙面的形状也不一样，如图6-1所示是一栋新农村住宅，要想完整地表达出其外部形状，除了画出三面投影图之外，还需要画出表达背墙面、右山墙面形状的投影图。

单元1 视图的配置

一、六面投影图的形成

工程物体的形状和结构是各种各样的，只用三面投影图可能难以充分满足表达的要求。

图 6-1 新农村住宅

根据制图标准规定，在原有三个投影面的基础上可以再增加三个与其相对的投影面，这六个投影面统称为基本投影面。将物体置于投影面之间，分别向六个基本投影面投射，如图 6-2 所示，展开后可得到六个投影图，如图 6-3 所示。在增设的三个基本投影面上所得到的视图为：背立面图——由后向前投射所得投影图；底面图——由下向上投射所得投影图；右侧立面图——由右向左投射所得投影图。

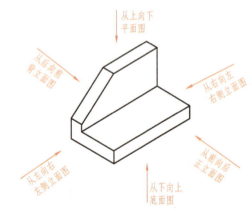

图 6-2 基本投射方向

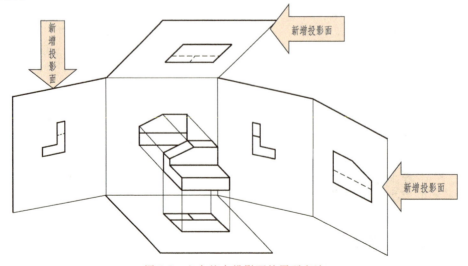

图 6-3 六个基本投影面的展开方法

二、图样布置

六个视图的展开图如图 6-4 所示，六视图可按图 6-5 所示配置，这样可以合理利用图纸。在同一张图纸上按此关系布置视图时，每个视图一般均应标注图名，图名宜标注在投影图的下方，并在图名下用粗实线绘一条横线，其长度应以图名所占长度为准。

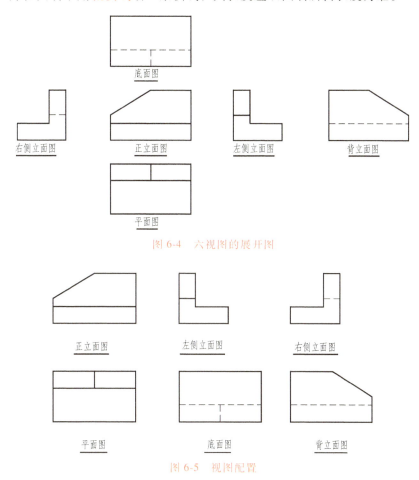

图 6-4　六视图的展开图

图 6-5　视图配置

六视图之间仍然满足"长对正、高平齐、宽相等"的投影规律。

画图时，六个视图不一定都需要画出，而应根据建筑形体的形状和结构特点，选用必要的几个视图即可。

三、镜像投影图

1. 镜像投影图概念

假设将玻璃镜放在形体的下方，代替水平投影面 H，在镜面中得到反映形体底面形状的平面图形，称为镜像投影图，其方法如图 6-6 所示，在图名后注写"镜像"二字。

2. 镜像投影图的应用

用镜像投影法绘制建筑室内顶棚的装饰平面图。

对吊顶图案的施工图，无论用一般的正投影法还是用仰视法绘制的吊顶图案平面图，都

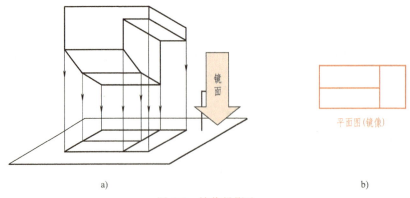

图 6-6　镜像投影法

a）镜像投影的形成　b）平面图（镜像）

不利于看图施工。采用镜像投影图，将地面视为一面玻璃镜，得到的吊顶图案平面图（镜像），就能真实反映吊顶图案的实际情况，有利于施工人员看图施工，如图 6-7 所示。

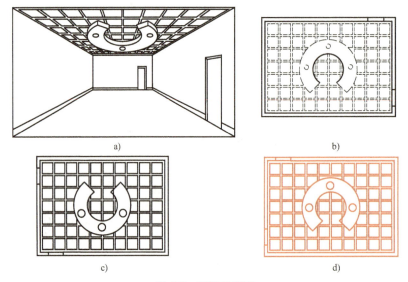

图 6-7　顶棚示意图

a）吊顶透视图　b）用正投影法绘制顶棚平面图　c）用仰视法绘制顶棚平面图
d）镜像投影法绘制顶棚平面图

单元2　剖面图

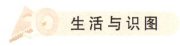　生活与识图

在房地产公司的售楼部，通过沙盘直观地展示出房屋所在的位置和周围环境，而每种户型的内部布局是通过无顶盖的模型展示的，购房者可以清楚地看到每种户型房间的布置。用

前面所学知识绘制这个模型的投影图可以表达清楚内部房间布置，也就是将房屋用水平面切开后，再作投影图，即为剖面图。

当形体的内部构造和形状较复杂时，在投影图中由于不可见的轮廓线（虚线）和可见的轮廓线（实线）往往会交叉或重合在一起，既不便于看图，也不利于标注尺寸，同时又容易产生误解，如图6-8所示。在这种情况下，采用剖面图的办法，上述缺点就迎刃而解。

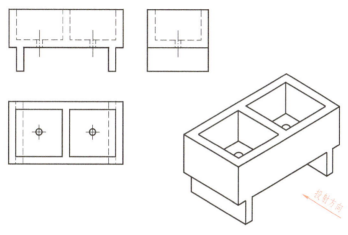

图6-8　水池三面视图

一、剖面图的形成

假想用一个垂直于投影方向的平面（即剖切平面 P ），在形体的适当位置将形体剖开，使形体分为前后两个部分，并假想将形体前面部分移去，对后面部分的形体进行投射，所得到的投影图称为 剖面图，如图6-9所示。

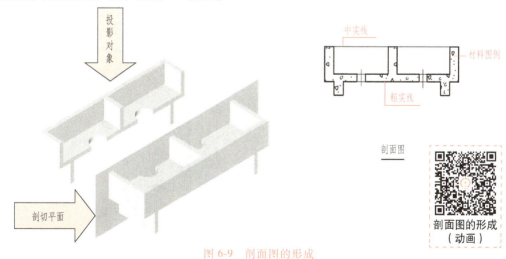

图6-9　剖面图的形成

为了更好地反映出形体的内部形状和结构，一般都使剖切平面平行于投影面，从而使得断面的投影反映实形，同时也便于作图。

剖面图的形成及画法（微课视频）

二、剖面图的基本规定

1. 剖切符号

为了分清剖面图与其他投影图间的对应关系，制图标准规定，应对剖面图进行标注剖切符号（图6-10），它由以下三部分组成：

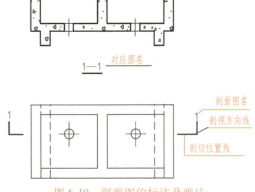

图6-10　剖面图的标注及画法

（1）剖切位置线的标注　剖切位置线由两段粗实线（即为剖切平面的积聚投影）组成，用以表示剖切平面所在的位置。该符号每段长度为6~10mm，且不得与投影图上的其他图线相接触。

（2）剖视方向线的标注　剖视方向线位于剖切位置线的外侧且与剖切位置线垂直。它用来表示剖面图的投射方向，剖视方向线仍由粗实线组成，其每段长度为4~6mm。

（3）编号　剖切符号的编号，宜采用阿拉伯数字，按顺序由左至右、由下至上连续编排，并注写在剖视方向线的端部。

2. 剖面图名称的标注

剖面图的名称通常可用阿拉伯数字表示。在标注过程中，它们应成对出现，且同时标注两处——剖切位置线外侧和剖面图的正下方。

3. 剖面图的画法步骤

1）确定剖切位置，假想剖开形体。

2）按剖视方向，画出剩余形体的投影。被剖切面切到部分的轮廓线用0.7b线宽的实线绘制，剖切面没有切割到但沿剖视方向可以看到的部分用0.5b线宽绘制。

3）在断面内画材料图例，可参考表6-1。当形体的材料不明时，可用同方向、等间距的45°细实线来表示图例线。

4）标注剖面图的图名。

表6-1　建筑材料图例

序号	名称	图 例	备 注
1	自然土壤		包括各种自然土壤
2	夯实土壤		—
3	砂、灰土		靠近轮廓线绘较密的点
4	砂砾石、碎砖三合土		—
5	石材		—
6	毛石		—

（续）

序号	名称	图 例	备 注
7	实心砖、多孔砖	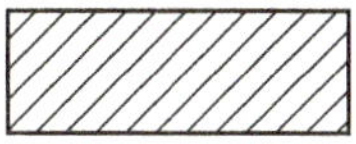	包括普通砖、多孔砖、混凝土砖、砌块等砌体。断面较窄不易绘出图例时,可涂红,并在图纸备注中加注说明,画出该材料图例
8	耐火砖	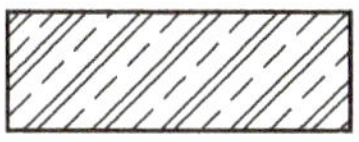	包括耐酸砖等砌体
9	空心砖、空心砌块	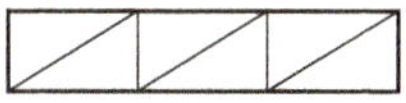	指非承重砖砌体,包括空心砖、普通或轻骨料混凝土小型空心砌块等砌体
10	加气混凝土	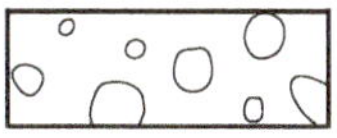	包括加气混凝土砌块砌体、加气混凝土墙板及加气混凝土材料制品等
11	饰面砖		包括铺地砖、玻璃马赛克、陶瓷锦砖、人造大理石等
12	焦渣、矿渣	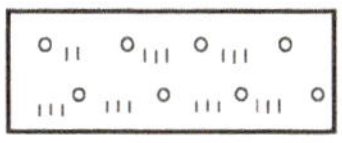	包括与水泥、石灰等混合而成的材料
13	混凝土	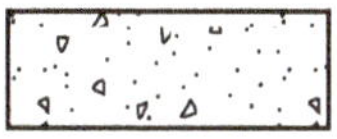	1. 本图例指能承重的混凝土及钢筋混凝土 2. 包括各种强度等级、骨料、添加剂的混凝土 3. 在剖面图上画出钢筋时,不画图例线 4. 断面图形小,不易画出图例线时,可涂黑或深灰（灰度宜70%）
14	钢筋混凝土	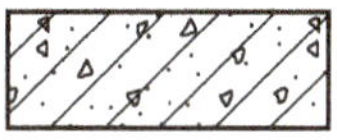	
15	多孔材料	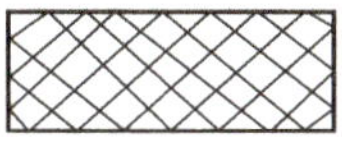	包括水泥珍珠岩、沥青珍珠岩、泡沫混凝土、软木、蛭石制品等
16	纤维材料	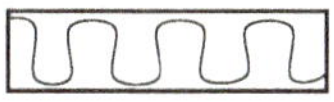	包括矿棉、岩棉、玻璃棉、麻丝、木丝板、纤维板等
17	泡沫塑料材料	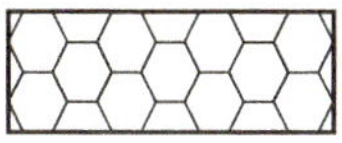	包括聚苯乙烯、聚乙烯、聚氨酯等多孔聚合物类材料
18	木材	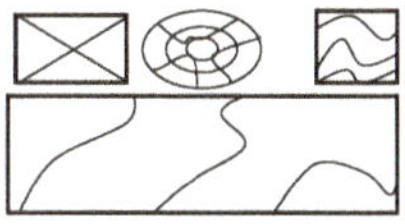	1. 上图为横断面,上左图为垫木、木砖或木龙骨 2. 下图为纵断面
19	胶合板		应注明为×层胶合板
20	石膏板	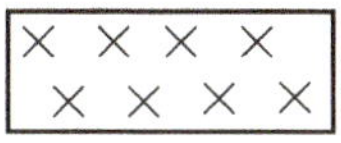	包括圆孔、方孔石膏板、防水石膏板、硅钙板、防火石膏板等
21	金属	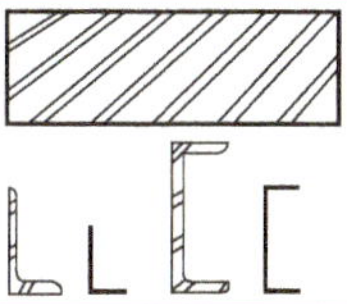	1. 包括各种金属 2. 图形小时,可涂黑或深灰（灰度宜70%）
22	网状材料		1. 包括金属、塑料网状材料 2. 应注明具体材料名称
23	液体	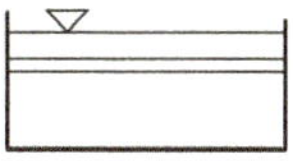	应注明具体液体名称

（续）

序号	名称	图例	备注
24	玻璃		包括平板玻璃、磨砂玻璃、夹丝玻璃、钢化玻璃、中空玻璃、夹层玻璃、镀膜玻璃等
25	橡胶		—
26	塑料		包括各种软、硬塑料及有机玻璃等
27	防水材料		构造层次多或比例大时，采用上图比例
28	粉刷		本图例采用较稀的点

注：1. 本表中所列图例通常在 1：50 及以上比例的详图中绘制表达。

2. 如需表达砖、砌块等砌体墙的承重情况时，可通过在原有建筑材料图例上增加填灰等方式进行区分，灰度宜为 25% 左右。

3. 序号 1、2、5、7、8、14、15、21 图例中的斜线、短斜线、交叉线等均为 45°。

对比图 6-8 和图 6-10 的 V 面投影图与 V 向的剖面图，可以看出，它们的轮廓线不变，而虚线变成了实线。一般可以利用这个特点来快速作出剖面图（特殊情况除外）。

三、剖面图的类型

1. 全剖面图

剖面图的分类
（微课视频）

用一个剖切平面将形体完全剖开后所得的剖面图，称为全剖面图。如图 6-11 所示，用 1—1 平面剖切台阶，形体的内部形状就清楚地在 1—1 剖面图中表达出来。

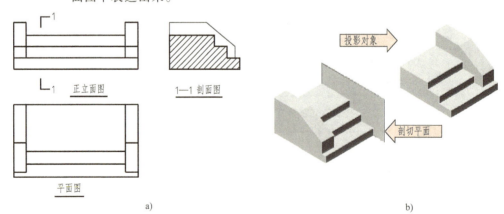

a)   b)

图 6-11　台阶的全剖面图

a）三面投影图　b）剖切方法

台阶的全剖面图（动画）

观察与思考

为反映房屋内部布置和墙体所用材料，将房屋用一水平面在窗洞口以上全部切开，移去剖切平面以上部分，对剖切平面以下余留部分投影，所得投影图就是我们通常所说的建筑平面图，它实质是水平全剖面图，如图 6-12 所示。

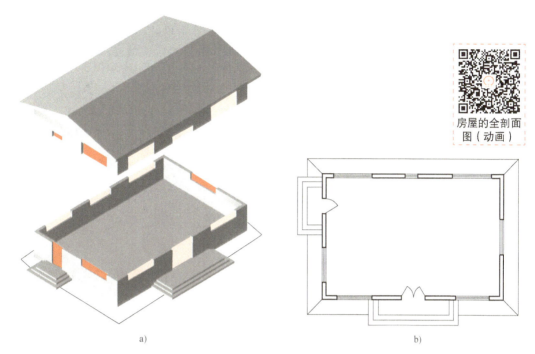

房屋的全剖面
图（动画）

a)   b)

图 6-12　房屋的全剖面图

2. 半剖面图

如果被剖切的形体是对称的，画图时常把投影图的一半画为剖面图；另一半画形体的外形图，而组合成一个投影图，如图 6-13 所示的即是半剖面图。这种画法可以节省投影图的数量，从一个投影图可以同时观察到立体的外形和内部构造。

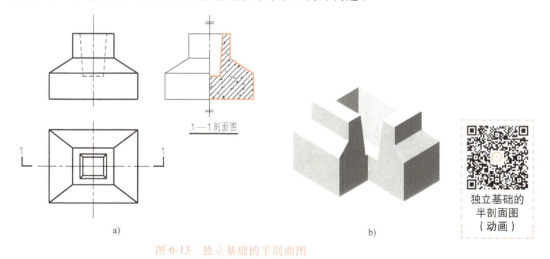

独立基础的
半剖面图
（动画）

a)   b)

图 6-13　独立基础的半剖面图

a）半剖面图　b）剖切体直观图

　　在半剖面图中，剖面图与投影图之间应以形体的对称中心线（细单点长画线）为分界线，也可以用对称符号作为分界线，但不能画成实线。

3. 局部剖面图

用剖切平面局部剖开形体后所得的剖面图称为局部剖面图。如果所画的形体只有个别部分是隐藏的，或分层的构造物需要同时表示出来时，可采用局部剖面图表示，如图 6-14、图 6-15 所示。在局部剖面的折断处，也可用波浪线作为分界线。但波浪线不应与轮廓线重合或作为轮廓线的延长线。

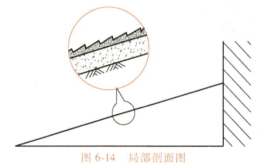

图 6-14　局部剖面图

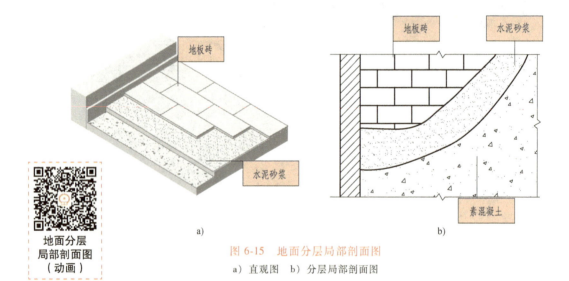

a)　　　　　　　　　　　　　b)

地面分层局部剖面图（动画）

图 6-15　地面分层局部剖面图
a）直观图　b）分层局部剖面图

如图 6-16 所示，杯形基础的平面图中将其局部画成剖面图，从而表明了基础内部钢筋的配置情况。基础的正立面图已被剖面图代替，因图上已经画出了钢筋的配置情况，在断面上不便再画钢筋混凝土的材料图例。

局部剖面图一般适用于以下两种情况：

1）外形结构比较复杂且不对称的形体，当仅有一小部分需要用剖面图表示时，通常画成局部剖面图。

2）某些对称的形体，由于中心线处具有轮廓线，不宜作半剖面图时，通常应画成局部剖面图。

局部剖面图一般不需要标注剖切符号。

4. 阶梯剖面图

用几个互相平行的剖切平面剖开形体所得的剖面图，称为阶梯剖面图。如图 6-17 所示即为阶梯剖面图。由于剖切是假想的，故在阶梯剖面图中不应画出两个剖切平面的交线。

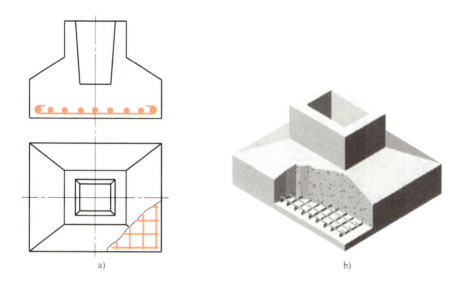

图 6-16　杯形基础的局部剖面图
a）两面投影图　b）剖切方法

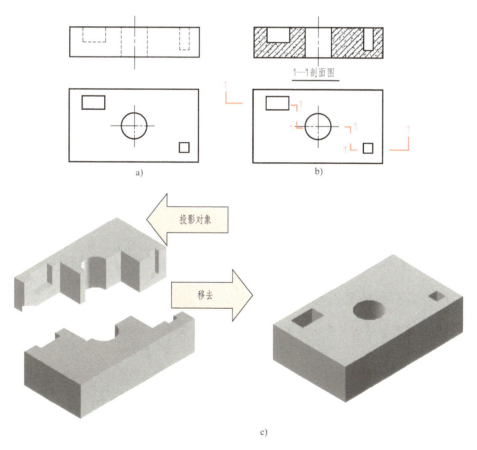

图 6-17　阶梯剖面图
a）两面投影图　b）剖切方法　c）剖切直观图

单元3 断面图

一、断面图的形成

假想用剖切平面将形体剖切，仅画出形体与剖切平面相交部分的投影，并在投影内画出相应的材料图例，这样的图形称为断面图（也称为截面图）。在图 6-18 所示中的"3—3""4—4"即为断面图，而"1—1"和"2—2"为剖面图，对比可发现两者区别。

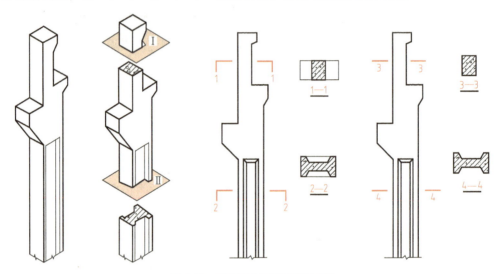

图 6-18　剖面图与断面图的区别

断面图的基本知识（微课视频）

二、断面图的基本规定

断面图注写的剖切符号由剖切位置线和编号两部分组成。

剖切位置线——与剖面图中相同。

剖切符号的编号——宜采用阿拉伯数字，且必须注写在剖切符号的一侧，编号所在的一侧应为该断面的投射方向，如图 6-18 所示的"3—3"。

三、剖面图与断面图的区别与联系

剖面图与断面图都是用来表示形体内部的形状，它们的区别在于：

1）剖面图画的是余留体的投影，而断面图画的是平面的投影。

2）剖切符号的标注不同。

3）剖面图可以采用多个剖切平面，而断面图一般只使用单一剖切平面。

4）图示目的不同。剖面图通常是为了表达形体的内部形状、内部空间和结构，而断面图是用来表示形体某一局部的断面形状。

剖面图与断面图的联系：在同一个剖切位置处，剖面图包含断面图，而断面图属于剖面图的一部分，如图 6-18 所示。

四、断面图的类型

按照断面图所在位置的不同，可将其分为移出断面图、重合断面图、中断断面图。

断面图的分类（微课视频）

1. 移出断面图

画在形体投影图以外的断面图称为移出断面图。图 6-18 中 "3—3" "4—4" 即为移出断面图，可知牛腿柱的上柱和下柱所用的材料及断面形状，构造做法。

这种画法适用于断面变化较多的构件，断面图可以整齐地在投影图的一侧或端部处按顺序依次排列，并且往往用较大比例画出，如图 6-19 所示的 1—1 断面图。

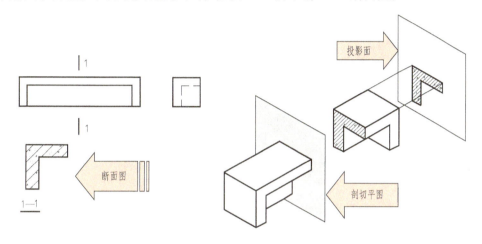

图 6-19　移出断面图

2. 重合断面图

画在形体投影图以内的断面图称为重合断面图。图 6-20a 为一角钢的重合断面图，该断

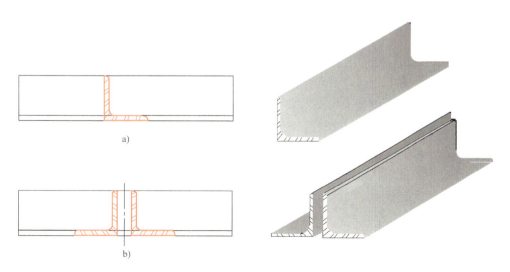

图 6-20　重合断面图

a）断面不对称　b）断面对称

面没有标注断面的剖切符号。图 6-20b 所示的断面是对称图形，故将剖切位置线改为单点长画线表示，且不予编号。

当断面尺寸较小时，可将断面图涂黑，如图 6-21 所示是一屋顶平面图，用一假想剖切平面垂直将屋盖剖开，将断面画在屋顶平面图上，以此表示屋顶结构，屋面坡度，屋檐及天沟的形状。

3. 中断断面图

画在投影图的中断处的断面图称为中断断面图。如图 6-22 所示的角钢，由于断面形状相同，可假想把角钢中间断开，将断面图画在中断处，不必标注剖切符号。

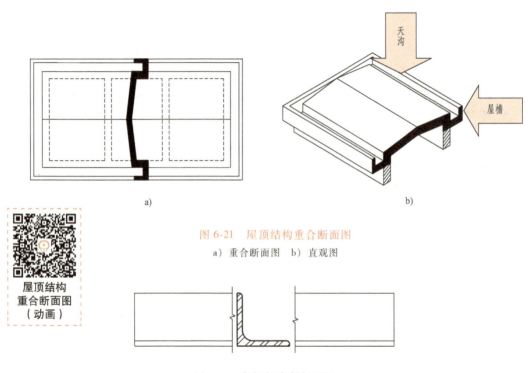

屋顶结构
重合断面图
（动画）

a)   b)

图 6-21 屋顶结构重合断面图
a）重合断面图 b）直观图

图 6-22 角钢的中断断面图

这种画法适用于较长而且只有单一断面的杆件及型钢。这样的断面不需要标注，图 6-23 所示为一根用中断断面图表示的十字形梁。

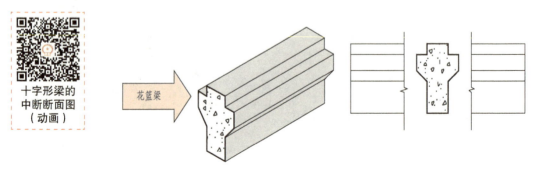

十字形梁的
中断断面图
（动画）

花篮梁

图 6-23 十字形梁的中断断面图

观察与思考

在一些房屋中我们经常可以看到钢筋混凝土梁、柱节点的具体构造,如图 6-24a 所示。用投影图示方法表示其内容,如图 6-24b 所示,该节点构造由一个正立面图和三个断面图共同表达,三个断面图为移出断面图,按投影关系配置,画在构件折断处。

识读图样的方法:

1) 由各视图可知该节点构造由三部分组成。水平方向的是钢筋混凝土梁,由 1—1 断面图可知梁的断面形状为 "十" 字形,俗称 "花篮梁"。竖向位于梁上方的柱子,由 2—2 断面可知其断面形状。竖向位于梁下方的柱子,由 3—3 断面可知其断面形状。

2) 由各部分形状结合立面图可看出,断面形状为方形的下方柱由下向上通至花篮梁底部,并与梁底部产生相贯线,从花篮梁的顶部开始向上为断面变小的楼面上方柱。至此综合想象出该梁、柱节点的空间形状。

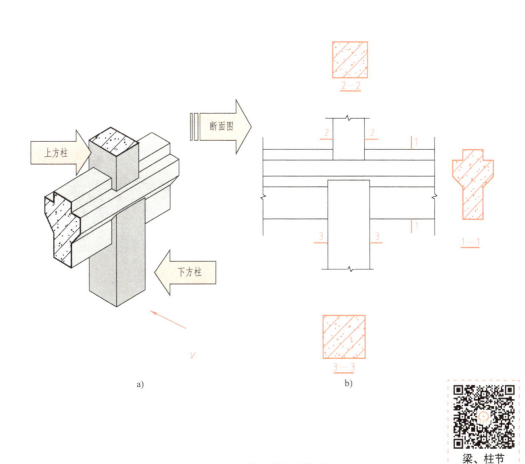

图 6-24 梁、柱节点构造
a) 直观图 b) 投影图

梁、柱节
点构造
(动画)

知识回顾

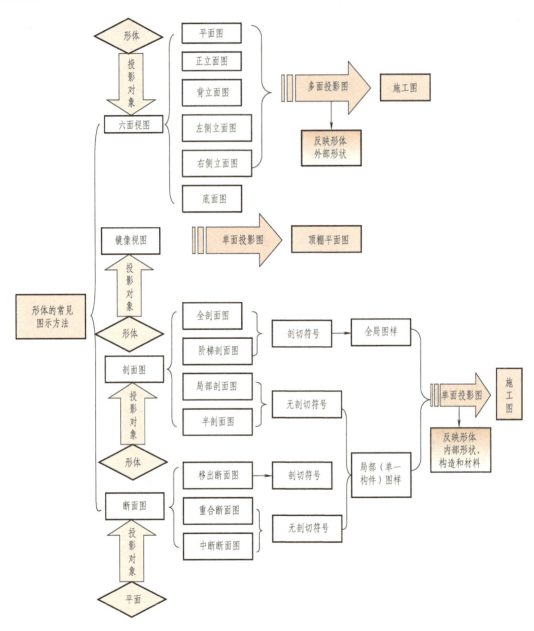

课外活动

实测教学楼阶梯、画三面投影图、进行尺寸标注、计算体积及表面积。

1. 条件准备

在校园内选择形状比较典型的室外台阶为测绘对象（根据学生的学习能力，教师可以指定），将每班学生分成若干组（3~5人一组），每组有一组长，到学校测量工具室借钢卷尺和记录板。

2. 操作步骤

1）带学生进入工作项目现场。

2）徒手画出测绘对象的形象图（可以是轴测图，也可以是三面投影图）。

3）两名学生拉尺子读尺寸，一名学生在形象图上标注尺寸。

4）检查量测尺寸，要求齐全、正确。

5）根据三面投影图的规律，用绘图工具完成三面投影图，并标注尺寸。

6）计算其体积及表面积。

3. 小贴士

三面投影图反映形体的外形形状，量测尺寸时将尺子拉直，尺寸数字符合要求（指导教师要逐一检查量测数字，不符合要求的，让学生重新量测，同时再给学生一次成绩）。

学习情境7

建筑工程图认知

学习要求

主要内容	知识目标	能力目标	素养目标
房屋建筑工程图有关制图标准认知	1. 了解房屋建筑制图统一标准、总图制图标准、建筑制图标准 2. 了解制图标准在房屋建筑工程图中的应用	1. 贯彻国家标准规范的执行力和应用力 2. 会识读建筑工程图中常用的符号	1. 培养专业兴趣 2. 强化规范意识，培养工匠精神 3. 培养严谨求实的专业素养
建筑工程图的产生和分类	1. 了解房屋的组成及作用 2. 了解建筑工程图的产生 3. 熟悉施工图的分类和编排顺序	1. 能说出房屋组成的名称及作用 2. 提高自身的专业认知能力	

课前阅读

　　早在公元前一千四五百年，中国建筑就已形成了独特的系统。在个别建筑物的结构上，它是由三个主要部分组成的，即台基、屋身和屋顶。台基多用砖石砌成，但偶尔也有木结构的。屋身立在台基之上，先立木柱，柱上安置梁和枋以承屋顶。屋顶多覆以瓦，但最初是用茅茸的。

　　在较大较重要的建筑物中，柱与梁相交处多用斗拱为过渡部分。屋身的立柱及梁枋构成房屋的骨架，承托上面的重量；柱与柱之间，可按需要条件，或砌墙壁，或装门窗，或完全开敞（如凉亭），灵活地分配。中国古代建筑在结构和技术上取得了重大突破，对现代建筑的发展起到了重要的推动作用。我们要了解中国建筑的文化渊源和博大精深，努力学习建筑专业知识，使中国现代建筑对古代建筑既有继承又有发展。

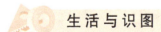
生活与识图

　　我们在前面几个学习情境学习了投影的基本知识，学习了形体的表达方法，那么一个建筑物要具体地进行施工，只把形体画出是不行的，还要给它标注出具体的尺寸，并且建筑物形体较大，需要缩小比例，用多大的比例合适？一些细部构件需要详细说明，当这些细部构件的详图在表达时，和它的被索引图没有在一张图纸上，怎样找到这些图样？这些问题，都需要一定的标准来规定，才能便于施工、便于交流。

单元 1　房屋建筑工程图有关制图标准认知

建筑工程施工图除了要符合投影原理及视图、剖面和断面等基本图示方法与要求外，为了保证图纸的质量，提高制图和识图的效率，在绘制施工图时，必须严格遵守国家制图标准中的有关规定。以下是与施工图有关的专业部分制图标准。

1. 定位轴线

（1）基础、墙、柱和屋架等的定位轴线　在施工图中要将房屋的基础、墙、柱和屋架等承重构件的轴线画在施工图中，并进行编号，以便确定承重构件相互位置，便于施工时定位放线和查阅图样，这些轴线称为定位轴线。

根据《房屋建筑制图统一标准》（GB/T 50001—2017）规定，定位轴线一般应编号，编号应注写在轴线端部的圆内。圆应用 0.25b 线宽的细实线绘制，直径为 8~10mm。定位轴线圆的圆心，应在定位轴线的延长线上或延长线的折线上。平面图上定位轴线的编号，宜标注在图样的下方与左侧。横向编号应用阿拉伯数字，从左至右顺序编写，竖向编号应用大写英文字母，从下至上顺序编写，如图 7-1 所示。

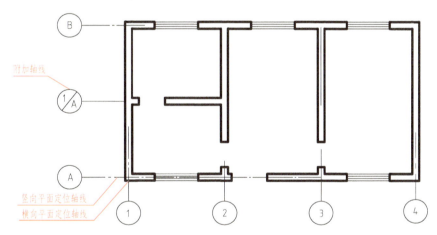

图 7-1　定位轴线的标号顺序

英文字母作为轴线号时，应全部采用大写字母，不应用同一个字母的大小写来区分轴线号。英文字母的 I、O、Z 不得用作轴线编号。当字母数量不够使用时，可增用双字母或单字母加数字注脚，如 A_A、B_A…Y_A 或 A_1、B_1…Y_1。

（2）附加轴线　对于一些与主要承重构件相联系的次要构件，它的定位轴线一般作为附加定位轴线。附加轴线的编号方法采用分数的形式，分母表示前一根定位轴线的编号，分子表示附加轴线的编号，编号宜用阿拉伯数字顺序编写，如图 7-2 所示。

如在 1 号轴线或 A 号轴线前有附加轴线，则分母以 01 或 0A 表示之前的定位轴线，如图 7-3 所示。

（3）详图的轴线　如一个详图适用于几根轴线时，应同时注明各有关轴线的编号，如图 7-4 所示。通用详图中的定位轴线，应只画圆，不注写轴线编号。

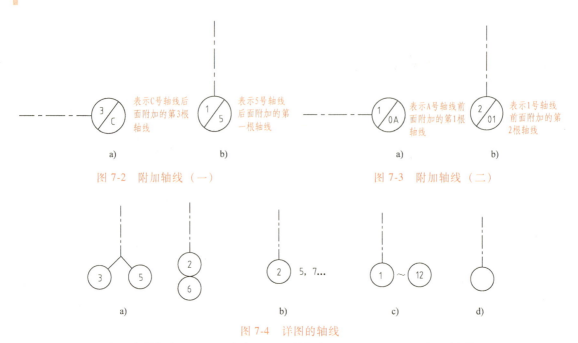

图 7-2　附加轴线（一）　　　　　图 7-3　附加轴线（二）

图 7-4　详图的轴线

a）用于两根轴线时　b）用于 3 根或 3 根以上轴线时　c）用于 3 根以上连续编号的轴线时
d）用于通用详图轴线编号时

2. 标高

标高是标注建筑物各部位地势高度的符号。

（1）标高的分类

1）绝对标高：以我国青岛附近黄海的平均海平面为基准的标高。在施工图中，一般标注在总平面图中。

2）相对标高：在建筑工程施工图中，以建筑物首层室内主要地面为基准的标高。除总平面图外的施工图的标高都是相对标高。

3）建筑标高：建筑装修完成后各部位表面的标高，如在首层平面图地面上标注的 ±0.000，二层平面图上标注的 3.000 等都是建筑标高。

4）结构标高：建筑结构构件表面的标高，它标注结构构件未装修前的上表面或下表面的标高。一般标注在结构施工图中。图 7-5 表明了建筑标高和结构标高的区别。

（2）标高的表示法
标高符号是高度为 3mm 的等腰直角三角形，如图 7-6a 所示，用细实线绘制，如标注位置不够，也可按图 7-6b 所示形式绘制。总平面室外地坪标高符号宜用涂黑的三角形表示，如图 7-6c 所示。施工图中，标高以"米"为单位，小数点后保留三

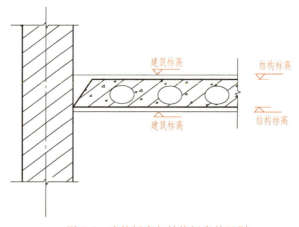

图 7-5　建筑标高与结构标高的区别

位小数（总平面图中保留两位小数）。标注时，基准点的标高注写±0.000，如图 7-6d 所示；比基准点高的标高前不写 "+" 号，如图 7-6e 所示；比基准点低的标高前应加 "-"，如图 7-6f 所示；在图样的同一位置表示几个不同标高时可按图 7-6g 所示注写。

标高符号的尖端应指向被注高度的位置。尖端一般应向下，某些情况也可向上，如图 7-6h 所示。

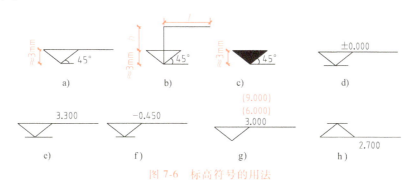

图 7-6 标高符号的用法

l—取适当长度注写标高数字   h—根据需要取适当高度

3. 索引符号与详图符号

施工图中某一部位或某一构件如另有详图，则可画在同一张图之内或画在其他有关的图纸上。为了查找方便，可通过索引符号和详图符号来反映该部位或构件与详图及有关专业图纸之间的联系。

（1）索引符号   索引符号是由直径为 8~10mm 的圆和水平直径组成，圆及水平直径均应以 0.25b 线宽的细实线绘制。

1）当索引符号与被索引的详图同在一张图样内，应在索引符号的上半圆中用阿拉伯数字注明该详图的编号，并在下半圆中间画一段水平细实线，如图 7-7a 所示。

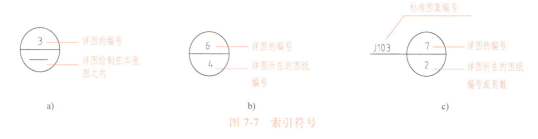

图 7-7 索引符号

2）当索引符号与被索引的详图不在同一张图样内，应在索引符号的上半圆中用阿拉伯数字注明该详图的编号，在索引符号的下半圆中用阿拉伯数字注明该详图所在图样的编号，如图 7-7b 所示。数字较多时，可加文字标注。

3）当索引出的详图采用标准图时，应在索引符号水平直径的延长线上加注该标准图册的编号，如图 7-7c 所示。

索引符号如用于索引剖视详图，应在被剖切的部位绘制剖切位置线，并以引出线引出索引符号，引出线所在的一侧应为投射方向。索引符号的画法如图 7-8 所示。

（2）详图符号   详图的位置和编号，应以详图符号表示。详图符号的圆应以直径为 14mm 粗实线（线宽为 b）绘制。

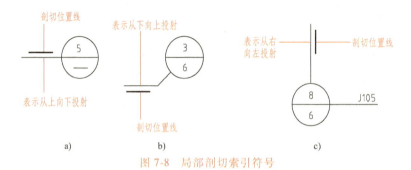

图 7-8　局部剖切索引符号

1）当详图与被索引的详图同在一张图样内时，应在详图符号内用阿拉伯数字注明详图的编号，如图 7-9a 所示。

2）当详图与被索引的详图不在同一张图纸内，应用细实线在详图符号内画一水平直径，在上半圆中注明详图编号，在下半圆中注明被索引的图纸的编号，如图 7-9b 所示。

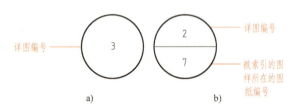

图 7-9　详图符号

需要注意的是详图符号与索引符号是成对出现，一一对应的。

4. 零件、钢筋、杆件、设备等的编号

零件、钢筋、杆件、设备等的编号，宜以直径为 4 ~ 6mm（同一图样应保持一致）0.25b 线宽的实线圆表示，其编号应用阿拉伯数字按顺序编写，如图 7-10 所示。

图 7-10　零件、钢筋等的编号

5. 引出线

建筑物的某些部位需要用文字或详图加以说明时，可用引出线从该部位引出。引出线线宽应以 0.25b 绘制，宜采用水平方向的直线（线宽为 0.25b 实线），与水平方向成 30°、45°、60°、90°的直线，或经上述角度再折为水平线。

1）文字说明宜注写在水平线的上方，如图 7-11a 所示。

2）文字说明也可注写在水平线的端部，如图 7-11b 所示。

3）索引详图的引出线应与水平直径线相连接，如图 7-11c 所示；同时引出几个相同部分的引出线，宜互相平行，如图 7-11d 所示。

4）可画成集中于一点的放射线，如图 7-11e 所示。

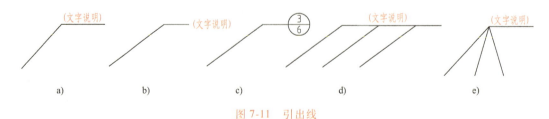

图 7-11　引出线

5）多层构造或多层管道共用引出线，应通过被引出的各层，并用圆点示意对应各层次。文字说明宜注写在水平线的上方或端部，如图 7-12a 所示；或注写在水平线的上方，说明的顺序应由上至下，如图 7-12b 所示，并应与被说明的层次相互一致；如层次为横向排

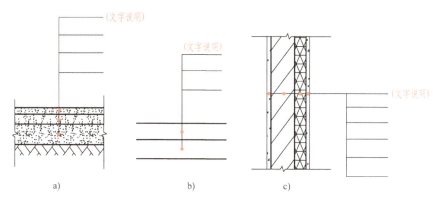

图 7-12　多层构造引出线

序，则由上至下的说明顺序应与从左至右的层次相互一致，如图 7-12c 所示。

6. 其他符号

（1）对称符号　对称符号由对称线和两端的两对平行线组成。对称线用线宽为 0.25b 的单点长画线绘制；平行线用实线（线宽为 0.5b）绘制，其长度宜为 6~10mm，每对的间距宜为 2~3mm；对称线垂直平分于两对平行线，两端超出平行线宜为 2~3mm，如图 7-13 所示。

（2）连接符号　连接符号应以折断线表示需连接的部位。两部位相距过远时，折断线两端靠图样一侧应标注大写英文字母表示连接编号。两个被连接的图样必须用相同的字母编号，如图 7-14 所示。

（3）指北针　指北针的形状宜如图 7-15 所示，其圆的直径宜为 24mm，用细实线绘制；指针尾部的宽度宜为 3mm，指针头部应注"北"或"N"字。需用较大直径绘制指北针时，指针尾部宽度宜为直径的 1/8。

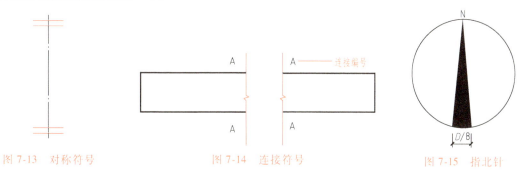

图 7-13　对称符号　　　　图 7-14　连接符号　　　　图 7-15　指北针

单元2　建筑工程图的产生和分类

　观察与思考

有人类历史便有了建筑，建筑总是伴随着人类共存。从建筑的起源到建筑文化，经历了几千年的变迁，有许多著名的格言可以帮助我们加深对建筑的认识，如"建筑是凝固的音

乐""建筑是住人的机器""建筑是石头的史书""建筑是城市经济制度和社会制度的自传"等。如图7-16所示是一幢楼房的示意图，那么组成房屋的主要构件有哪些？哪些是必需的，哪些是附属的？

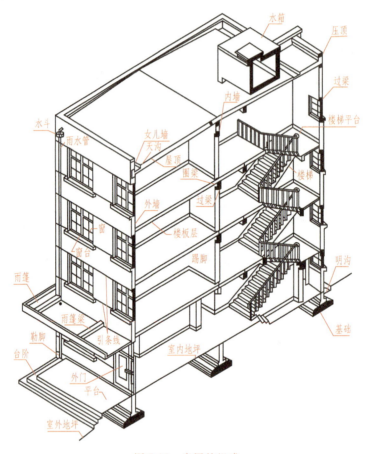

图 7-16　房屋的组成

一、房屋的组成及作用

一幢民用建筑，一般由基础、墙或柱、楼板层、楼梯、屋顶和门窗等六大部分组成。它们处于建筑的不同部位，所发挥的作用各不相同，如图7-16所示。

（1）**基础**　基础位于建筑的最下面，是建筑墙或柱的扩大部分，承受着建筑上部的所有荷载并将其传给地基。

（2）**墙或柱**　墙或柱在建筑中起着承重、围护和分隔作用。因此要求墙体根据功能的不同分别具有足够的强度、稳定性、保温、隔热、隔声、防水、防潮等能力，并具有一定的经济性和耐久性。

（3）**楼板层**　楼板层是楼房建筑水平方向的承重构件，楼板层应具有足够的强度、刚度和隔声能力，并具有防潮、防水的能力。常用的楼板层为钢筋混凝土楼板层。

（4）**地坪**　地坪是底层房间与土层相接的部分，它承受底层房间的荷载，地坪应具有耐磨、防潮、防水、保温等能力。

（5）**楼梯**　楼梯是二层及二层以上建筑的垂直交通设施，供人们上下楼层和紧急情况下疏散之用。常用的楼梯有钢筋混凝土楼梯和钢楼梯。

（6）**屋顶**　屋顶是建筑最上面的围护构件，起着承重、围护和美观作用。

（7）**门窗**　门主要供人们进出房屋，窗则主要起采光、通风作用。目前常使用的门窗有木门窗、钢门窗、铝合金门窗、塑钢门窗等。

以上为房屋的基本组成部分，除此之外还有一些建筑配件，如雨篷、阳台、明沟、散水、勒脚等。

二、建筑工程图的产生

1. 初步设计阶段

设计人员接受任务后，首先根据设计任务书、有关的政策和规范文件、地质条件、环境、气候、文化背景等，明确设计意图，提出设计方案。在设计方案中应包括总平面布置图、平面图、立面图、剖面图、效果图、建筑经济技术指标，必要时还要提供建筑模型。经过多个方案的比较，最后确定综合方案，即为初步设计。

在已批准的初步设计的基础上，组织有关各工种的技术人员进一步解决各种技术问题，协调工种之间的矛盾，使设计在技术上合理可行，并进行深入的技术经济比较，使得设计在技术上、经济上都合理可行。

2. 施工图设计阶段

施工图设计是各工种的设计人员根据初步设计方案和技术设计方案绘制，用来指导施工用的图样。其中，建筑设计人员设计建筑施工图，结构设计人员设计结构施工图，给排水设计人员设计给排水施工图，暖通设计人员设计采暖和通风施工图，建筑电气设计人员设计电气施工图。

房屋建筑施工图是为施工服务的，要求准确、完整、简明、清晰。

三、建筑工程图的分类和编排顺序

生活与识图

人如果在一个建筑物里舒适地生活，除了图 7-16 中的组成外，还需要给水、排水、供暖、照明等，所以，除了有建筑施工图外，还要有给水、排水、供暖、供电等的安装图样。一整套图样有很多张，它们在排列的时候是按什么顺序排列的呢？

房屋施工图是用以指导施工的一套图样。它由建筑施工图、结构施工图和设备施工图三部分组成。

1. 建筑施工图（简称建施）

建施是主要表达建筑的平面形状、内部布置、外部造型、构造做法、装修做法的图样，一般包括施工图首页、总平面图、平面图、立面图、剖面图和详图。

2. 结构施工图（简称结施）

结施主要表示建筑的结构类型，结构构件的布置、连接、形状、大小及详细做法的图样，包括结构设计说明、结构平面布置图和构件详图等内容。

3. 设备施工图（简称设施）

设施主要表示给水、排水、采暖通风、电气照明等设备的布置及安装要求。包括平面布置系统图和安装图等。

一套完整的房屋建筑工程图在装订时要按专业顺序排列，一般为：图纸目录、建筑设计总说明、总平面图、建筑施工图、结构施工图、给排水施工图、采暖施工图和电气施工图。各专业的施工图的编排顺序是全局性的在前，局部性的在后；先施工的在前，后施工的在后；重要的在前，次要的在后。

四、建筑工程图的图示特点及阅读要求

生活与识图

我们到一个陌生的城市时，首先想到的是在手机上查看当地地图，但是我们如果没有识读地图的知识，拿到地图仍然会找不到地方。因此要知道地图上北下南，左西右东，还要知道一些符号的意义，如铁路、公路、学校等符号所代表的意义，才能很快找到我们要找的地方。同样，我们在识读施工图时，要看懂图，需要具备一定的知识，同时还要掌握一定的方法，才能看懂图样。

1. 建筑施工图的图示特点

1）房屋建筑施工图除效果图、设备施工图中的管道线路系统图外，其余均采用正投影的原理绘制，因此所绘图样按正投影的原理绘制，符合正投影的特性。

2）建筑物形体很大，绘图时都要按比例缩小，对于一些细部构造、配件及卫生设备等就不能如实画出，为此，多采用统一规定的图例或代号来表示，并且用文字和符号详细说明。

3）施工图中的不同内容，是采用不同规格的图线绘制，选取规定的线型和线宽，用以表明内容的主次和增加图面效果。

2. 建筑工程图的阅读要求

（1）读图应具备的基本知识　施工图是根据投影原理绘制的，用图样表明房屋建筑的设计及构造做法。因此，要看懂施工图的内容，必须具备一定的基本知识。

1）掌握作投影图的原理和建筑形体的各种表示方法。

2）熟悉房屋建筑的基本构造。

3）熟悉施工图中常用的图例、符号、线型、尺寸和比例的意义。

（2）读图的方法和步骤　看图的方法一般是：从外向里看，从大到小看，从粗到细看，图样与说明对照看，建筑与结构对照看。先粗看一遍，了解工程的概貌，而后再细读。

读图的一般步骤：先看目录，了解总体情况，图纸总共有多少张；然后按图纸目录对照各类图纸是否齐全，再细读图样内容。

建筑工程施工图涉及很多专业上的问题，而同学们还缺乏相应的专业知识。因此，在学习的过程中应将学习的内容与实际相结合，在现阶段读图时，从图的角度出发，随着专业知识的丰富，认识的角度和深度会有所变化，这些需要在以后的专业学习中逐步得到提高。

 知识回顾

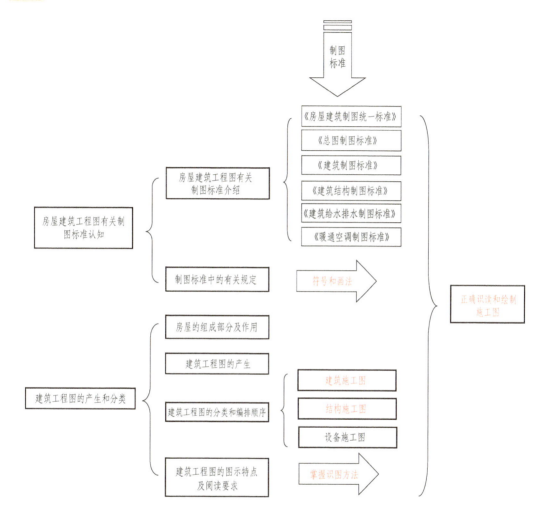

 练一练

1. 什么是索引符号和详图符号？它们二者之间的关系是什么？

2. 什么是定位轴线、附加轴线？定位轴线的编号是怎样规定的？

3. 什么是绝对标高和相对标高？建筑标高和结构标高各是什么？

4. 建筑工程施工图的编排顺序怎样？各专业的图纸编排的原则是什么？

5. 建筑工程施工图的分类有哪些？图示特点有哪些？阅读施工图有哪些要求？

6. 一幢房屋有哪几大部分组成？它们的作用分别是什么？

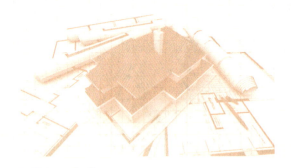

学习情境8

建筑施工图识读

 学习要求

主要内容	知识目标	能力目标	素养目标
首页图和总平面图	1. 了解图纸目录 2. 了解设计说明的主要内容 3. 了解首页图的组成 4. 了解总平面图的形成及图示内容	1. 能读懂图纸目录 2. 能阅读设计说明、门窗表、材料做法表等 3. 能正确理解总平面图中的图例和符号的含义 4. 会识读总平面图	1. 培养认真细致、一丝不苟的工作作风，理论知识与实践的贯通能力 2. 能正确识读建筑施工图，并能理论联系实际，获得成就感，提高学习乐趣 3. 树立遵守建筑法律法规、技术标准的工程法律意识
建筑平面图识读	1. 了解建筑平面图的形成与命名 2. 熟悉常用建筑构造与配件图例 3. 熟悉建筑制图标准中关于平面图的有关规定 4. 掌握建筑平面图的图示内容	1. 能正确理解建筑平面图中的图例和符号的含义 2. 能正确识读建筑平面图 3. 能理论联系实际，运用于工程实践	
建筑立面图识读	1. 了解建筑立面图的形成与命名 2. 熟悉建筑立面图的图示内容 3. 了解建筑制图标准中关于立面图的有关规定	1. 能正确理解建筑立面图的内容和用途 2. 能正确识读建筑立面图	
建筑剖面图识读	1. 了解建筑剖面图的形成 2. 熟悉建筑剖面图的图示内容	1. 能正确识读剖切符号，理解剖切符号的含义及剖面图的形成 2. 能正确识读建筑剖面图	
建筑详图识读	1. 熟悉外墙身构造详图的形成、图示特点 2. 熟悉楼梯平面图、楼梯剖面图的形成及图示内容，楼梯的基本尺度	1. 能正确识读建筑外墙墙身构造详图 2. 能正确识读楼梯平面图、楼梯剖面图、楼梯节点详图 3. 能理论联系实际，运用于工程实践	

 课前阅读

中国古建筑学家梁思成所著《记五台山佛光寺建筑》，文字生动传神，精心绘制的建筑测绘图纸丰富详实、生动细腻，将无比复杂的木构架、斗拱构造、观音像等，表现得有条不紊，具有高度的艺术性和感染力，蕴含着古建筑及传承人的匠心。而绘制这些经典之作的工具，仅仅是简陋的鸭嘴笔和黑墨水而已。梁思成对中国古建筑保护的孜孜追求和卓越建树，为我们树立了学习的榜样。我们应该努力培养中国传统建筑文化素养，增强文化自信，培养一丝不苟的工作作风。

 生活与识图

读书时，通过封面可以知道是什么书；通过目录可以很快地找到我们想看的章节；同样，对于建筑工程施工图来说，它是一整套图样，同样要有封面、首页和目录。

建筑施工图简称建施，是主要用来表示建筑物总体布局、外部形状、内部空间、房间布置、内外装饰、建筑构造做法等情况的图样，由设计说明、总平面图、建筑平面图、建筑立面图、建筑剖面图、建筑详图等组成。

单元 1　首页图和总平面图

一、设计说明

设计说明一般安排在首页，主要介绍设计依据、项目概况、设计标高、装修做法等。可以用文字或表格方式介绍工程概况，如平面形式、位置、层数、建筑面积、结构形式以及各部分构造做法等，如图 8-1 所示。如果采用标准图集，应说明所在图集号及页次、编号，以便查阅。

设计说明

一、设计依据
1. 根据建设单位认可的建筑方案图及建设单位提供的相关设计资料。
2. 本图建筑部分执行设计标准有：
    民用建筑设计统一标准（GB 50352—2019）、住宅设计规范（GB 50096—2011）、
    建筑设计防火规范（GB 50016—2014）、民用建筑热工设计规范（GB 50176—2016），
    夏热冬冷地区居住建筑节能设计标准（JGJ 134—2010）。
二、工程概况
1. 本工程为××学院住宅区B区4#、D区4#教工住宅楼，六层、顶层带阁楼。
2. 本工程建筑高度22.250m，总建筑面积为1542.89m²，阳台面积：141.89m²。
3. 本工程为砖混结构，8度抗震设防，耐火等级二级；
    屋面防水等级二级，耐久年限二级；设计合理使用年限50年。
三、本工程室内外高差为0.750m，室内标高±0.000，根据施工现场而定。
四、主要工程做法
1. 墙体工程：本工程墙体除注明外，均为240mm厚砖墙。
2. 屋面工程：
    平屋面做法详见14J206中的ZW6；其中上人处种植土取消，找坡层改为YTS
    泡沫混凝土，最薄处100厚。种植介质采用轻石蛭蛋土300厚。
    坡屋面做法详见09J202-1中的Pa5。
3. 外墙装修：(1)做法详见15ZJ101外墙7（面砖）。外墙22(立邦漆)颜色见立面图。
    (2)除注明外，窗条宽80mm，做法参照11ZJ901第25页详②。
4. 室内装修：选用15ZJ1001
    (1)楼地面选用：厨房、卫生间为地201楼201（300mm×300mm防滑地砖）。
        其余房间地面均为地101楼101（毛缝）。
        楼梯间：地101楼101
    (2)内墙面装修：
        楼梯间：内墙面选用：内墙4涂32；平顶选用：顶3，涂32
        厨房、卫生间为：内墙6，顶4，涂32
            其他房间：内墙面选用：内墙4，外用腻子抹平；平顶选用：内墙20。
        分户墙选用：内墙20外墙内侧选用：内墙20
    (3)踢脚：踢踏做法：厨房、卫生间墙裙为裙9满贴(面砖尺寸及颜色由甲方定)。
        其余均为踢1(毛缝)
    (4)内墙护角选用11ZJ501第22页①。

5. 门窗工程：详见门窗表，窗采用塑钢窗
    塑钢窗框料采用88系列、白色框料。玻璃为5+8+5mm双层中空玻璃。
    塑钢门框料采用100系列、白色框料。玻璃均为5+8+5mm双层中空玻璃。
    木门与墙内皮平，窗均居中安装。
6. 油漆工程：
    选用15ZJ001图集，木门为涂101，内外均为乳白色外。
    所有外露铁件均除锈后刷防锈漆再做油漆，做法按15ZJ001第102页涂205。
7. 排水工程：
    平屋面采取有组织排水，女儿墙出水口做法参照15ZJ201第22页详②。
    雨水配件均采用PVC制品，其组合参见15ZJ201第18页①DN=110。
五、其他
    (1) 女儿墙构造柱参见15ZJ201-20页详⑩。
    (2)图中梁、板、柱、楼梯等结构构件均以结构图为准。
    (3)用1:2水泥砂浆在檐口板、雨蓬及窗台等部位迎水面抹出1%泛水，
        背水面抹出滴水线，做法按11ZJ901第25页。
    (4)墙体防潮层由地圈梁代替。
    (5)黑色铸铁构件样式由甲方选定，预埋件焊接参照15ZJ411 Ⓐ₃₇。
    (6)厨房排烟道做法参照2017YJ205 ZRFA-1。
    (7)底层需加防盗措施，由甲方定。
    (8)外墙颜色由施工现场出样板由甲方定。
    (9)空调冷凝水设集中下水管，统一由100长φ50斜三通或
        者斜四通接入雨水管，空调穿墙管做法参照11ZJ901 。
    (10)厨房、卫生间洁具布置只示意位置，由用户自理。
    (11)阳台晒衣架由甲方自理。
    (12)暖气管道井随砌随抹，参照15ZJ001内墙4。
六、建筑节能
    (1)本建筑物为条形建筑，其体形系数为0.32＜0.35。
    (2)本建筑物外墙内侧均粉刷聚氨酯泡沫塑料保温砂浆，总厚度为12mm。
        外墙传热系数（1.27W/m·k²），外墙热惰性指标为D=2.7，窗采用中空
        玻璃塑钢窗，气密性等级为三级，其传热系数为（3.9W/m·k²）。
    (3)屋面保温层，其传热系数为k=（0.56W/m·k²），热惰性指标为D=2.7。
    (4)窗墙比：南向为0.31，北向为0.37，东向为0.03，西向为0.03。
七、本图纸及说明未详尽之处应严格遵守国家现行建筑施工安装及验收
    规范和《驻马店市优良工程强制性做法60条及60条补充规定》。

图 8-1　设计说明

二、首页图中的相关表格

首页除设计说明外，一般还列出门窗表、图纸目录、图集目录等。

1. 门窗表

门窗表主要反映一栋房屋所使用的门窗的类型、编号、数量、尺寸规格等相应内容。以备施工、预算所需要，如图8-2所示。

门 窗 表

类别	设计编号	洞口尺寸 (宽×高)/mm	樘数	标准图集及编号	备注
窗	C—1	3100×1800	24	见建施06	1. C—1为凸窗 宽为展开尺寸 垂直墙面段为固定扇 并加600mm高护栏， 做法参照98ZJ401.13 楼梯栏杆做法 2. MC—1采用5mm毛玻璃 3. C—5 弧形扇 C—7 弧形窗 4. M—1 为防盗门 M—4 为检修门 其余木门只做门框(除M—4) 内门扇属二次装修
	C—2	1500×1500	16	12YJ4-1 PC1-1515	
	C—3	1200×1500	12	12YJ4-1 PC1-1215	
	C—4	900×1500	12	12YJ4-1 PC1-0915	
	C—5	1500×1200	1	12YJ4-1 YC-1512	
	C—6	600×1030	2	固定扇	
	C—7	2700×1350	2	见建施06	
	C—8	1200×600	2	12YJ4-1 PC1-1206	
门	M—1	1000×2100	12		
	M—1'	1000×2100	2	12YJ4-1 PM-1021	
	M—2	900×2100	36	12YJ4-1 PM-0921	
	M—2'	900×2000	2	参照12YJ4-1 PM1-0921	
	M—3	800×2100	12	12YJ4-1 PM-0821	
	M—4	600×2000	12	12YJ4-1 PM-0620	
	TLM—1	2700×2620	10	见建施06	
	TLM—1'	2700×2730	2	见建施06	
	TLM—2	2100×2100		见建施06	
	TLM—3	1800×2590	12	见建施06	
	MC—1	1680×2780	10	见建施06	
	MC—1'	1680×2830	2	见建施06	

图 8-2　门窗表实例

2. 图纸目录

除图纸的封面外，图纸的目录放在一套图纸的最前面，说明本工程的图纸类别、图号编排、图纸名称和备注等，以方便图纸的查阅和排序，如图8-3所示。

图 纸 目 录

序号	图号	图纸名称	图幅	备注
1	建施—01	建筑施工图设计总说明	A2	
2	建施—02	底层平面图	A2	
3	建施—03	标准层平面图	A2	
4	建施—04	屋面图	A2	
5	建施—05	立面图	A2	
6	建施—06	剖面图	A2	
7	建施—07	建筑详图	A2	
…	…	…		…
	01J304	楼地面建筑构造		

图 8-3　图纸目录实例

三、总平面图

1. 总平面图的形成及用途

将新建工程四周一定范围内的新建、原有、拟建、拆除的建筑物、构筑物连同其周围的地形状况，用正投影的方法和相应的图例所画出的 H 面投影图，称为总平面图。它反映新建建筑的平面形状、位置、与原有建筑物的关系，以及周围的道路、绿化等方面的情况。因此，总平面图是新建建筑物施工定位、土方施工、放线、场地布置及管线设计的重要依据。

总平面图的形成、图示内容（微课视频）

2. 总平面图的图示内容

1）图名、比例。

2）新建、拟建、扩建和拆除的建筑物的总体布局，表明各建筑物和构筑物的位置，道路、广场等周围环境的布置情况以及各建筑物的层数等。

3）确定新建和扩建建筑物的具体位置。

新建建筑的定位一般采用两种方法，一是根据原有建筑物或原有道路来定位，在房屋建筑中常用；二是按坐标定位，当新建的成片建筑物、构筑物或所在的场地地形复杂时，常用坐标定位。坐标定位有测量坐标网（坐标代号 X、Y）或施工坐标网（坐标代号 A、B）。在地形起伏较大的地区，还应画出等高线。

4）注明新建建筑物底层室内地面和室外已平整地面的绝对标高、建筑物层数。

5）用指北针或风向频率玫瑰图来表示建筑物、构筑物等的朝向和该地区的常年风向频率及风速。

6）绿化规划。

7）其他。总平面图除了表示以上内容外，一般还有挡土墙、围墙等与工程有关的内容。

3. 总平面图的规定画法

（1）比例　由于总平面图所包括的区域大，所以常采用 1∶500、1∶1000、1∶2000、1∶5000 等较小比例绘制。

（2）图例　总平面图的常用图例见表 8-1。

表 8-1　总平面图常用图例

名称	图例	说明	名称	图例	说明
新建的建筑物	X Y 12F/2D H=59.00m	1. 新建建筑物以粗实线表示与室外地坪相接处±0.00外墙定位轮廓线 2. 建筑物一般以±0.00高度处的外墙定位轴线交叉点坐标定位。轴线用细实线表示，并标明轴线号 3. 根据不同设计阶段标注建筑编号，地上、地下层数，建筑高度，建筑出入口位置（两种表示方法均可，但同一图纸采用一种表示方法） 4. 地下建筑物以粗虚线表示其轮廓 5. 建筑上部（±0.00以上）外挑建筑用细实线表示 6. 建筑物上部连廊用细虚线表示并标注位置	原有的建筑物		应注明拟利用者用细实线表示
			计划扩建的预留地或建筑物		用中虚线表示
			拆除的建筑物		用细实线表示
			散状材料露天堆场		可注明材料名称
			烟囱		实线为烟囱下部直径，虚线为基础，可注写高度及上下口直径

（续）

名称	图例	说明	名称	图例	说明
围墙及大门		—	新建的道路	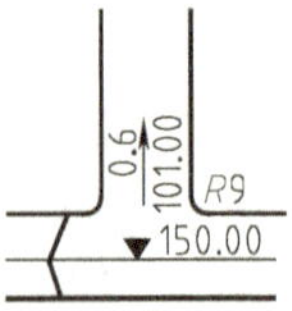 0.6 101.00 R9 ▼150.00	"R9"表示道路转弯半径为9m，"150.00"表示路面中心控制点标高，"0.6"表示0.6%的纵向坡度，"101.00"表示变坡点间距离
挡土墙	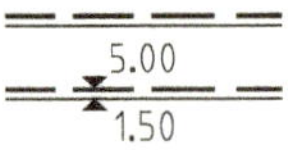 5.00 / 1.50	挡土墙根据不同设计阶段的需要标注墙顶标高墙底标高	原有的道路		—
			计划扩建的道路		用细虚线表示
坐标	1. X 105.00 Y 425.00 2. A=105.00 B=425.00	1. 表示测量坐标系 2. 表示自设坐标系	阔叶乔木		—
方格网交叉点标高	−0.50 | 77.85 78.35	坐标数字平行于建筑标注"78.35"为原地面标高"77.85"为设计标高"−0.50"为施工高度"−"表示挖方，"+"表示填方	针叶灌木		—
			针叶乔木		—
			阔叶灌木		—
分水脊线		—	修剪的树篱		—
合水谷线		—			
雨水井		—	草地		—
消火栓井		—			
室内标高	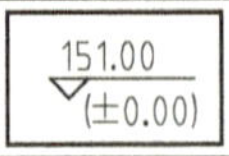 151.00 ▽ (±0.00)	数字平行于建筑物书写	填挖边坡		边坡较长时，可在一端或两端局部表示
室外标高	 ▼ 151.00	室外标高也可以采用等高线	护坡		—

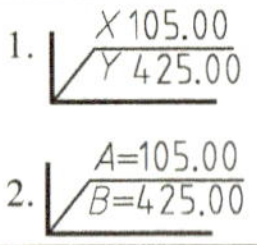

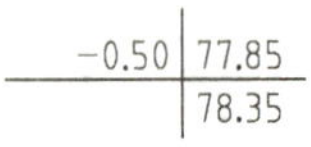

（3）位置的确定

1）定向：总平面图应按上北下南方向绘制。根据场地形状或布局，可向左或右偏转，但不宜超过45°。图中应绘制指北针或风玫瑰图。

2）定位：总平面图中新建建筑物以坐标定位或采用相对尺寸定位。

建筑物、构筑物、道路等应标注下列部位的坐标或定位尺寸：建筑物、构筑物的定位轴线（或外墙面）或其交点；圆形建筑物、构筑物的中心；道路的中线或转折点等。

在一张图上，主要建筑物、构筑物用坐标定位时，较小的建筑物、构筑物也可用相对尺寸定位。

3）定高：总平面图中标注的标高应为绝对标高。如标注相对标高，则应注明相对标高与绝对标高的换算关系。应标注建筑物室内地坪，即标注建筑图中±0.000处的标高，对不同高度的地坪，分别标注其标高；道路路面中心交点及变坡点的标高等。

4）计量单位：总平面图中的坐标、标高、距离宜以米为单位，并应至少取至小数点后两位，不足时以"0"补齐。

5）名称和编号：总平面图上的建筑物、构筑物应注写名称，名称宜直接标注在图上。当图样比例小或图面无足够位置时，也可编号列表编注在图内。一个工程中，整套总图的图纸所注写的场地、建筑物、构筑物、道路等的名称应统一，各设计阶段的上述名称和编号应一致。

4. 总平面图的识读实例

如图 8-4 所示，是某居住小区一角的规划总平面图。

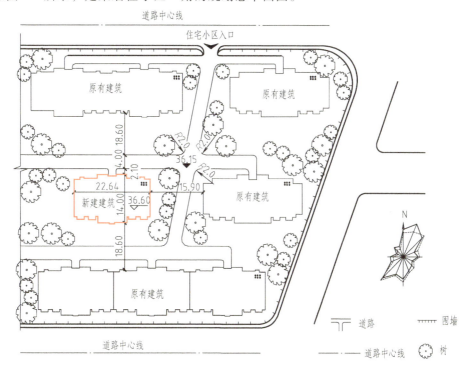

总平面图 1:500

图 8-4 规划总平面图

从图名可知该总平面图表示某生活区的一小部分，选用比例 1：500，图中粗实线表示新建房屋是一幢住宅，一个单元；细实线表示的是原有住宅的平面轮廓、道路和绿化。

各住宅平面图内右上角的小黑圆点数表示了房屋的层数（此处为六层）。右下角的风向频率玫瑰图既表示该地区的风向频率，又表明总平面图内建筑物、构筑物的朝向。从图中可知新建住宅朝向南，该地区全年最大风向频率为东北风，夏季为西南风，玫瑰图所表示风的吹向，是指从外面吹向地区中心。在南、东、北三个方向小区围墙外均有道路。

新建住宅的定位是以小区最南面的和东面的原有住宅为依据：平行其南、东墙面，分别向西 15.90m、向北 18.60m 定出该幢新建住宅的位置。该幢新建住宅东西向总长 22.64m，南北向总宽 14.00m，六层。小区范围较小，地势平坦，室外平整后地面的绝对标高36.15m。区内道路注有宽度尺寸。道路与建筑物之间为绿化地带。北面设有与城市道路相通的小区交通出入口。

从图中所注写的标高可知该地区的地势高低，雨水排除方向，图 8-4 中拟建房屋底层室内地面标高为 36.60m，即室内±0.000 相当于绝对标高 36.60m，房屋底层室内地面标高是根据房屋所在位置附近的标高并估算填挖土方量基本平衡而决定的。

5. 总平面图的识图要点

1）总平面图中的内容，多数是用符号表示的，看图之前要先熟悉图例符号的意义。

2）总平面图表现的工程性质，不但要看图，还要看文字说明。

3）查看总平面图的比例，以了解工程规模。一般常用比例是 1:500，1:1000，1:2000。

4）看清用地范围内新建、原有、拟建、拆除建筑物或构筑物的位置。新、旧道路布局，周围环境和建设地段内的地形、地貌情况。

5）查看新建建筑物的室内、外地面高差和道路标高，地面坡度及排水走向。

6）根据风向频率玫瑰图看清楚朝向。

7）图中尺寸是以坐标网形式表现的，还是一般表现形式，以便查看清楚建筑物或构筑物自身占地尺寸及相对距离。

8）总平面图中的各种管线要细致阅读，复杂的密如蛛网，管线上的窨井、检查井要看清编号和数目，要看清管径、中心距离、坡度、从何处引进到建筑物或构筑物，要看准具体位置。

9）绿化布置要看清楚哪是草坪、树丛、乔木、灌木、松墙等，是何树种花坛、小品、桌、凳、长椅、林荫小路、矮墙、栏杆等各种物体的具体尺寸、做法及建造要求和选材说明。

10）以上全部内容还要查清定位依据。由于总平面图内容多样、庞杂，需要仔细、认真阅读。

学习情境8
所用工程AR
模型

单元2 识读建筑平面图

一、建筑平面图的形成

1. 建筑平面图的形成与作用

假想用一个水平的剖切平面，沿门窗洞口的位置将房屋剖切开，移去剖切平面及其以上部分，作出剩余部分的水平投影，即为建筑平面图，简称平面图。

建筑平面图反映新建房屋的平面形状、房间大小、功能布局，墙、柱的位置、厚度和材料，门窗的类型和位置等情况。建筑平面图是施工放线、砌墙、安装门窗、室内外装修及编制预算等的重要依据，因此建筑平面图是建筑工程施工图中最基本的图样之一。

2. 建筑平面图的命名

一般来说，房屋有几层就应画出几个平面图，并分别以楼层命名。沿底层门窗洞口剖开得到的平面图称为底层平面图，又称首层平面图或一层平面图。沿二层门窗洞口剖切开得到的平面图称为二层平面图。在多层和高层建筑中，如果上下各层的房间数量、大小和布置等都相同时，就只需要画一个平面图作为代表层，称为标准层平面图。沿最上一层门窗洞口剖切开得到的平面图称为顶层平面图。将房屋直接从上向下进行投影得到的平面图称为屋顶平面图。因此，在多层和高层建筑中一般有底层平面图、标准层平面图、顶层平面图、屋顶平面图四个，其中除屋顶平面图外，其余的平面图实质上是剖面图。

二、建筑平面图的图示内容

1）图名、比例。

2）墙、柱、门窗位置及编号，房间的名称或编号。

3）纵横定位轴线及其编号。

4）尺寸标注和标高，以及某些坡度及其下坡方向的标注。

5）电梯、楼梯位置及楼梯的上下方向。

6）其他构配件如阳台、雨篷、管道井、雨水管、散水、花池等的位置、形状和尺寸。

7）卫生器具、水池、工作台等固定设施的布置等。

8）底层平面图中应表明剖面图的剖切符号（剖切位置线和投射方向线及其编号），表示房间朝向的指北针。

9）详图索引符号。

10）屋顶平面图主要表示屋顶的平面布置情况，如屋面排水组织形式、雨水管的位置以及水箱、上人孔等出屋面设施布置情况等。一般图示内容有女儿墙、檐沟、屋面坡度、分水线、变形缝、楼梯间、水箱间、天窗、上人孔、消防梯及其他构筑物、索引符号等。

三、建筑平面图的规定画法

1. 图线

平面图中被剖切的主要建筑构造采用粗实线，被剖切到的次要建筑构造采用中实线，没有被剖切到但是投射方向可以看到的建筑构造采用细实线或中实线。其他图例或符号的图线见相关规定。

平面图的规定
画法
（微课视频）

2. 比例

建筑物的平面图、立面图、剖面图的比例可选用 1：50、1：100、1：150、1：200、1：300。

3. 图例

建筑构造与配件图例见表 8-2。

表 8-2　建筑构造与配件图例

序号	名　称	图　例	说　明
1	墙体		1. 上图为外墙，下图为内墙 2. 外墙细线表示有保温层或有幕墙 3. 应加注文字或涂色或图案填充表示各种材料的墙体 4. 在各层平面图中防火墙宜着重以特殊图案填充表示
2	隔断		1. 加注文字或涂色或图案填充表示各种材料的轻质隔断 2. 适用于到顶与不到顶隔断
3	玻璃幕墙		幕墙龙骨是否表示由项目设计决定
4	栏杆		—
5	楼梯		1. 上图为顶层楼梯平面，中图为中间层楼梯平面，下图为底层楼梯平面 2. 需设置靠墙扶手或中间扶手时，应在图中表示

（续）

序号	名　称	图　例	说　明
6	坡道	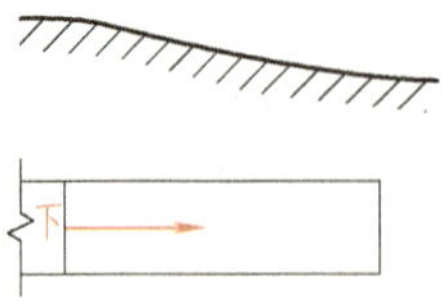	长坡道
		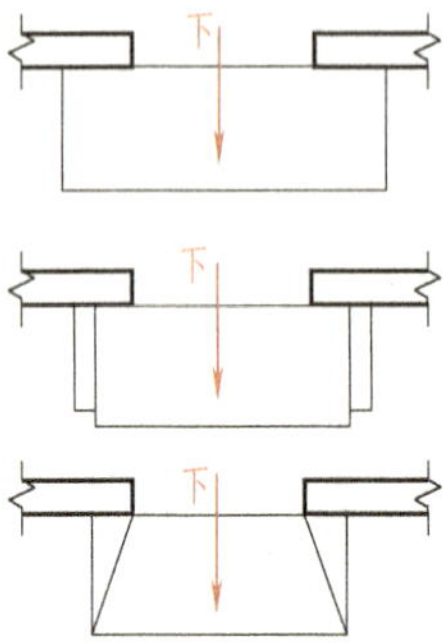	上图为两侧垂直的门口坡道,中图为有挡墙的门口坡道,下图为两侧找坡的门口坡道
7	台阶	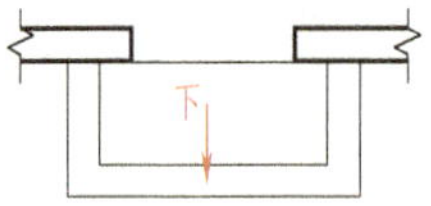	—
8	平面高差	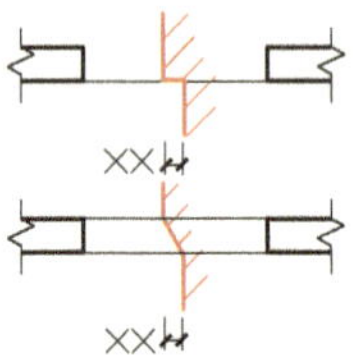 ×× ××	用于高差小的地面或楼面交接处,并应与门的开启方向协调
9	检查口		左图为可见检查口,右图为不可见检查口
10	孔洞		阴影部分可填充灰度或涂色代替
11	坑槽		—
12	墙预留洞、槽	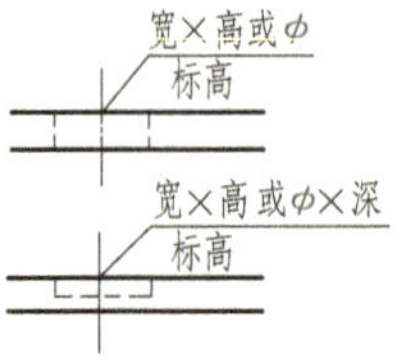 宽×高或φ 标高 宽×高或φ×深 标高	1. 上图为预留洞,下图为预留槽 2. 平面以洞(槽)中心定位 3. 标高以洞(槽)底或中心定位 4. 宜以涂色区别墙体和预留洞(槽)
13	地沟	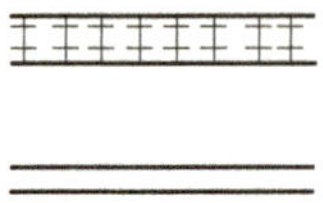	上图为有盖板地沟,下图为无盖板明沟

（续）

序号	名　称	图　例	说　明
14	烟道		1. 阴影部分可填充灰度或涂色代替 2. 烟道、风道与墙体为相同材料，其相接处墙身线应连通 3. 烟道、风道根据需要增加不同材料的内衬
15	风道		
16	新建的墙和窗		—
17	改建时保留的墙和窗		只更换窗，应加粗窗的轮廓线
18	拆除的墙		—
19	改建时在原有墙或楼板上新开的洞		

（续）

序号	名　称	图　例	说　明
20	在原有墙或楼板洞旁扩大的洞	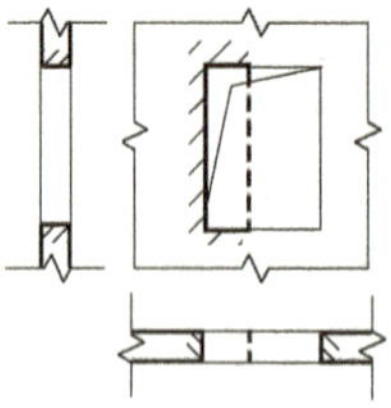	图示为洞口向左边扩大
21	在原有墙或楼板上全部填塞的洞	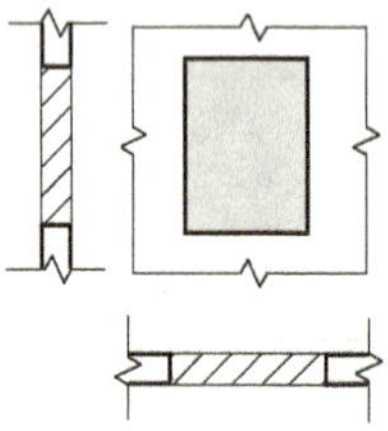	全部填塞的洞 图中立面充灰度或涂色
22	在原有墙或楼板上局部填塞的洞	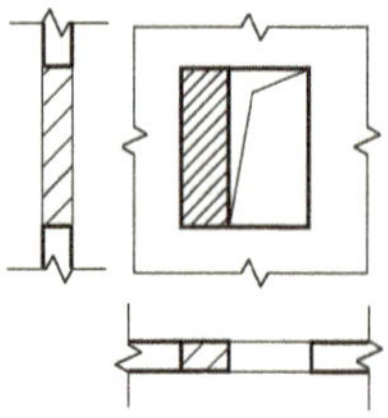	左侧为局部填塞的洞 图中立面充灰度或涂色
23	空门洞	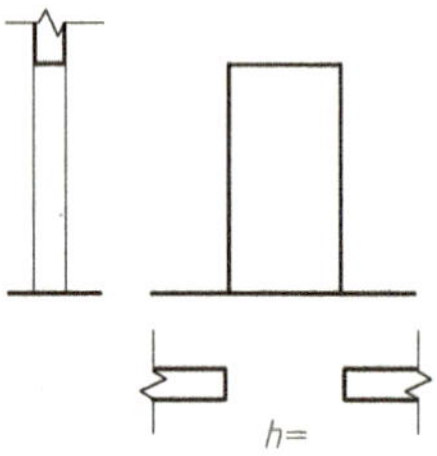	h 为门洞高度
24	单面开启单扇门（包括平开或单面弹簧） 双面开启单扇门（包括双面平开或双面弹簧）	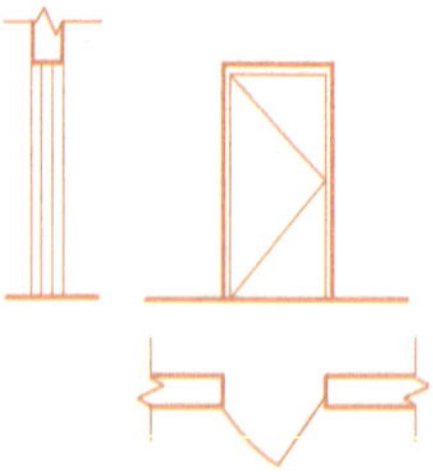	1. 门的名称代号用 M 表示 2. 平面图中，下为外，上为内。门开启线为90°、60°或45°，开启弧线宜绘出 3. 立面图中，开启线实线为外开，虚线为内开，开启线交角的一侧为安装合页一侧。开启线在建筑立面图中可不表示，在立面大样图中可根据需要绘出 4. 剖面图中，左为外，右为内 5. 附加纱扇应以文字说明，在平、立、剖面图中均不表示 6. 立面形式应按实际情况绘制

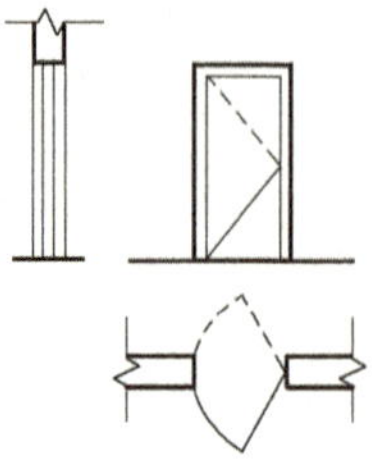

（续）

序号	名 称	图 例	说 明
24	双层单扇平开门	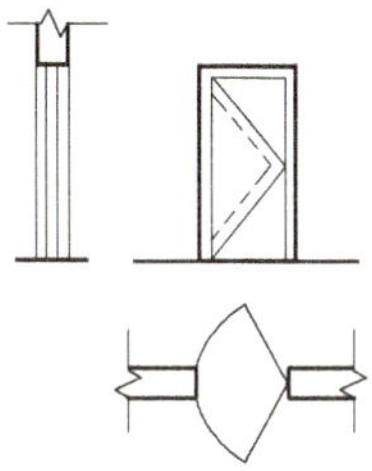	
25	单面开启双扇门（包括平开或单面弹簧）	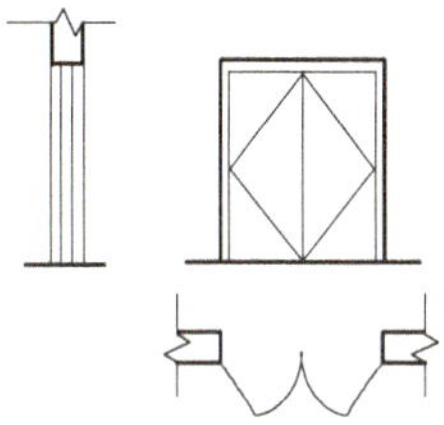	1. 门的名称代号用 M 表示 2. 平面图中，下为外，上为内。门开启线为90°、60°或45°，开启弧线宜绘出 3. 立面图中，开启线实线为外开，虚线为内开。开启线交角的一侧为安装合页一侧。开启线在建筑立面图中可不表示，在立面大样图中可根据需要绘出 4. 剖面图中，左为外，右为内 5. 附加纱扇应以文字说明，在平、立、剖面图中均不表示 6. 立面形式应按实际情况绘制
	双面开启双扇门（包括双面平开或双面弹簧）	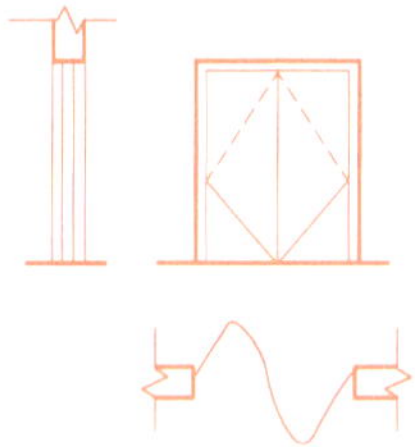	
	双层双扇平开门	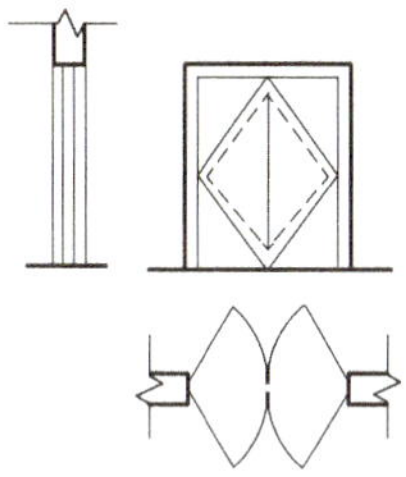	
26	折叠门	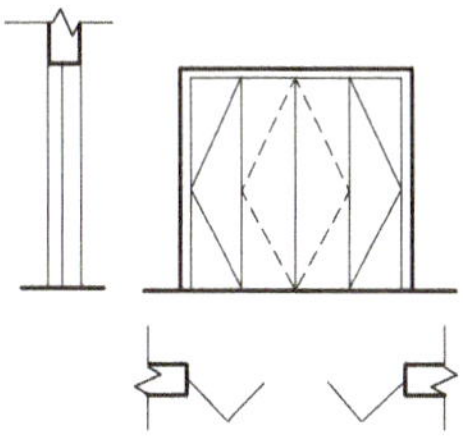	1. 门的名称代号用 M 表示 2. 平面图中，下为外，上为内 3. 立面图中，开启线实线为外开，虚线为内开。开启线交角的一侧为安装合页一侧 4. 剖面图中，左为外，右为内 5. 立面形式应按实际情况绘制
	推拉折叠门	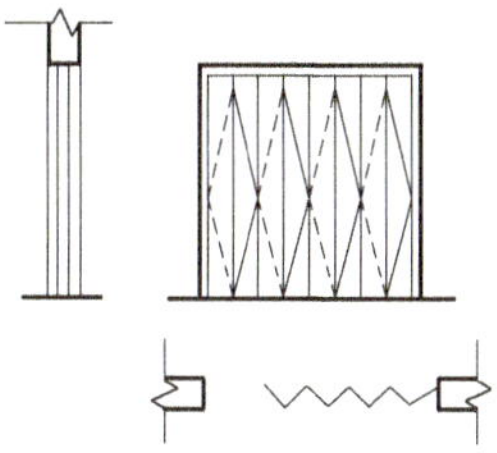	

（续）

序号	名　称	图　例	说　明
27	墙洞外单扇推拉门	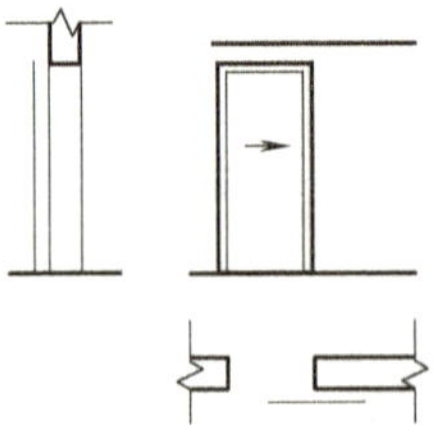	1. 门的名称代号用 M 表示 2. 平面图中，下为外，上为内 3. 剖面图中，左为外，右为内 4. 立面形式应按实际情况绘制
	墙洞外双扇推拉门	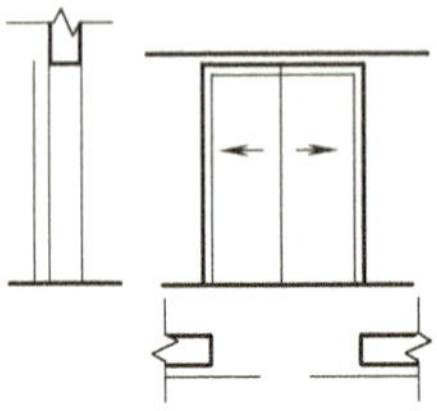	
	墙中单扇推拉门	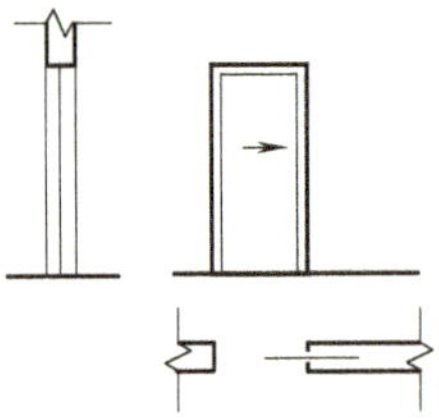	1. 门的名称代号用 M 表示 2. 立面形式应按实际情况绘制
	墙中双扇推拉门	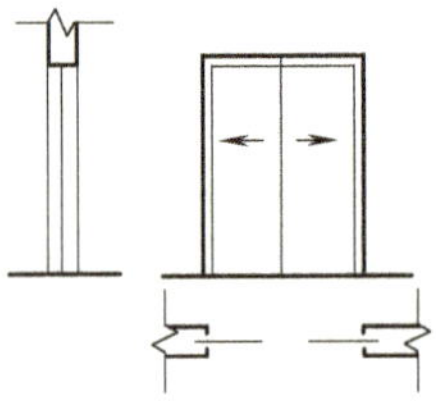	
28	推杠门	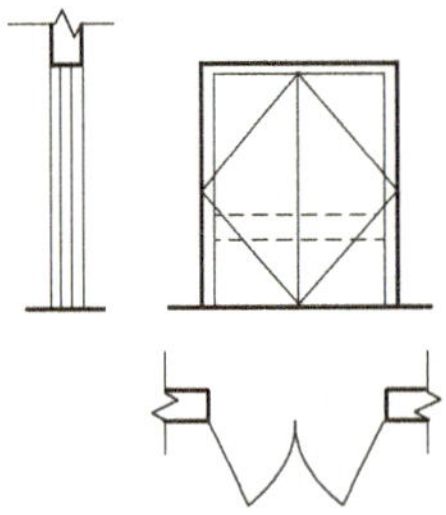	1. 门的名称代号用 M 表示 2. 平面图中，下为外，上为内。门开启线为90°、60°或45° 3. 立面图中，开启线实线为外开，虚线为内开。开启线交角的一侧为安装合页一侧。开启线在建筑立面图中可不表示，在室内设计门窗立面大样图中需绘出 4. 剖面图中，左为外，右为内 5. 立面形式应按实际情况绘制
29	门连窗	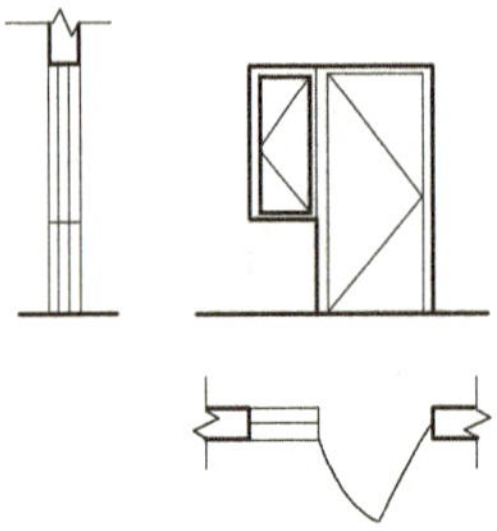	

（续）

序号	名　称	图　例	说　明
30	旋转门	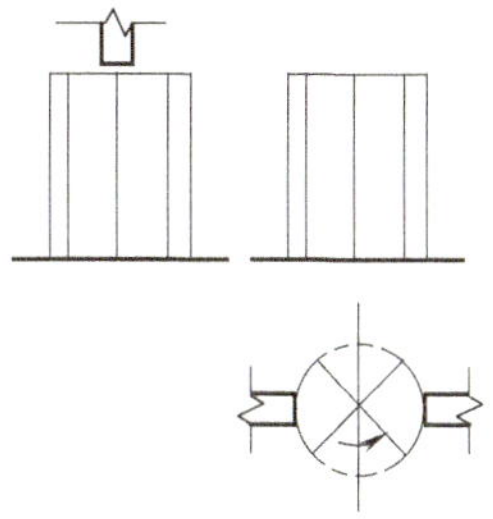	1. 门的名称代号用 M 表示 2. 立面形式应按实际情况绘制
	两翼智能旋转门	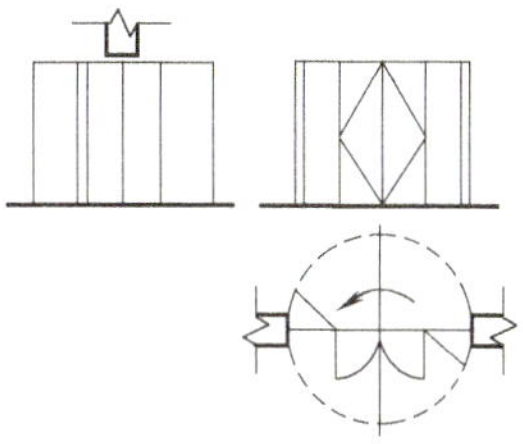	
31	自动门	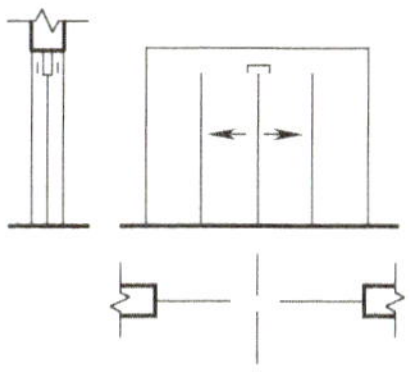	1. 门的名称代号用 M 表示 2. 立面形式应按实际情况绘制
32	折叠上翻门	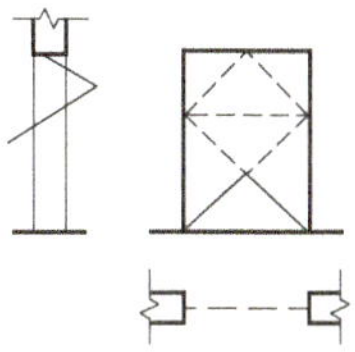	1. 门的名称代号用 M 表示 2. 平面图中，下为外，上为内 3. 剖面图中，左为外，右为内 4. 立面形式应按实际情况绘制
33	提升门	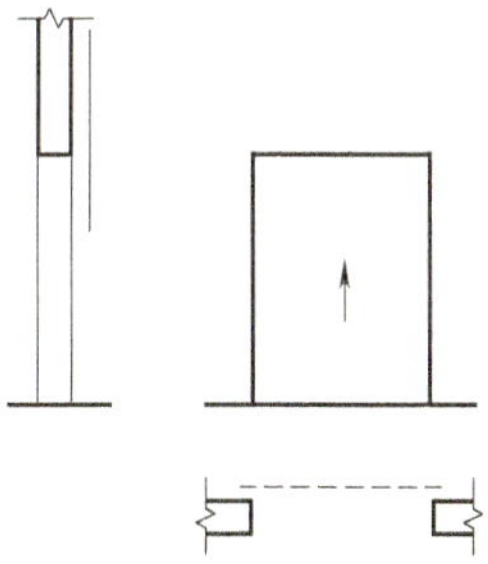	1. 门的名称代号用 M 表示 2. 立面形式应按实际情况绘制
34	分节提升门	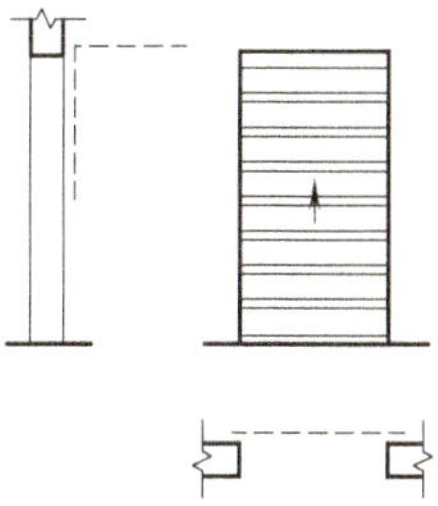	

（续）

序号	名　　称	图　　例	说　　明
35	人防单扇防护密闭门		
	人防单扇密闭门		1. 门的名称代号按人防要求表示 2. 立面形式应按实际情况绘制
36	人防双扇防护密闭门		
	人防双扇密闭门		
37	横向卷帘门		—

（续）

序号	名　　称	图　　例	说　　明
	竖向卷帘门	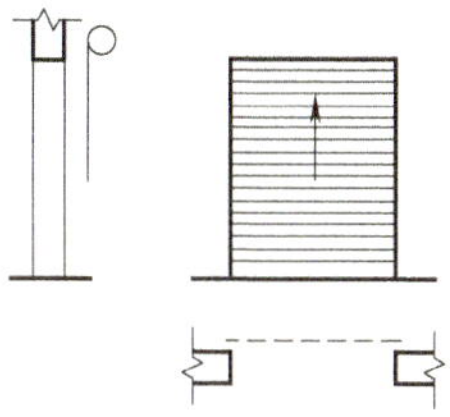	
37	单侧双层卷帘门	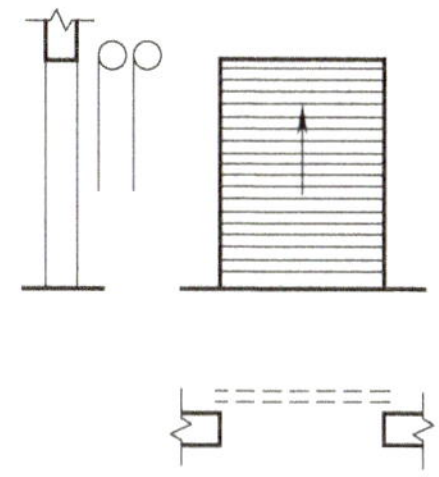	—
	双侧单层卷帘门	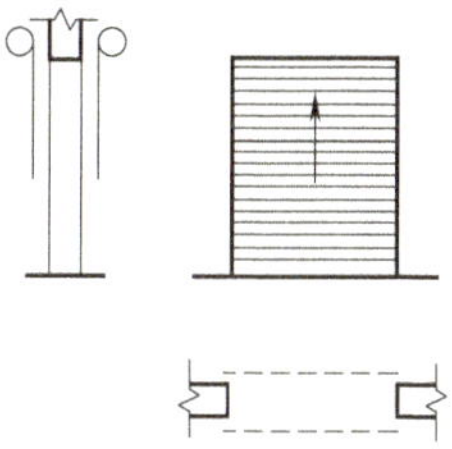	
38	固定窗	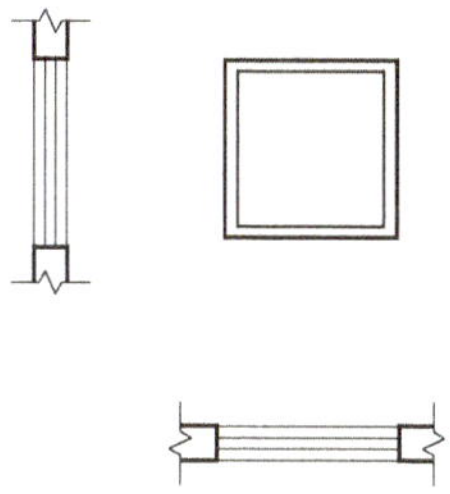	
39	上悬窗	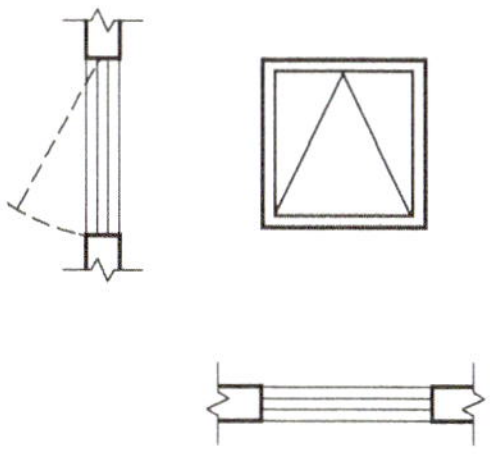	1. 窗的名称代号用 C 表示 2. 平面图中,下为外,上为内 3. 立面图中,开启线实线为外开,虚线为内开开启线交角的一侧为安装合页一侧。开启线在建筑立面图中可不表示,在门窗立面大样图中需绘出 4. 剖面图中,左为外,右为内。虚线仅表示开启方向,项目设计不表示 5. 附加纱窗应以文字说明,在平、立、剖面图中均不表示 6. 立面形式应按实际情况绘制
	中悬窗	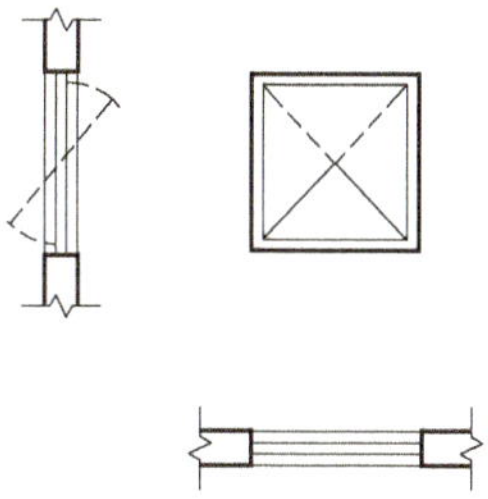	

（续）

序号	名　称	图　例	说　明
40	下悬窗	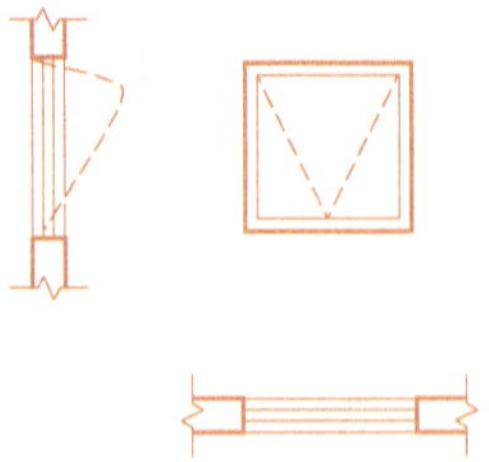	
41	立转窗	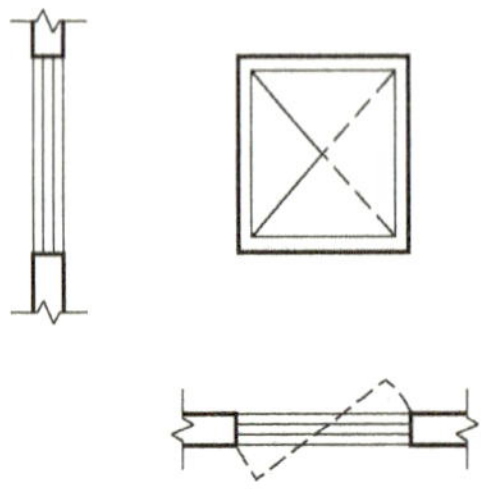	
42	内开平开内倾窗	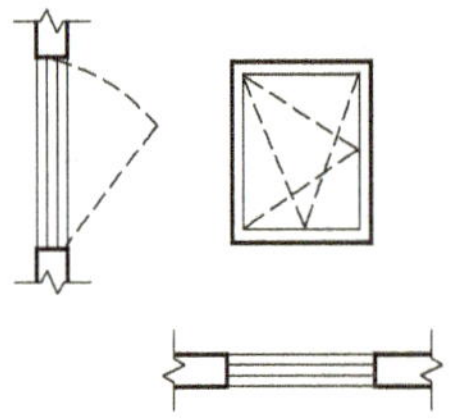	1. 窗的名称代号用 C 表示 2. 平面图中，下为外，上为内 3. 立面图中，开启线实线为外开，虚线为内开。开启线交角的一侧为安装合页一侧。开启线在建筑立面图中可不表示，在门窗立面大样图中需绘出 4. 剖面图中，左为外，右为内。虚线仅表示开启方向，项目设计不表示 5. 附加纱窗应以文字说明，在平、立、剖面图中均不表示 6. 立面形式应按实际情况绘制
	单层外开平开窗	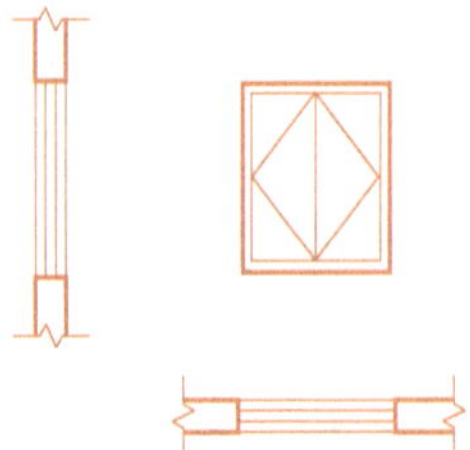	
43	单层内开平开窗	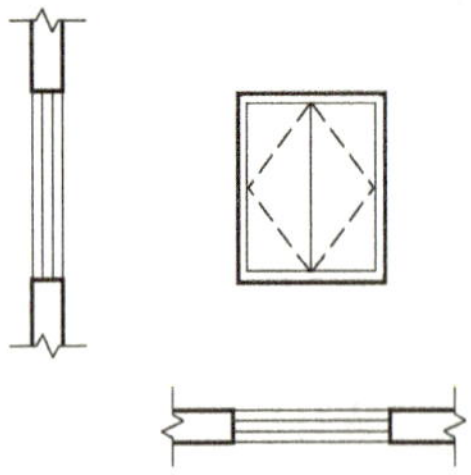	
	双层内外开平开窗	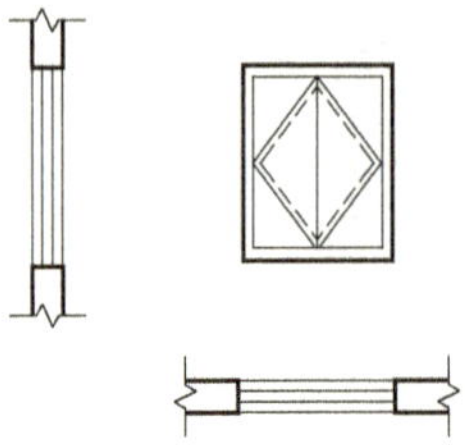	

（续）

序号	名　称	图　例	说　明
44	单层推拉窗		
	双层推拉窗	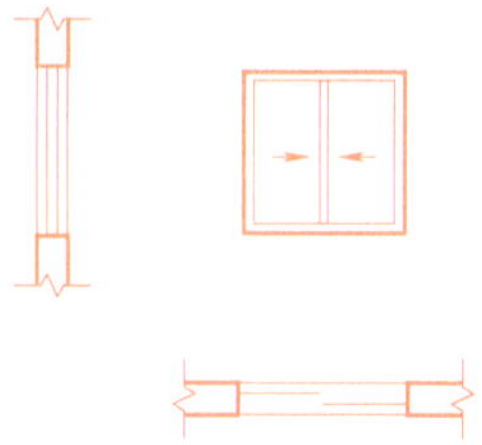	1. 窗的名称代号用 C 表示 2. 立面形式应按实际情况绘制
45	上推窗		
46	百叶窗		
47	高窗	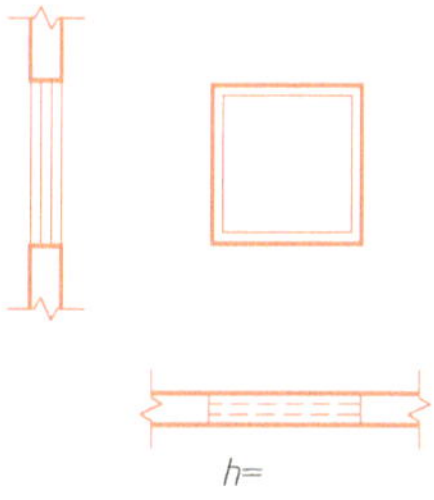 h=	1. 窗的名称代号用 C 表示 　2. 立面图中，开启线实线为外开，虚线为内开。开启线交角的一侧为安装合页一侧。开启线在建筑立面图中可不表示，在门窗立面大样图中需绘出 　3. 剖面图中，左为外，右为内 　4. 立面形式应按实际情况绘制 　5. h 表示高窗底距本层地面高度 　6. 高窗开启方式参考其他窗型

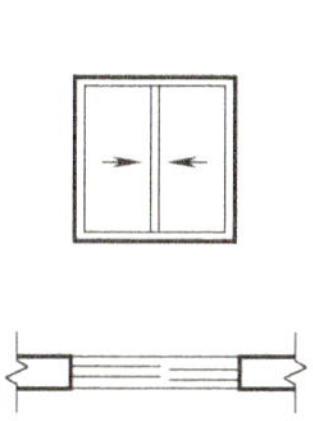

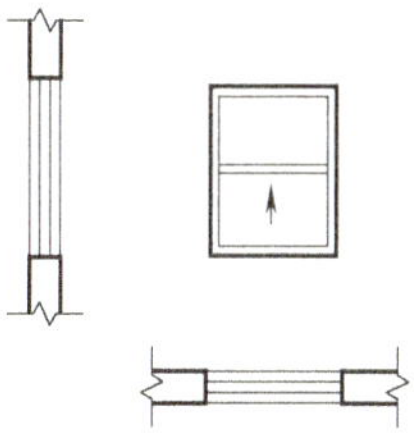

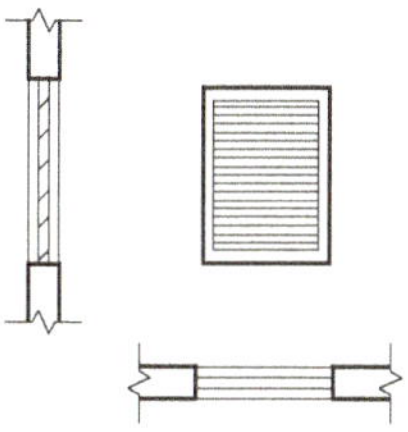

（续）

序号	名　　称	图　　例	说　　明
48	平推窗	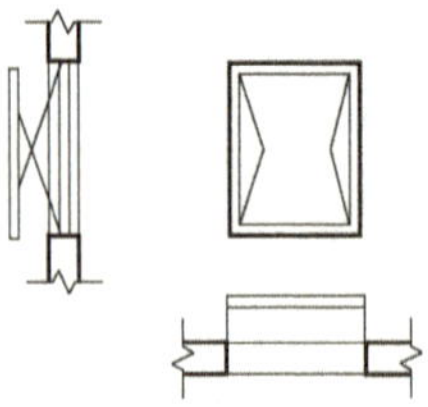	1. 窗的名称代号用 C 表示 2. 立面形式应按实际情况绘制
49	电梯	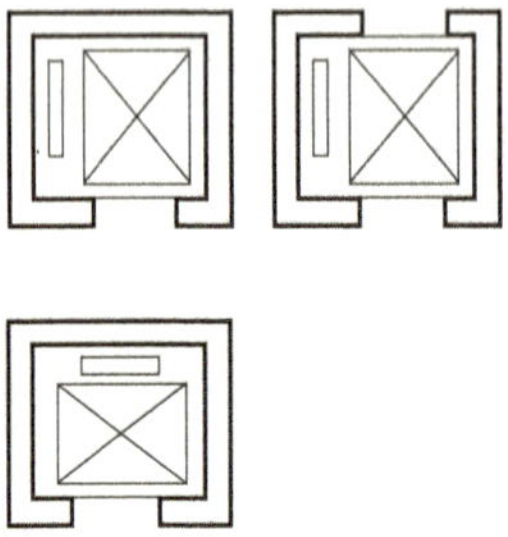	1. 电梯应注明类型，并按实际绘出门和平衡锤或导轨的位置 2. 其他类型电梯应参照本图例按实际情况绘制
50	杂物梯、食梯	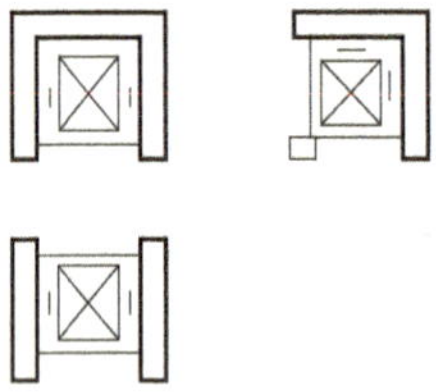	

4. 图幅

平面图的长边宜与横式幅面图纸的长边一致。

5. 平面图的布置

在同一张图纸上绘制多于一层的平面图时，各层平面图宜按层数的顺序从左至右或从下至上布置。

6. 投影方法

除顶棚平面图外，各种平面图应按正投影法绘制。顶棚平面图宜用镜像投影法绘制。

7. 平面图的分区

平面较大的建筑物，可分区绘制平面图，但应绘制组合示意图。各区宜采用阿拉伯数字或大写英文字母进行编号。在组合示意图中要提示的分区，应采用阴影线或填充的方式表示，如图 8-5 所示。

8. 编号

建筑物平面图宜注写房间的名称或编号。

9. 指北针

指北针应绘制在建筑物±0.00 标高的平面图上，并放在明显位置，所指的方向应与总图一致。

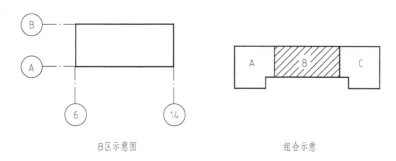

B区示意图　　　　　　　　　　组合示意

图 8-5　分区绘制建筑平面图

10. 不同比例的平面图、剖面图，其抹灰层、楼地面、材料图例的省略画法

1）比例大于 1∶50 的平、剖面图，应画出抹灰层与楼地面、屋面的面层线，并宜画出材料图例。

2）比例等于 1∶50 的平面图、剖面图，宜画出楼地面、屋面的面层线，抹灰层的面层线应根据需要而定。

3）比例小于 1∶50 的平、剖面图可不画抹灰层，但宜画出楼地面的面层线。

4）比例为 1∶200~1∶100 的平、剖面图，可画简化的材料图例（如砌体墙涂红、钢筋混凝土涂黑等），但宜画出楼地面、屋面的面层线。

5）比例小于 1∶200 的平面图、剖面图，可不画材料图例，剖面图的楼地面、屋面的面层线可不画出。

11. 尺寸标注

标注建筑平面图各部位的定位尺寸时，宜标注与其最邻近的轴线间的尺寸。

四、建筑平面图识读实例

如图 8-6 所示，为一住宅楼的底层平面图。

建筑平面图
识读实例
（微课视频）

1. 从图名了解该图

本图为底层平面图，比例为 1∶100。

2. 从底层平面图了解该图

在底层平面图外画有一个指北针，说明房屋的朝向。从图中的墙的分隔位置及房间的名称可知，该住宅楼为一梯两户，两户的户型相同，每户为三室两厅一卫，客厅及两个卧室为南向，而楼梯、餐厅、厨房、卫生间及一个卧室为北向，客厅、餐厅外分别设南北阳台。

3. 从定位轴线的编号及其间距了解该图

各承重构件的位置及房间的大小可从中看出。本图的横向轴线为①~⑮，纵向轴线为Ⓐ~Ⓕ，另在Ⓐ轴线之前有一条附加轴线⑭Ⓐ。

4. 从尺寸标注了解该图

通过尺寸可以了解到各房间的开间、进深、门窗等的大小和位置。图中的尺寸标注包括外部尺寸、内部尺寸、标高、坡度。

（1）外部尺寸　为便于读图和施工，一般在平面图的外部注写三道尺寸：

第一道尺寸：总尺寸。表示外轮廓的总尺寸，即从一端外墙边到另一端外墙边的总长和

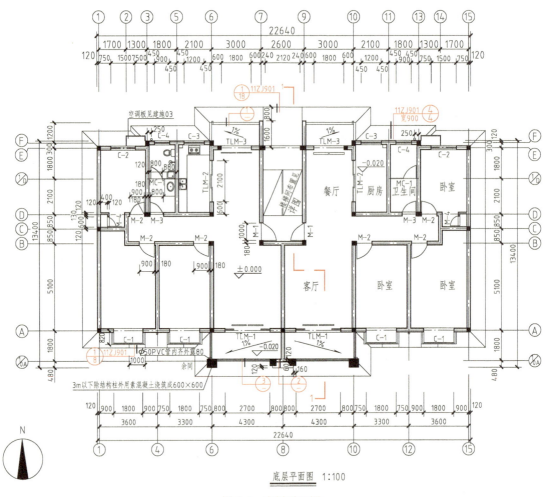

底层平面图 1:100

图 8-6 底层平面图

总宽尺寸。

第二道尺寸：定位尺寸。即定位轴线之间的尺寸，用以说明承重构件的位置及房间的开间和进深的尺寸。如客厅的开间为4300mm，进深为5100mm；楼梯间的开间为2600mm，进深为5600mm。

第三道尺寸：细部尺寸。标注外墙上门窗洞的宽度和位置、墙柱的大小和位置等。标注这道尺寸时应与定位轴线联系起来，如客厅通向阳台处的门为推拉门，门洞宽为2700mm，距两边的定位轴线均为800mm，居中设置。

标注建筑平面图各部位的定位尺寸时，应注写与其最邻近的轴线间的尺寸。

三道尺寸线之间应留有适当距离，一般为7~10mm，但第三道尺寸线距离图样最外轮廓线不宜小于10mm，以便于注写尺寸数字。

（2）**内部尺寸** 房间的净尺寸、室内的门窗洞、孔洞、墙厚、设备的大小与位置等，均在平面图内部就近标注，如厨房连通餐厅的推拉门，门洞宽为2100mm，距离⑩轴线600mm。

（3）**标高** 用相对标高标注地面的标高及高度有变化处的标高，如本层客厅等处地面标高为±0.000，而厨房等地面标高为−0.020m。

（4）坡度　如有坡道时应标注其坡度。在屋顶平面图上，应标注屋面的坡度。

其他各层平面图的尺寸，除标注出轴线间尺寸、总尺寸、标高外，其余与底层平面图相同的细部尺寸亦可省略。

5. 从门窗的图例及编号了解该图

通过门窗的图例及编号可了解门窗的类型、数量及其位置。如南向的卧室外设飘窗 C-1，北向的卧室设 C-2，客厅、餐厅、厨房处设推拉门，而其他房间设平开门等，可结合门窗表，了解门窗编号、名称、尺寸、数量及所选标准图集编号等内容。至于门窗的具体做法，则要查看门窗的构造详图。

6. 其他

如楼梯、隔墙、壁柜、空调板、卫生设备、台阶、花池、散水、雨水管等的配置和位置情况。标注相关的索引符号、文字说明等。在底层平面图中，还应画出剖面图的剖切符号。

其他各层平面图如图 8-7～图 8-10 所示，请同学们自行对照阅读。

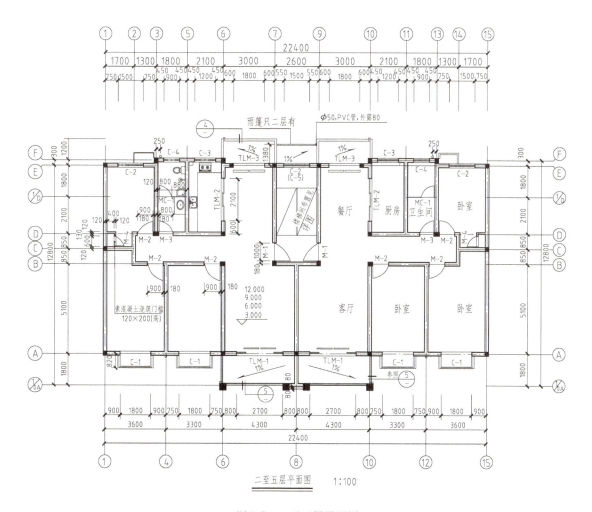

二至五层平面图　1:100

图 8-7　二至五层平面图

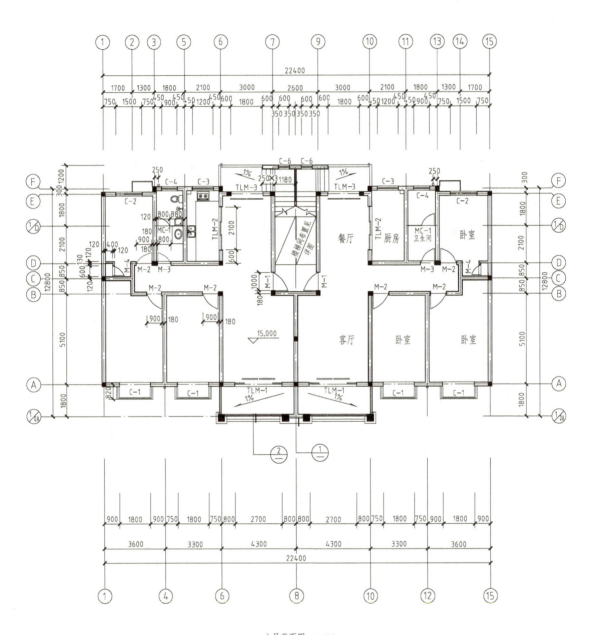

六层平面图 1:100

图 8-8　六层平面图

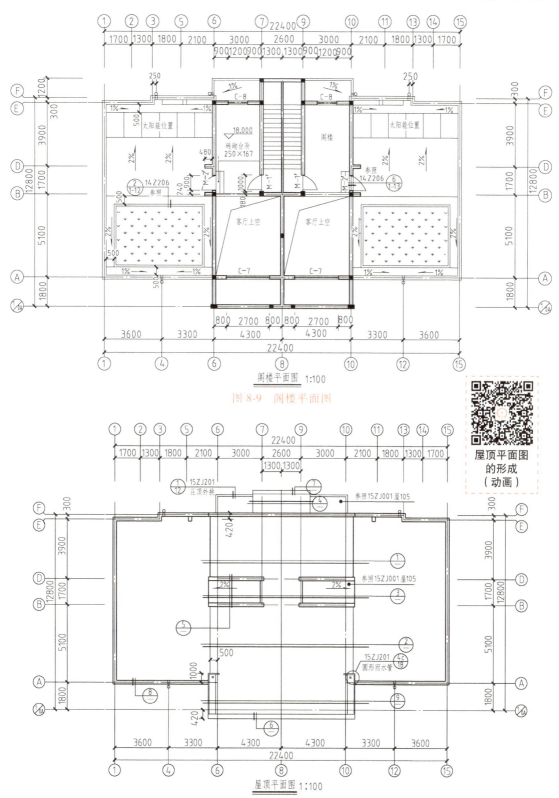

图 8-9 阁楼平面图

屋顶平面图
的形成
（动画）

图 8-10 屋顶平面图

单元3 识读建筑立面图

一、建筑立面图的形成

1. 建筑立面图的形成与作用

一般建筑都有前后左右四个面，为表示建筑物外墙面的特征，在与建筑立面平行的投影面上所作出的房屋的正投影图称为建筑立面图，简称立面图。

建筑立面图表达了建筑物的造型、外貌、高度和立面装饰装修做法，是建筑工程施工图中最基本图样之一。

2. 建筑立面图的命名

立面图的命名方式有以下两种方式：

（1）根据朝向命名 立面朝向哪个方向就称为某向立面图，如朝北，称为北立面图。

（2）根据两端定位轴线编号来命名 如①~⑩立面图、Ⓐ~Ⓕ立面图。一般有定位轴线的建筑物，宜根据两端定位轴线号编注立面图名称。

施工图中这两种命名方式都可以，但每套施工图只能采用其中一种命名方式。

二、建筑立面图的图示内容

1）表明建筑物的外部形状，主要有室外地坪线、房屋的勒脚、台阶、花池、门窗、雨篷、阳台、室外楼梯、墙柱、檐口、屋顶、雨水管等。

2）注明外墙各主要部分的标高。如室外地面、台阶顶面、窗台、窗洞顶、阳台、雨篷、檐口女儿墙顶及楼梯间屋顶等的标高。

3）注明建筑物两端的定位轴线及编号。

4）另画详图的部位用详图索引符号。

5）表明立面上门窗的位置、外形及开启方向（用图例表示）。

6）用文字说明或索引符号说明外墙面的装修材料及做法。

7）表明外墙面的风格。

三、建筑立面图的规定画法

1）建筑立面图的外轮廓线采用粗实线，建筑构配件的轮廓线，如门窗洞、阳台、檐口、雨篷、花池等的轮廓线采用中实线，门窗扇、栏杆、墙面分格线、图例线、引出线等采用细实线，一般室外地坪线采用特粗实线，使立面图层次分明、重点突出、外形清晰。

2）建筑立面图应包括投射方向可见的建筑外轮廓线和墙面线脚、构配件、墙面做法及必要的尺寸标高等。

3）平面形状曲折的建筑物，可绘制展开立面图，圆形或多边形平面的建筑物，可分段展开绘制立面图。但均应在图名后加注"展开"二字。

4）较简单的对称式建筑物或对称的构配件等，在不影响构造处理和施工的情况下，立面图可绘制一半，并在对称轴线处画对称符号。

5）在建筑立面图上，相同的门窗、阳台、外檐装修、构造作法等可在局部重点表示，绘出其完整图形，其余部分只画轮廓线。

6）在建筑立面图上，外墙表面分格线应表示清楚。应用文字说明各部位所用面材及色彩。

7）有定位轴线的建筑物，宜根据两端定位轴线号编注立面图名称，无定位轴线的建筑物，可按平面图各面的朝向确定名称。

四、建筑立面图识读实例

如图 8-11 所示，以 ① ~ ⑮ 立面图为例，说明立面图的内容及其阅读方法。

建筑立面图
识读实例
（微课视频）

① ~ ⑮ 立面图 1:100　　说明:除注明外均为白色立邦漆

图 8-11　① ~ ⑮ 立面图

① ~ ⑮ 立面图
（动画）

1）从图名可知该图为①~⑮立面图，亦是南立面图，比例与平面图相同，均为1：100。

2）从图中可以看出该建筑物的整个外貌形状，六层、顶层带阁楼，具有欧陆风格的外观处理，屋顶中部有山花，还可了解到门窗、阳台、线脚、柱、屋顶、檐部处理、雨水管等细部的形式和位置。

3）从图中所标注的标高及尺寸标注，知室外地坪比室内首层地面低0.750m，最高处为山花21.500m，建筑高度为22.25m，以及飘窗窗洞的高度为1800mm，窗台高600mm等。

4）从图中的文字说明，可以了解该住宅楼的外墙面装修做法，如六层墙面为白色立邦漆，二~五层为橘红色立邦漆，而底层墙面为灰色面砖，将立面处理为竖向三段式。

其他各立面图如图8-12、图8-13所示，请同学们对照阅读。

⑮~① 立面图 1:100

说明:除注明外均为白色立邦漆

图 8-12 ⑮~① 立面图

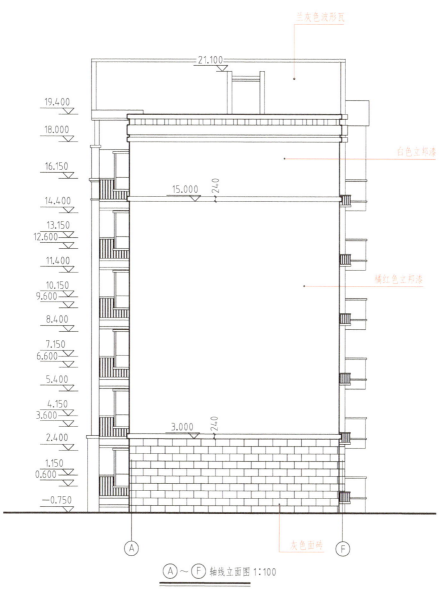

兰灰色波形瓦

21.100

19.400

18.000

16.150

15.000   240

14.400

13.150
12.600

11.400

10.150
9.600

8.400

7.150
6.600

5.400

4.150
3.600

3.000   240

2.400

1.150
0.600

−0.750

白色立邦漆

橘红色立邦漆

灰色面砖

Ⓐ   Ⓕ

Ⓐ～Ⓕ轴线立面图 1:100

图 8-13　Ⓐ～Ⓕ轴线立面图

单元4　识读建筑剖面图

一、建筑剖面图的形成

1. 建筑剖面图的概念

假想用一个或多个垂直于外墙轴线的铅垂剖切面，将房屋剖开，所得的正投影图，称为建筑剖面图，简称剖面图。

2. 剖面图剖切位置的选择

剖面图的数量及剖切位置根据建筑自身的复杂程度决定，一般选在平面图不易表达清楚并较为复杂的部位，如楼梯间等。剖面图的图名应与底层平面图上的剖切符号相一致。

3. 剖面图的用途

剖面图用来表示房屋内部的结构或构造形式、分层情况和各部位的联系，材料及其内部垂直方向的高度，是与建筑平面图、立面图相互配合的不可缺少的基本图样之一。

二、建筑剖面图的图示内容

1）表明被剖切到的墙、柱、门窗洞口及其所属定位轴线。

2）表明室内底层地面、各层楼面、屋顶、门窗、楼梯、阳台、雨篷、防潮层、踢脚板、室外地面、散水、明沟及室内外装修等剖切到的或可见的内容。

3）标高和高度方向的尺寸。

标高：应标注出室内外地面、各层楼面、楼梯平台、门窗、雨篷、台阶、檐口、女儿墙顶面等的标高。

外部尺寸：门窗洞口高度、层间高度、总高度。

内部尺寸：内墙体上门窗的高度，内部设施的定位和定型尺寸。

楼地面、屋顶各层的构造。一般用引出线说明楼地面、屋顶的构造做法，如果另画详图或已有说明，则在剖面图中用索引符号引出说明。剖面图中没法说明的内容用文字说明。

三、建筑剖面图的规定画法

1）剖面图中被剖切的主要建筑构造的轮廓线采用粗实线，被剖切的次要建筑构造的轮廓线采用中实线，没有剖切到但投影方向可看到的建筑构造的轮廓线采用中实线，次要的图形线、门窗图例、引出线等采用细实线。

2）相邻的立面图或剖面图宜绘制在同一水平线上，图内相互有关的尺寸及标高，宜标注在同一竖线上。

建筑剖面图
识读实例
（微课视频）

四、建筑剖面图识读实例

如图 8-14 所示，以 1—1 剖面图为例，说明剖面图的内容及阅读方法。

1）将 1—1 剖面图的图名及轴线编号与底层平面图上的剖切符号相对照，可知 1—1 剖面图是一个阶梯剖面，剖切平面分别通过楼梯间、客厅及客厅阳台，剖切后向左进行投影所得的横向剖面图。

2）从图中可知，该住宅楼为六层，顶层局部为挑空两层高度。

3）从图中可以看出该剖面图的剖切情况。该剖面图剖到 A、B、E 轴线，其中 A 轴线墙包含门的图例，B 轴线为砖墙，E 轴线墙包含底层门洞及上部窗的图例。剖到室内外地面、各层楼板、屋顶、休息平台、雨篷。楼梯为两跑楼梯，其中每层向上的第一跑为剖切到的，第二跑为看到的。剖面图中除画出剖切到的建筑构造、构配件外，还画出了看到的餐厅处阳台、楼梯平台处分户门、楼梯栏杆扶手等。

4）了解各部位的尺寸标注及标高。主要标注各层楼地面、楼梯平台处标高，阳台处标高，楼梯及台阶的步数及高度等。

5）索引符号。如雨篷的详细构造做法见本页①详图，楼梯栏杆扶手见标准图集 11ZJ401。

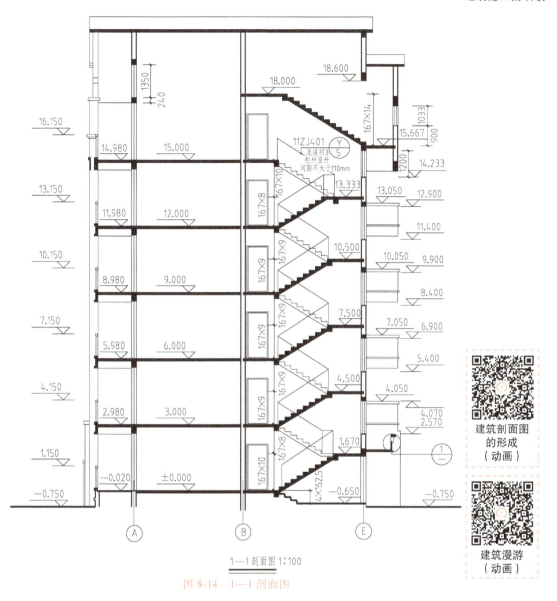

1—1剖面图 1:100

图8-14   1—1剖面图

建筑剖面图
的形成
（动画）

建筑漫游
（动画）

单元5   识读建筑详图

 生活与识图

    建筑的平、立、剖面图表达建筑的平面布置、外部形状和主要尺寸，但因反映的内容多、比例小，对建筑的细部构造难以表达清楚；为了满足施工与预算的要求，对建筑物的细部构造按正投影的原理，用较大的比例详细地表达出来，这种图称为建筑详图，也叫大样图。详图的特点是比例大，反映的内容详尽，将工程的细部构造、形状、大小、材料、做法等一一表达清楚，并严格编制索引符号，以便查阅；常用的比例有1:50、1:20、1:10、1:5、1:2、1:1等。

一、建筑详图的主要内容

建筑平面图、立面图、剖面图反映了房屋的全貌，但由于所用比例较小，对细部构造或构配件不能表达清楚，所以通常对房屋的细部构造或构配件用较大的比例将其形状、大小、材料和做法，按正投影图的画法，详细地表示出来。这样的图样称为建筑详图，简称详图。

详图数量的选择，与房屋的复杂程度及平面图、立面图、剖面图的内容及比例有关。需要绘制的详图一般有外墙身、楼梯、厨房、卫生间、阳台、门窗等。详图的图示方法，按细部构造和构配件的具体特征和复杂程度而定。有时，只需一个剖面详图就能表达清楚（如墙身），有时还需另加平面详图（如楼梯间、卫生间等）或立面详图（如门窗等），有时还要另加轴测图作为辅助表达。

有些细部构造或构配件的做法选用标准图，则可不在施工图中绘制，而是画出索引符号，注明所选用的标准图集号和图集页数、详图编号。

详图应具备如下的特点：

1）比例较大。一般建筑详图可取以下的比例：1∶1、1∶2、1∶5、1∶10、1∶15、1∶20、1∶25、1∶30、1∶50。

2）图示详尽清楚。

3）尺寸标注齐全。

下面仅对常见的墙身节点详图及楼梯详图进行介绍。

二、识读墙身节点详图

墙身节点详图是表达外墙身重点部位构造做法的详图，它表达了与外墙身相接处屋面、楼层、地面和檐口的构造、楼板与墙的连接、门窗顶、窗台、勒脚、散水等处构造情况，是墙身施工的重要依据。

外墙墙身详图
识读
（微课视频）

墙身详图通常用1∶20的比例画出，多层房屋中，当各层的情况一样时，可只画底层、顶层或加一个中间层来表示。画图时，往往在窗洞中间处断开，成为几个节点详图的组合。也可不画整个墙身的详图，而是把各个节点的详图分别单独绘制。详图的线型要求与剖面图一样。

现以本学习情境实例某住宅楼施工图中的墙身节点详图为例说明墙身节点详图的内容，具体如图8-15所示。

1）墙身节点详图中应表明墙身与轴线的关系。根据墙身节点详图中的定位轴线编号可知该详图适用于 E 轴线的墙身。

2）图8-15由3个节点组成，分别表示了墙身的构造做法，与该墙身相接处的室内外地面、楼面、屋面的构造及其与墙身的关系。

3）从勒脚、明沟详图中可以看到外墙装饰装修做法，墙身的防潮，勒脚、明沟、室内地面的做法。勒脚高度自室外整平地面算起为450mm。勒脚应选用防水和耐久性较好的粉刷材料粉成。离室内地面下60mm的墙身中设有60mm厚的钢筋混凝土防潮层，以防止土壤中的水分从基础墙上升而侵蚀上面的墙身。此外，在勒脚、明沟详图中还表明了室内地面层和踢脚的做法。

4）从窗台节点详图中可知窗台、楼面构造做法、楼板层与墙身的关系。窗台节点详

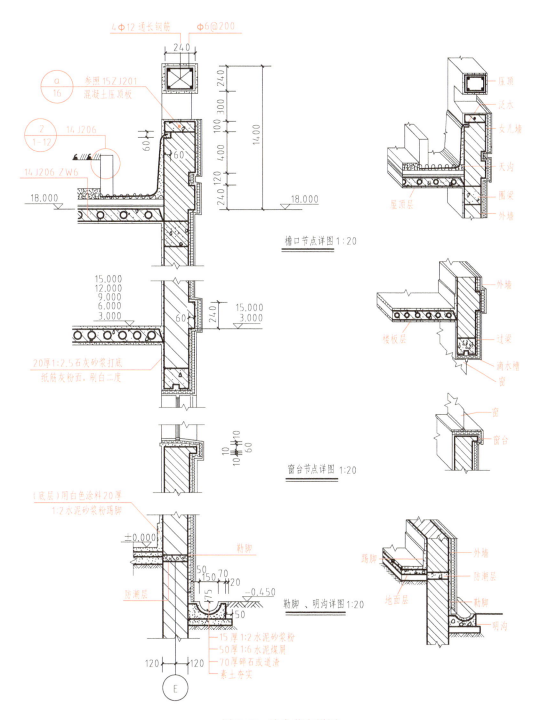

图 8-15　墙身节点详图

表明了窗顶钢筋混凝土过梁的做法。在过梁底的外侧应粉出滴水槽（或滴水斜口），使外墙面上的雨水直接滴到有斜坡的窗台上。在窗台节点详图中还表明了楼面层的做法及其分层情况的说明，表明了砖砌窗台的做法。除了窗台底面也同样做出滴水槽口（或滴水斜口）外，窗台面的外侧还应向外粉成一定的斜坡，以利排水。

5）从窗台节点详图中可知楼板的类型、楼板与墙身的关系。此处楼板为钢筋混凝土楼板，支撑于梁上，板面抹灰，完成面标高分别为 3.000m、6.000m、9.000m、12.000m 和 15.000m，表示二至六层做法相同，此处为省略画法。墙身外侧标高为 3.000m、15.000m 处局部突出 60mm 厚、240mm 高，为外墙面装饰腰线。

6）从檐口节点详图中可知外墙檐部的做法、屋面的构造做法。从檐口节点详图中可知，该屋顶先铺设 120mm 厚的预应力钢筋混凝土空心板，然后在板上做保温层、防水层等各屋面层次，该屋面为上人种植屋面（详见屋面图集）。屋面防水层的"收头"嵌固在女儿墙内 60mm×60mm 的凹槽（即泛水做法）。

7）墙身采用外墙外保温的构造做法，以满足国家的相关节能要求。外墙外侧有 60mm 厚挤塑聚苯乙烯泡沫塑料板（简称挤塑聚苯板）作为保温材料。

外墙剖面节点详图中还应说明内、外墙各部位墙面粉刷的用料、做法和颜色。

墙身节点详图中所标注的尺寸主要是墙身与轴线的关系、明沟的宽度及做法、窗洞的标高和高度、室内外地坪的标高等。

观察与思考

读图 8-15，参考上面的实例并回答：楼板和地面材料及构造做法如何？

三、识读楼梯详图

楼梯是房屋中上下交通的设施，是房屋的重要组成部分之一。楼梯一般由楼梯段（简称梯段）、休息平台和栏杆（栏板）、扶手组成。图 8-16 为住宅楼楼梯示意图。

楼梯的构造一般较复杂，需要画详图表示。楼梯详图主要表示楼梯的类型、结构形式、各部位的尺寸及装饰装修做法等，是楼梯施工的主要依据。

楼梯详图一般包括平面图、剖面图及踏步、栏杆详图等，并尽可能画在同一张图纸内。平面图、剖面图比例宜一致，以便对照阅读，踏步、栏杆等详图比例要大些，以便表达清楚其构造。

楼梯详图一般分建筑详图与结构详图，分别绘制，并分别编入建施和结施中。

这里以最常用的双跑楼梯为例，介绍楼梯详图的内容及其图示方法，如图 8-17 所示。

1. 楼梯平面图

一般每一层楼都要画楼梯平面图。三层以上的房屋，当中间各层的楼梯位置及其梯段数、踏步数和大小都完全相同时，通常只画出底层、中间层、顶层三个楼梯平面图就可以了。

楼梯平面图是在该层往上的第一个梯段（休息平台下）的任一位置处用水平的剖切平面剖切向下进行投影所得到的，如图 8-18 所示。

首先表示楼梯间，标注出其墙（或柱）的定位轴线，以方便查询该楼梯在房屋中的位置。

各层被剖切到的梯段处，按建筑制图标准规定，均在平面图中以一根 45°折断线表示。在梯段上画出箭头，表示从该层的楼层平台上（下）到上一层（下一层）所需要的踏步数，并标明"上"或者"下"字样。表示从该层楼层平台的上下方向及上（下）到上（下）一层所需要的踏步数。楼梯平面图上，梯段上的每一分格表示梯段的一个踏面。因梯段最高一

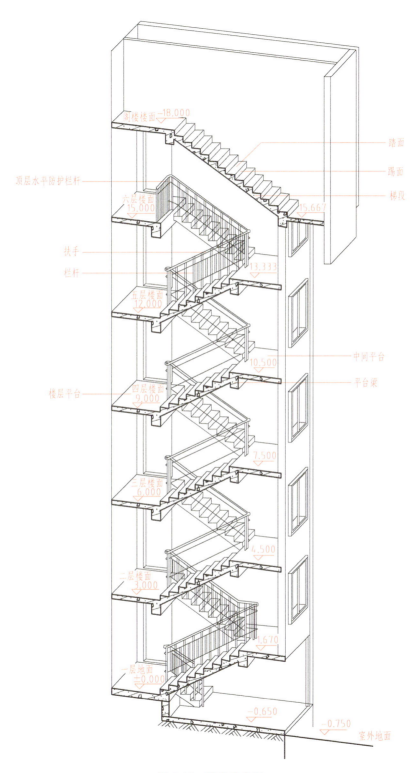

踏面

踢面

梯段

顶层水平防护栏杆

六层楼面 15.000

15.667

扶手

栏杆

13.333

五层楼面 12.000

10.500

中间平台

四层楼面 9.000

平台梁

楼层平台

7.500

三层楼面 6.000

4.500

二层楼面 3.000

阁楼楼面 18.000

1.670

一层地面 0.000

-0.650

-0.750

室外地面

图 8-16　楼梯示意图

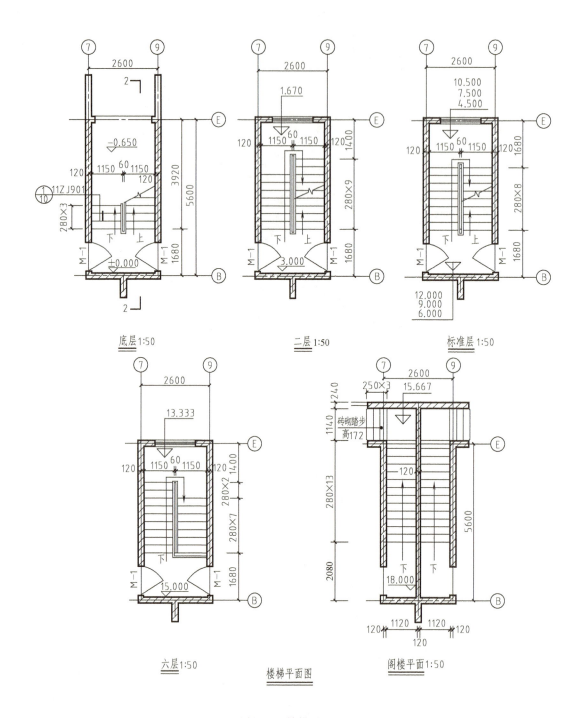

图 8-17　楼梯平面图

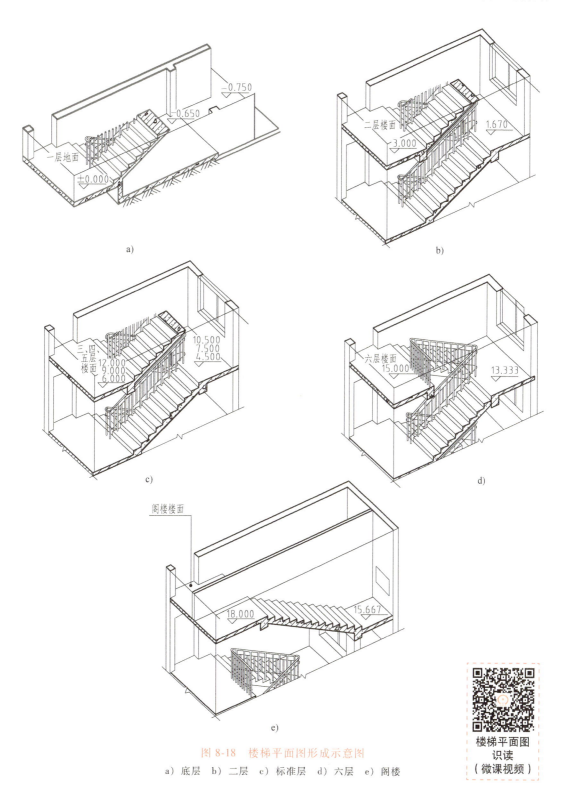

图 8-18　楼梯平面图形成示意图

a) 底层　b) 二层　c) 标准层　d) 六层　e) 阁楼

楼梯平面图
识读
（微课视频）

级的踏面与楼梯平台面重合，所以平面图中每一梯段的踏面数，总是比踏步数少一个。如标准层楼梯平面图中各梯段均为8个踏面，则实际各梯段均有9个踏步。

读图时，要区分各层楼梯平面图，掌握各层楼梯平面图不同的特点。底层楼梯平面图有一个被剖切的梯段及栏杆，还有分别注有"上""下"字的长箭头（注意：有的楼梯底层平面图中包含有台阶）；顶层平面图由于剖切平面在安全栏板之上，在图中画有两段完整的梯段和楼梯平台，在楼层平台处只有一个注有"下"字的长箭头；中间层平面图既画出被剖切的往上走的梯段（画有"上"字的长箭头），又画出从该层往下走的完整的梯段（画有"下"字的长箭头）、楼梯平台以及平台往下的梯段。

在楼梯底层平面图中还应画出楼梯剖面图的剖切符号。

楼梯平面图中还应标注如下尺寸：楼梯间的开间和进深尺寸、楼梯平台的宽度、梯段的宽度、梯井的宽度、楼地面和平台的标高，以及其他细部尺寸。通常把梯段长度尺寸与踏面数、踏面宽的尺寸合并写在一起。如标准层平面图中的梯段，长280mm×8 = 2240mm，有8个踏面，每个踏面的宽度为280mm，梯段总长为2240mm；楼层平台和中间平台的宽度均为（1680-120）mm = 1560mm；梯段的宽度为1150mm；梯井的宽度为60mm。

2. 楼梯剖面图

假想用一铅垂面通过各层的一个梯段和门窗洞将楼梯剖开，向另一个未剖到的梯段方向投影，所得到的剖面图就是楼梯剖面图。楼梯剖面图能表达出房屋的层数、梯段段数、踏步数、楼梯的形式及结构。

在多层或高层建筑中，当中间各层的楼梯构造相同时，相同的部分可以省略，可只画出底层、标准层和顶层剖面，中间用折断线分开。当楼梯间的屋面没有特殊之处，一般不在楼梯剖面图中表示，可用折断线省略，如有特殊需要，可按实际情况表达。楼梯剖面图中的图线用法同建筑剖面图。

图8-19所示为住宅楼的楼梯剖面图，其剖切位置从图8-17中查出。该住宅共六层，中间相同的楼层采用折断线省略。一至六层为双跑楼梯（10个梯段），阁楼为直跑楼梯（1个梯段），所以楼梯共有11个梯段。其中每层的第一个梯段为剖到的梯段，第二个梯段为投影可见的梯段，通往阁楼的梯段为剖到的梯段。此外，还应画出投影可见的内容，如入户门、阳台、栏杆及扶手等。

剖面图中一般应标注出各梯段的步数及每步的高度、楼梯平台的标高。如通往二层的楼梯第一个梯段10步、第二个梯段8步，通往三层的楼梯两个梯段均为9步，每步的高度均为167mm。梯段高度尺寸应同楼梯平面图中相对应，但需注意在高度尺寸中注的是踏步数，而不是踏面数（两者相差为1）。其他尺寸标注及标高请同学们自行阅读。

该剖面图中的索引符号 $\frac{11ZJ401}{及说明3}\left(\frac{Y}{5}\right)$，表示楼梯栏杆扶手的详细构造做法见中南地区工程建设标准设计建筑图集《楼梯栏杆》11ZJ401的第5页Ⓨ做法，如图8-20所示。Ⓨ做法为有梯裙。楼梯栏杆为钢筋栏杆，造型见楼梯栏杆立面，扶手高900，顶层水平防护扶手高1050。栏杆与梯段连接做法见本页②Ⓨ详图，栏杆与扶手连接做法见本页①详图。说明3中扶手选用第37页②详图，如图8-21所示，为木扶手，断面形状尺寸见图示。扶手起步做法如图8-22所示；防滑选用第39页①详图，如图8-23所示，为1:1水泥金钢砂或铁屑水泥，断面形状、尺寸及位置见图示。

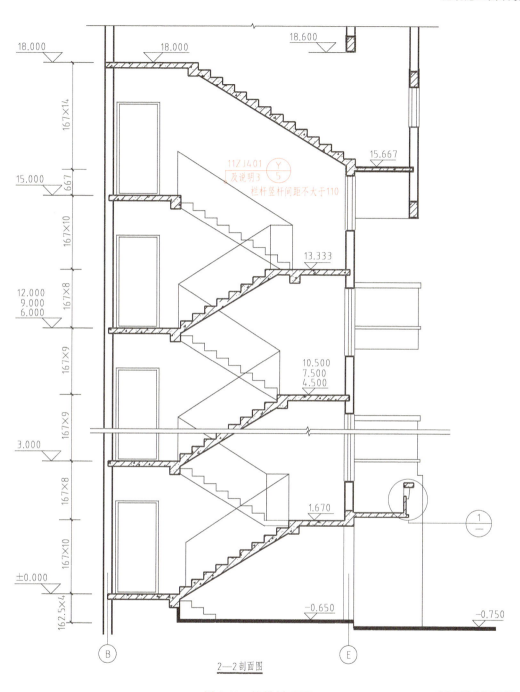

2—2 剖面图

图 8-19　楼梯剖面图

楼梯剖面图
识读
（微课视频）

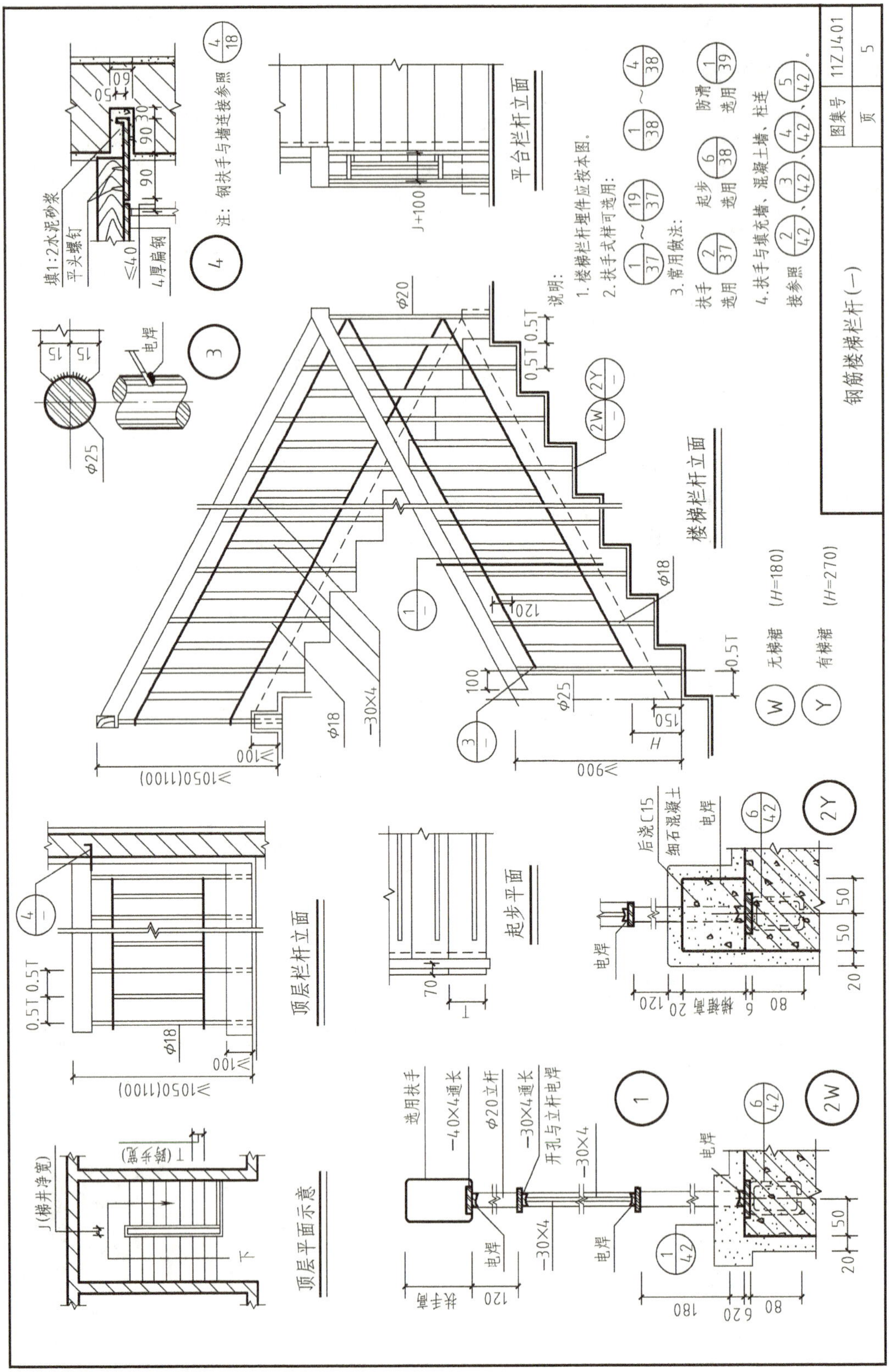

钢筋楼梯栏杆(一)
图集号 11ZJ401
页 5
说明：
1. 楼梯栏杆埋件应按本图。
2. 扶手式样可选用：1/37～19/37、1/38～4/38
3. 常用做法：
扶手选用 2/37 起步选用 6/38 防滑选用 1/39
4. 扶手与填充墙、混凝土墙、柱连接参照 2/42、3/42、4/42、5/42。
注：钢扶手与墙连接参照 4/18
填1:2水泥砂浆
平头螺钉
4厚扁钢
平台栏杆立面
楼梯栏杆立面
顶层栏杆立面
起步平面
顶层平面示意
J(梯井净宽)
J+100
W 无梯裙 (H=180)
Y 有梯裙 (H=270)
≥1050(1100)
≥900
-30×4
-40×4通长
φ20立杆
-30×4通长
开孔与立杆电焊
选用扶手
电焊
后浇C15 细石混凝土
φ18
φ20
φ25

图 8-20 钢筋楼梯栏杆

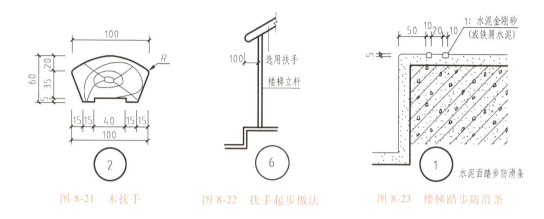

图 8-21　木扶手　　　　图 8-22　扶手起步做法　　　　图 8-23　楼梯踏步防滑条

单元6　绘制建筑施工图

通过前面的学习，学生基本上掌握了建筑施工图的内容、图示原理与方法，但还必须学会绘制施工图，才能把设计意图和内容正确地表达出来，并使我们进一步认识建筑构造，提高读图能力。在绘图过程中，要求投影正确，表达清楚，尺寸齐全，字体工整，图面整洁美观。

一、建筑平面图的画法步骤

以底层平面图为例说明一般建筑平面图的画法步骤，如图 8-24 所示。

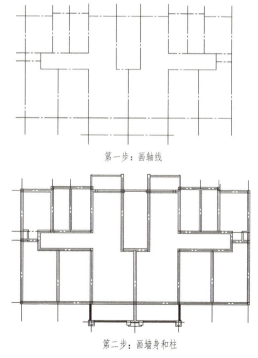

第一步：画轴线

第二步：画墙身和柱

图 8-24　建筑平面图的画法步骤

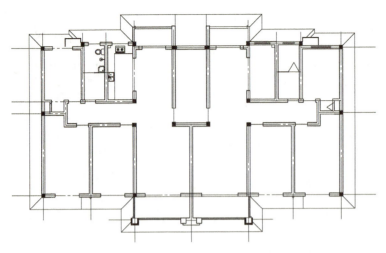

第三步：定门窗位置，画细部（如凸窗台、楼梯、台阶、散水、卫生间等）

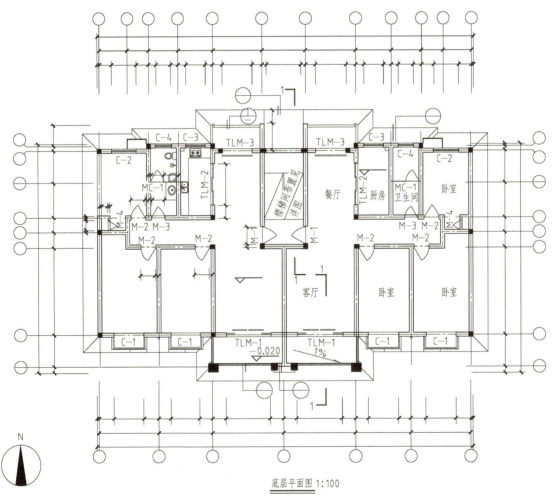

底层平面图 1:100

第四步：经过检查无误后，擦去多余的作图线，按施工图的要求区分图线，标注尺寸、文字、相关符号、比例等

图8-24 建筑平面图的画法步骤（续）

二、建筑立面图的画法步骤

一般建筑立面图的画法步骤如图 8-25 所示。

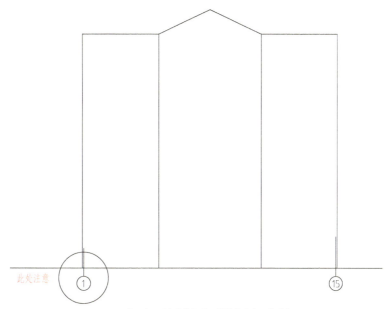

第一步：画室外地坪线、外墙轮廓线、屋顶线

第二步：定门窗位置、画细部（如檐口、门窗洞、窗台、雨篷、阳台等）

图 8-25　建筑立面图的画法步骤

11ZJ901

①~⑮立面图 1:100

说明：除注明外均为白色立邦漆

灰色面砖　　橘红色立邦漆

第三步：画窗扇、装饰、墙面分格线，描线，区分图线，标注

图 8-25　建筑立面图的画法步骤（续）

三、建筑剖面图的画法步骤

一般建筑剖面图的画法步骤如图 8-26 所示。

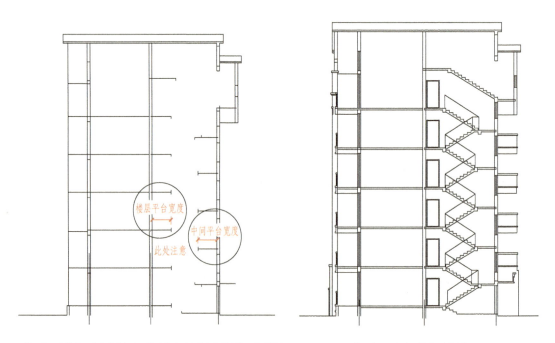

第一步：定轴线、室内外地坪线、楼面线（平台线）和屋顶线，并画墙身　　　　第二步：画门窗、楼梯、梁板等

图 8-26　建筑剖面图的画法步骤

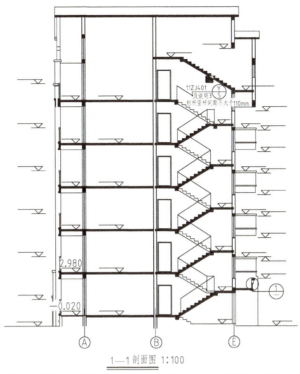

1—1 剖面图 1:100

第三步：按建筑施工图的要求，区分图线，标注尺寸、文字、相关符号、比例等

图 8-26　建筑剖面图的画法步骤（续）

四、楼梯详图的画法步骤

1. 楼梯平面图的画法

以楼梯标准层平面图为例，其画法步骤如图 8-27 所示。

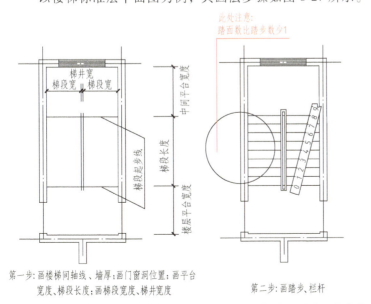
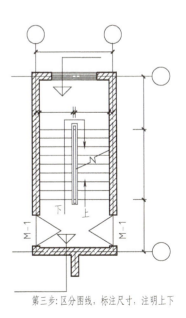

第一步：画楼梯间轴线、墙厚；画门窗洞位置；画平台　　第二步：画踏步、栏杆　　第三步：区分图线，标注尺寸，注明上下
宽度，梯段长度；画梯段宽度、梯井宽度

图 8-27　楼梯平面图的画法步骤

楼梯间轴线→墙（柱）、门窗洞→平台宽度、梯段宽→踏步→栏杆、箭头、尺寸标注、区分图线。

2. 楼梯剖面图的画法

楼梯剖面图的画法步骤如图 8-28 所示。

楼梯间轴线→墙（柱）→楼地面、楼梯平台高度、宽度→踏步→梁、板、栏杆、门窗、阳台等尺寸标注、区分图线。

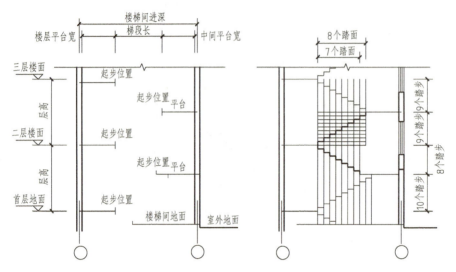

第一步：画楼梯间轴线、画墙厚，画室内外地面线、楼层平台、中间平台线（注意其高度及宽度）

第二步：画踏步位置（宜采用等分平行线的方法绘制）

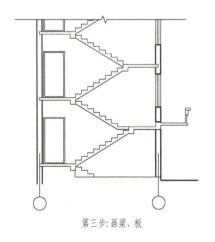
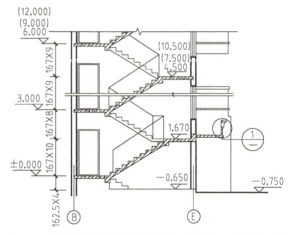

第三步：画梁、板

第四步：画可见构配件（门窗、阳台、栏杆）、区分图线，画材料图例，标注

图 8-28 楼梯剖面图的画法步骤

五、注意事项

1. 进行合理的图面布置

图面包括图样、图名、尺寸标注、文字说明及表格等。图面布置应主次分明，排列均匀紧凑，表达清晰。在图纸大小许可的情况下，尽量保持各图之间的投影关系，或将同类型

的、内容关系密切的图样，集中在一张或顺序连续的图纸上，以便对照查阅。若画在同一张图纸内时，平、立、剖面图应按照"三等关系"进行布图。

2. 绘制建筑施工图的顺序

绘制建筑施工图一般是按照平面→立面→剖面→详图的顺序来进行的。为保证图面的整洁，绘图时，应先用较硬的铅笔轻轻地画出底稿线。底稿画完，经检查无误后，再按要求区分图线、标注尺寸、注写图名等。在画底稿时，注意将相等的尺寸一次量出，以提高画图的效率。区分图线时，同一类型的图线尽量一次完成。一般习惯的顺序是：先画水平线（各条水平线应按从上到下的顺序），后画铅垂线或斜线（从左到右）；先画图，后注写尺寸和文字说明。

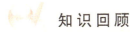 知 识 回 顾

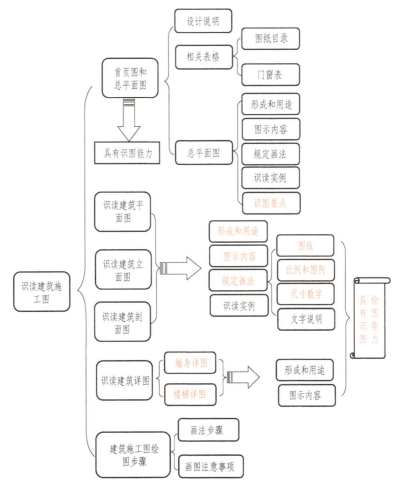

 练一练

1. 建筑施工图通常包含哪些图样？

2. 建筑总平面图主要表达什么内容？在总平面图中，新建建筑物怎么表示？如何确定新建建筑物的位置？

3. 说明建筑平面图的形成以及建筑平面图的主要图示内容。

4. 建筑平面图中标注了哪些尺寸？

5. 建筑立面图的命名方法有哪些？建筑立面图有哪些图示内容？

6. 建筑剖面图通常选择什么部位剖切？建筑剖面图有哪些图示内容？

7. 建筑详图具有哪些特点？

8. 采用实测方法，绘制出你所在的教学楼或宿舍楼的楼梯详图。

9. 建筑平、立、剖面图之间有什么联系？在阅读建筑施工图时应注意什么？

学习情境9

装配式混凝土建筑施工图识读

学习要求

主要内容	知识目标	能力目标	素养目标
装配式混凝土建筑概述	知道装配式混凝土的概念	掌握装配式建筑的分类和结构体系	1. 培养认真细致、一丝不苟的工作作风 2. 能正确识读建筑施工图，并能理论联系实际，获得成就感，提高学习乐趣 3. 努力成为与时俱进的新型人才，认知建筑技术发展趋势
预制构件及其连接构造	1. 了解装配式混凝土预制构件的分类 2. 了解预制构件的设计要求	能识读预制构件详图	
装配式混凝土建筑施工图	1. 了解装配式混凝土建筑总平面图的内容 2. 了解装配式混凝土建筑施工图建筑设计说明的内容 3. 理解建筑平面图 4. 理解建筑立面图和立面详图 5. 理解剖面图 6. 理解楼、电梯平面详图及剖面图	1. 能识读建筑平面图 2. 能识读立面图及立面详图 3. 能识读建筑剖面图 4. 能识读构件尺寸控制图	

课前阅读

我国建筑业数字化、网络化、智能化已取得突破性进展，具有世界顶尖水准的超级工程也接踵落地和建成，如：标志中国工程"速度"和"密度"的"四纵四横"高铁工程；标志中国工程"精度"和"跨度"的中国桥梁工程；代表中国工程"高度"的上海中心大厦等。中国建筑业正不断迭代升级，"中国制造"于世界顶尖水准中不断涌现。习近平总书记指出，实现中国梦必须弘扬中国精神。这就是以爱国主义为核心的民族精神，以改革创新为核心的时代精神。这种精神是凝心聚力的兴国之魂、强国之魄。让我们弘扬中国精神，凝聚中国力量，朝气蓬勃地迈向未来。

装配式建筑是近年来国家大力推广的一种建筑形式，依据结构材料的不同，分为装配式混凝土结构、装配式钢结构和装配式木结构。我国现阶段装配式混凝土建筑建设量最大，简称 PC 建筑。

单元1　装配式混凝土建筑概述

一、装配式混凝土建筑概念

装配式混凝土建筑是指工厂生产的预制部品、部件通过各种可靠的连接在施工现场装配而成的建筑。该类建筑既具有工业化水平高、建造速度快、受气候条件制约小，可节约劳动力、减少工地扬尘和减少建筑垃圾，节能节材、保护环境等优点，又可以提高建筑质量和生产效率，降低成本，有效实现"四节一环保"的绿色发展要求。目前，我国建筑业和其他行业一样在进行工业化技术改造，预制装配式混凝土建筑在我国的应用呈上升趋势。

二、装配式混凝土建筑分类

装配式混凝土建筑根据装配化程度的高低可以分为全装配式混凝土结构和装配整体式混凝土结构两大类。全装配式混凝土结构建筑一般为低层或抗震设防要求较低的多层建筑；装配整体式混凝土结构应用最为广泛，其结构由预制混凝土构件通过可靠的方式进行连接并与现场后浇混凝土、水泥基灌浆料形成整体的装配式混凝土结构，简称装配整体式结构。该建筑物的特点是：施工速度快，利于冬期施工，生产效率高，产品质量好，减少了物料损耗。

三、装配式混凝土结构体系

装配式混凝土建筑的结构体系与现浇结构类似，我国现行规范按照结构体系将预制装配式混凝土结构分为装配整体式框架结构、装配整体式剪力墙结构、装配整体式框架—现浇剪力墙结构、装配整体式框架—现浇核心筒结构等，此外，预制外挂墙板体系是装配式建筑外墙的重要形式。

1. 装配整体式框架结构

装配整体式框架结构全部或者部分的框架梁、柱及其他构件在预制构件厂制作好后，运输至现场进行安装，再进行节点区及其他结构后浇混凝土的浇筑，形成装配式混凝土框架结构。

装配整体式框架结构的预制构件类型可分为以下几种：预制柱、预制梁、预制楼梯、预制楼板、预制外挂墙板等。根据国内外多年的研究成果，在地震区的装配整体式框架结构，当采取了可靠的节点连接方式和合理的构造措施后，其性能可等同于现浇混凝土框架结构，并采用和现浇结构相同的方法进行结构分析和设计。

2. 装配整体式剪力墙结构

装配整体式剪力墙结构部分或全部预制剪力墙板在预制构件厂制作好后，运输至现场进行安装，再进行节点区及其他结构部位后浇混凝土的浇筑，形成装配式混凝土剪力墙结构，一般与桁架钢筋混凝土叠合板配合使用。

目前我国装配式混凝土建筑的主要结构形式是预制装配式剪力墙结构体系，除规范、图集推荐使用的预制混凝土剪力墙外墙板（三明治式保温外墙板）和预制混凝土剪力墙内墙板外，还有双面叠合混凝土剪力墙结构、单面叠合混凝土剪力墙等形式。

3. 装配整体式框架—现浇剪力墙结构

装配整体式框架—现浇剪力墙结构是由装配整体式框架与现浇混凝土剪力墙组成的装配整体式混凝土结构。

4. 装配整体式框架—现浇核心筒结构

装配整体式框架—现浇核心筒结构是由装配整体式框架与现浇混凝土核心筒组成的装配整体式混凝土结构。

5. 预制外挂墙板体系

安装在主体结构上，起围护、装饰作用的非承重预制混凝土外墙板称为预制外挂墙板，简称外墙板，如图9-1所示。预制外挂混凝土墙板被广泛应用于混凝土或钢结构的框架结构中。一般情况下预制外挂墙板作为非结构构件可起围护、装饰、外保温的作用。建筑外挂墙板饰面种类可分为面砖饰面外挂板、石材饰面外挂板、清水混凝土饰面外挂板、彩色混凝土饰面外挂板等。

图 9-1　预制外挂墙板体系

a）钢结构外挂墙板　b）外挂墙板建筑

由于预制外挂墙板有设计美观、施工环保、造型变化灵活等优点，已经在欧美国家得到了很好的应用与发展。近年来，随着我国装配式建筑快速发展，预制外挂板的应用也愈加广泛。预制外挂墙板可以达到多种高质量的建筑外观效果，例如：石灰岩、花岗岩或砖砌体的复杂纹理和外轮廓以及仿石材等，而这些效果如果在现场采用传统的方法施工制作是非常昂贵的。预制外挂墙板被用于各种建筑物的外墙，如公寓、办公室、商业建筑和教育、文化设施等。

单元 2　装配式混凝土结构的预制构件及其连接构造

预制混凝土构件指在工厂或现场预先制作的混凝土构件，简称预制构件。如图 9-2 所

图 9-2　装配式混凝土预制构件

a）预制柱　b）预制梁（叠合梁）　c）预制楼板（叠合板）　d）预制外墙板
e）预制内墙板　f）预制楼梯　g）预制阳台板

示，装配式混凝土预制构件可分为竖向构件（柱、外墙板、内墙板）、水平构件（叠合梁、叠合板、预制楼梯）和附属构件（阳台板、空调板、女儿墙、外挂墙板等）。

一、预制构件的设计要求

预制构件在设计时，对持久设计状况，应进行承载力、变形、裂缝控制验算；对地震设计状况，应进行承载力验算。此外，应特别注意预制构件在短暂设计状况下的承载能力的验算，对预制构件在脱模、翻转、起吊、运输、堆放、安装等生产和施工过程中的安全性进行分析，因为在制作、施工、安装阶段的荷载、受力状态和计算模式经常与使用阶段不同，预制构件的混凝土强度在此阶段也未达到设计强度，许多预制构件的截面及配筋设计，不是由使用阶段的设计计算起控制作用，而是这一阶段的设计计算起控制作用。

预制梁、预制柱构件因节点区钢筋布置空间的需要，保护层往往较大，当保护层大于50mm时，宜对钢筋的混凝土保护层采取有效的构造措施，如增设钢筋网片，以控制混凝土保护层的裂缝及防止在受力过程中剥离脱落。

二、预制构件的预埋件

为便于预制构件脱模、吊装、临时支撑，预制构件常设计预埋件，主要包括用于固定连接件的预埋件、预埋吊件和临时支撑用预埋件，各类预埋件不宜兼用；当兼用时，应同时满足各种设计工况要求。预制构件中外露预埋件凹入构件表面的深度不宜小于10mm，以便于进行封闭处理。为了达到节约材料、方便施工、吊装可靠的目的，并避免外露金属件的锈蚀，预制构件的吊装方式宜优先采用内埋式螺母、内埋式吊杆或预留吊装孔。这些部件及配套的专用吊具等所采用的材料，应根据相应的产品标准和应用技术规程选用。预制构件的吊环应采用未经冷加工的HPB300级钢筋制作。内埋式螺母是装配式混凝土常用的一种预埋件，可用于固定连接件、构件吊装和临时支撑，内埋式螺母由螺栓套筒和穿过套筒的钢筋组成，如图9-3所示。内埋式吊杆和预埋吊环也是常用的预埋吊件，如图9-4所示。

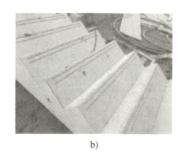

a)　　　　　　　　　　　　b)　　　　　　　　　　　　c)

图9-3　预埋螺栓套筒与预埋式吊杆

a) 预埋螺栓套筒　b) 预制楼梯上的螺栓套筒　c) 用于楼梯吊装

三、预制构件详图

预制构件详图一般包括模板图和配筋图，表达内容包括预制构件的具体尺寸和配筋方式、数量、细部构造、预埋件位置及数量等基本信息。某框架梁模板图与配筋图如图9-5所示。

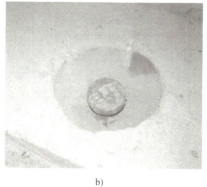

a)　　　　　　　　　b)　　　　　　　　　c)

图 9-4　内埋式吊杆与预埋吊环

a）内埋式吊杆　b）吊杆安装　c）吊环

预埋件表			
编号	功能	图例	个数
S2	脱模、吊装、运输预埋件	🔩◎	2

钢筋表					
钢筋类型	钢筋编号	钢筋加工尺寸	钢筋下料长度	钢筋数量	备注
纵筋	①	600　5290　600	6490	3⏀25	端部锥直板螺纹
	②	5210	5210	6⏀10	
箍筋	③	610　260	1897	37⏀8	
拉筋	④	272	444	42Φ6	

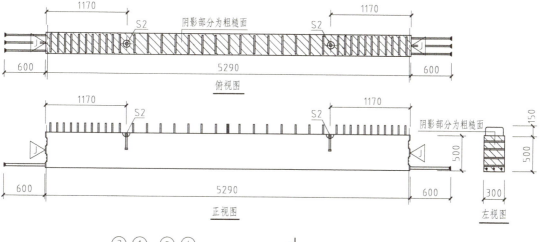

俯视图

正视图

左视图

配筋图

A—A

图 9-5　某框架梁模板图与配筋图

单元3 装配式混凝土建筑施工图

装配式混凝土结构建筑施工图除总平面图、施工图设计说明、建筑平面图（各楼层）、立面图、剖面图和大样详图外，一般还包括套型平面详图、套型设备点位综合详图、立面详图、楼电梯平面详图、阳台和空调板大样图、构件尺寸控制图、阳台和空调板构件尺寸控制图、楼梯构件尺寸控制图等。

一、总平面图

装配式混凝土结构建筑总平面图与其他建筑的总平面图绘制相同。但在装配式剪力墙结构住宅的规划设计中，构件运输、存放和吊装是需要特别关注的重要方面，要有适宜构件运输的交通条件；要结合塔吊的选型及悬臂半径，考虑预制构件现场临时存放的场地条件，还需考虑预制构件吊装设施的安全、经济和合理布置。此部分设计内容不在图纸中体现，但需要留出条件，待施工组织阶段由施工单位进行设计。

二、施工图设计说明

装配式混凝土建筑施工图设计说明除设计依据、项目概况、各部分构造做法、建筑设备要求、无障碍设计、防火设计、建筑节能设计外，还应包含装配式建筑设计专项说明。

专项说明包括装配式建设设计概况、总平面设计说明、建筑设计要求、预制构件设计要求、一体化装修设计、技术内容和装配式建筑特有的节能设计要求。

1. 装配式建设设计概况

装配式建设设计概况包括必要的说明、工程采用现浇混凝土结构和装配式混凝土结构的楼层的位置以及采用了哪些装配式构件。

2. 总平面设计说明

总平面设计说明包括外部运输条件、内部运输条件、构件存放和构件吊装要求。外部运输条件一般应说明距预制构件厂的运输距离，内部运输条件指施工临时通道能否满足构件运输，构件存放要求包括存放场地和存放要求，构件吊装要求一般应初步确定塔吊选型和塔吊位置。

3. 建筑设计要求

建筑设计要求包括标准化设计、装配式混凝土结构预制率、建筑构件、部品装配率、建筑集成技术设计，构件加工图设计要求和协同设计要求。

4. 预制构件设计要求

预制构件设计要求主要是指各构件的具体设计要求。

5. 一体化装修设计

一体化装修设计包括建筑装修材料、设备与预制构件连接时采用的安装方法，以及构配件、饰面材料及建筑部品的选用要求。

6. 节能设计要求

节能设计要求包括构件中的外墙保温及外门窗的气密性要求等。

三、平面图

采用装配式混凝土结构的楼层建筑平面图需将内外墙板的现浇混凝土与预制混凝土通用图例区分，其他表达同现浇混凝土结构，建筑平面图示例如图 9-6 所示。

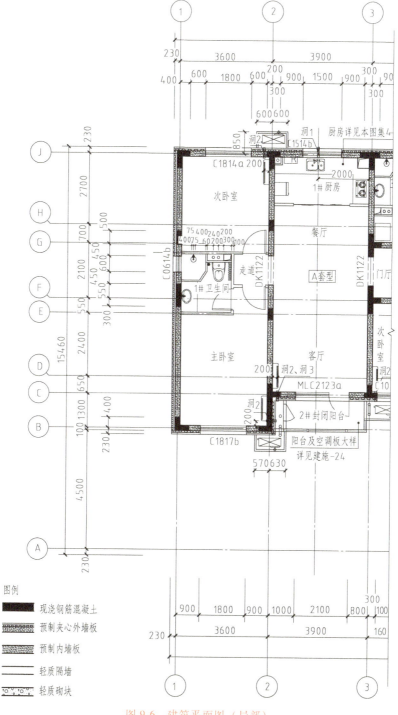

图 9-6　建筑平面图（局部）

如采用装配式女儿墙，屋顶平面图需用图例区分预制女儿墙和后浇混凝土，其他表达同现浇混凝土结构，屋顶平面图示例如图 9-7 所示。

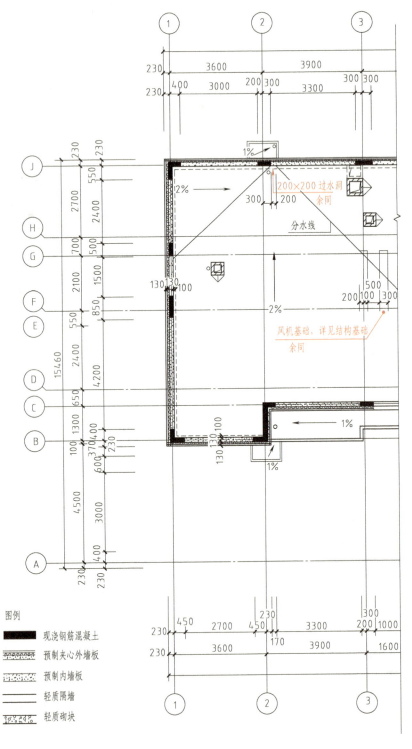

图 9-7　屋顶平面图（局部）

四、立面图与立面详图

装配式混凝土剪力墙结构住宅建筑立面图与现浇混凝土结构基本一致，不同的是，需选取典型的局部立面，绘制立面详图，如图 9-8 所示。立面详图除标注外墙做法、门窗开启方向外，还应绘出外墙板灰缝、水平板缝和垂直板缝及其定位，并索引水平缝、垂直缝节点。

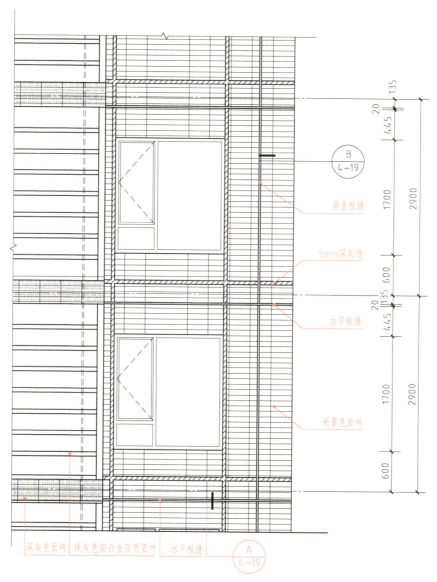

图 9-8 立面详图（局部）

五、剖面图

装配式混凝土剪力墙结构住宅剖面图与现浇混凝土结构基本一致，不同的是需通过图例将现浇混凝土与预制混凝土加以区分。

六、楼、电梯平面详图及剖面图

　　装配式混凝土高层剪力墙住宅的楼、电梯部位除预制梯板外，其他构件通常采用现浇混凝土，包括电梯井、楼梯间剪力墙和楼电梯间的楼板。楼、电梯平面详图及剖面图一般采用1∶50的比例绘制，除需通过图例区分出现浇混凝土和预制混凝土外，平面详图中还需绘制出预制梯板的水平投影（不可见部位用虚线绘出），剖面图中需绘制出预制楼梯与梯梁支承关系。楼、电梯平面详图及剖面图如图9-9、图9-10所示。

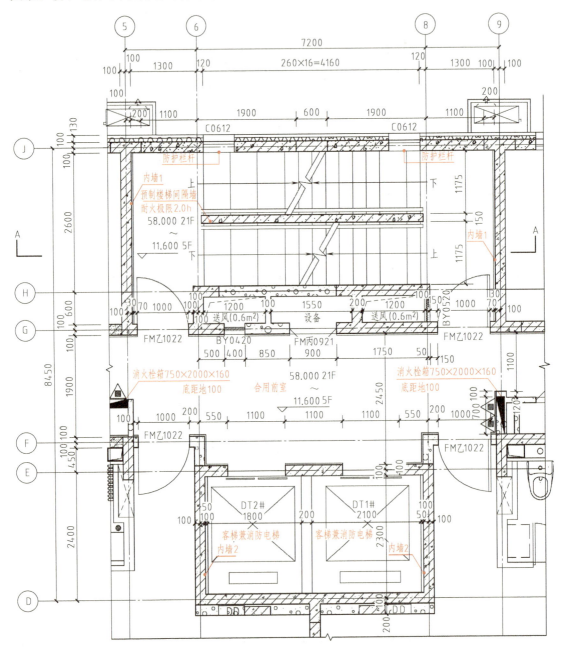

图9-9　楼、电梯平面详图

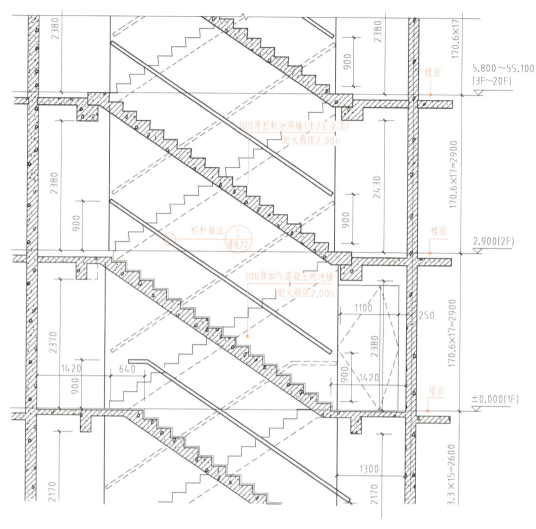

图 9-10　楼梯剖面图（局部）

七、墙身大样图

墙身大样图即墙身剖视详图，是墙身的局部放大图，详细地表达墙身从防潮层到屋顶各主要节点的构造和做法，图 9-11 为墙身大样图示例。

八、构件尺寸控制图

施工图阶段是按照初步设计确定的技术路线进行深化设计，建筑设计专业应与建筑部品、装饰装修、构件厂等上下游厂商加强配合，做好构件组合深化设计，提供能够实现的预制构件尺寸控制图，做好构件尺寸控制图上的预留预埋和连接节点设计，做好节点的防水、防火、隔声设计和系统集成设计。构件尺寸控制图为结构专业构件设计提供条件，表达构件的外部尺寸、洞口位置，外墙装饰，如采用外墙砖需提出排砖方案，图纸表达深度相当于预制构件模板图。

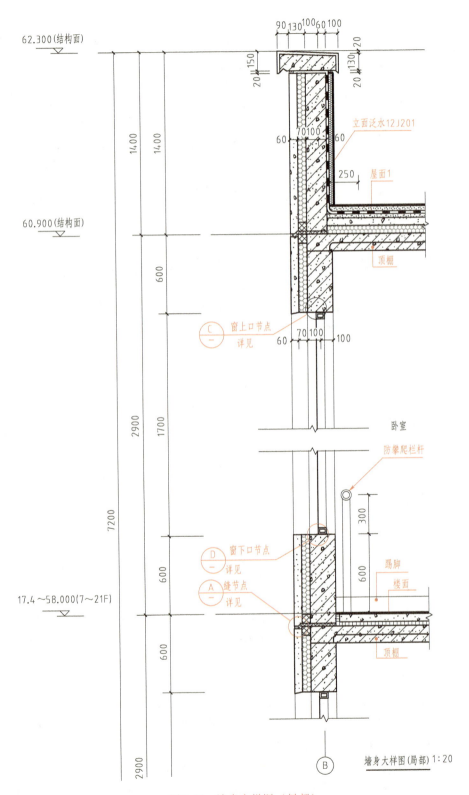

图 9-11　墙身大样图（局部）

 知识回顾

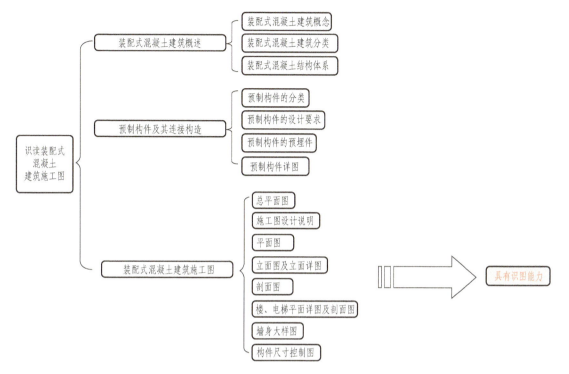

 练一练

1. 什么是装配式建筑？简要说明我国装配式建筑发展动向。

2. 装配式混凝土建筑的结构体系主要有哪些？

3. 什么是预制构件？预制构件有哪些类型？具体各有哪些构件？

4. 预制构件的预埋件有哪些种类？

参 考 文 献

［1］ 张艳芳. 房屋建筑构造与识图 ［M］. 北京：中国建筑工业出版社，2017.
［2］ 徐秀香，刘英明. 建筑构造与识图 ［M］. 2 版. 北京：化学工业出版社，2014.
［3］ 肖启荣，何飞. 建筑识图与房屋构造 ［M］. 成都：电子科技大学出版社，2015.
［4］ 郑贵超，赵庆双. 建筑构造与识图 ［M］. 北京：北京大学出版社，2009.
［5］ 程显风，郑朝灿. 建筑构造与制图 ［M］. 北京：机械工业出版社，2011.
［6］ 王强，张小平. 建筑工程制图与识图 ［M］. 3 版. 北京：机械工业出版社，2019.

中等职业教育课程改革国家规划新教材配套用书

土木工程识图·识图训练

（房屋建筑类）

第 3 版

主　编　闫小春　白丽红

参　编　李思丽　冯黎娜　王晓阳　袁晓芳　陈　鹏

主　审　钱晓明　杜　峰

机 械 工 业 出 版 社

前言

本识图训练与中等职业教育课程改革国家规划新教材《土木工程识图（房屋建筑类）》第 3 版配套使用。

本识图训练的主要特点如下：

（1）针对性强 本识图训练的内容和编写顺序与配套教材一致，知识点与配套教材紧密结合，选题由浅入深，读、练结合，学、练同步，循序渐进。

（2）实用性强 本识图训练图形清晰，难度适中，注重对学生识图、绘图能力的培养。建筑施工图尽量结合工程实际，培养学生识读和绘制成套施工图的能力。

（3）科学性强 增加了立体图的数量，采用多种训练方法，培养学生的空间想象力和创造力。

（4）灵活性强 采用单面印刷，根据配套教材内容随教随练，方便教师布置作业和考核。

由于编者水平有限，训练习题虽经精选、试做，缺点和不足之处在所难免，恳请使用本识图训练的老师、学生和有关人员提出批评和改进意见，共同商榷，以期改进，在此深表感谢。

编　者

目 录

学习情境 1　建筑制图基本技能训练（1）

姓名	班级	学号	成绩

1. 作水平方向平行线。

2. 作竖直方向平行线。

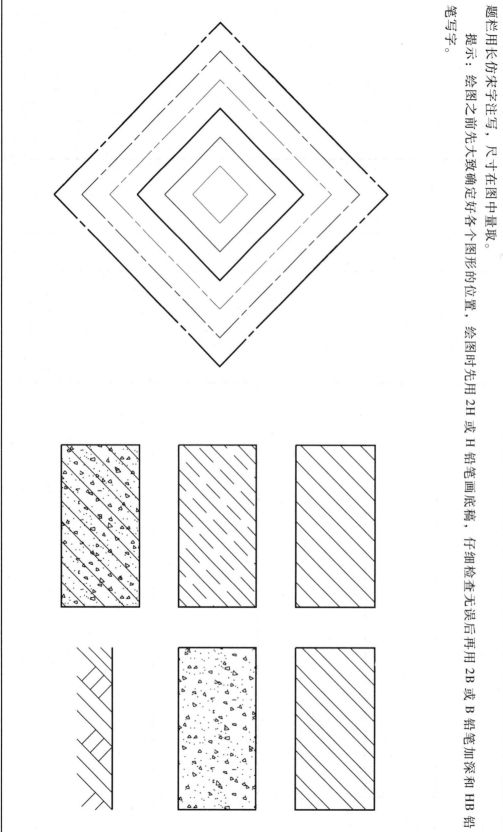

学习情境 1　建筑制图基本技能训练（2）

姓名	班级	学号	成绩

将下列图形抄绘在一张 A4 图纸上，要求正确使用绘图工具和用品，采用竖式幅面，做到图面布置均匀，线型正确，图面整洁，标题栏用长仿宋字注写，尺寸在图中量取。

提示：绘图之前先大致确定好各个图形的位置，绘图时先用 2H 或 H 铅笔画底稿，仔细检查无误后再用 2B 或 B 铅笔加深和 HB 铅笔写字。

姓名	班级	学号	成绩

学习情境 1　建筑制图基本技能训练 (3)

建筑工程制图　建筑工业与民用房屋平立剖

结构施工图　钢筋混凝土　水泥砂浆　混合砌块　预制　现浇东

基础　墙　柱　地坪　楼板　门　窗　屋顶　框架　承重　雨篷　阳台　卫生间　防潮层

学习情境 1　建筑制图基本技能训练（4）

姓名	班级	学号	成绩

A B C D E F G H I J K L M N O P Q R S T U V W X Y Z

a b c d e f g h i j k l m n o p q r s t u v w x y z

1 2 3 4 5 6 7 8 9 0 I II III IV V VI VII VIII IX X

标注图中的尺寸（数值在图上量取）。

学习情境2　几何作图训练	姓名		班级		学号		成绩	

1. 请在线段 *AB*、*CD*、*EF*、*GH* 间作出 8 个相同的踏步。

```
        F                      H
A ─────────────────────────── B

C ─────────────────────────── D
        E                      G
```

2. 作圆的内接正六边形。

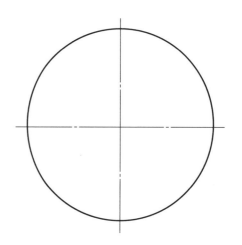

3. 已知圆的半径为 *a*，作圆的内接正五边形。

———— *a* ————

1. 根据立体图，在形体的投影图中标出 A、B、C 三点的三面投影。

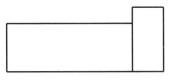

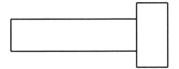

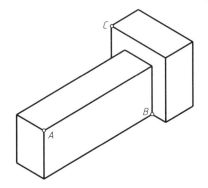

2. 已知点的两面投影，求作第三面投影。

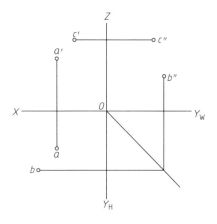

3. 已知 A、B、C 三点的一面投影，并且 $Aa = 5$，$Bb' = 15$，$Cc'' = 10$，求作各点的其他面投影。

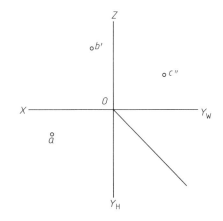

1. 已知点 A 在 H 面上，点 B 在 V 面上，点 C 在 W 面上，求作点的另两个面投影。

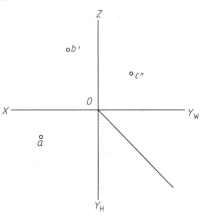

2. 判断 A、B 两点的相对位置。

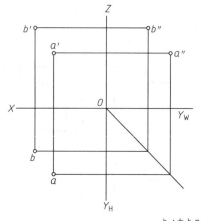

点 A 在点 B 的 _____

3. 已知点的两面投影，求作第三面投影。

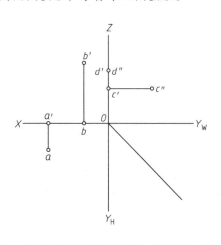

4. 求下列各点的第三面投影，并判断重影点的可见性（不可见点加括号）。

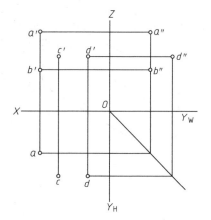

作出下列直线的第三面投影，并判断各直线是何种位置的直线。

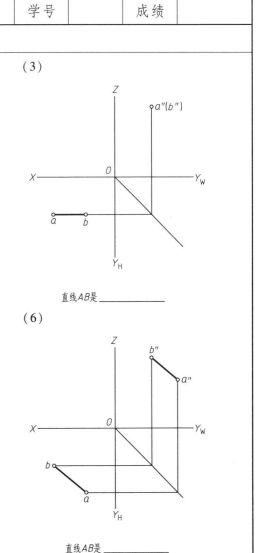

（1）

直线AB是 ＿＿＿＿＿＿

（2）

直线AB是 ＿＿＿＿＿＿

（3）

直线AB是 ＿＿＿＿＿＿

（4）

直线AB是 ＿＿＿＿＿＿

（5）

直线AB是 ＿＿＿＿＿＿

（6）

直线AB是 ＿＿＿＿＿＿

姓名		班级		学号		成绩	

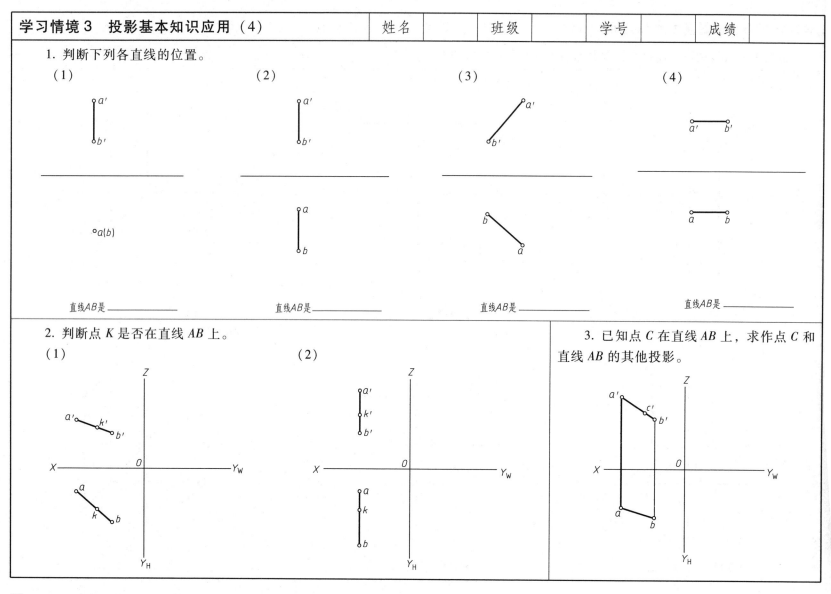

1. 判断下列各直线的位置。

（1）

（2）

（3）

（4）

直线AB是 ＿＿＿＿＿＿

直线AB是 ＿＿＿＿＿＿

直线AB是 ＿＿＿＿＿＿

直线AB是 ＿＿＿＿＿＿

2. 判断点 K 是否在直线 AB 上。

（1）

（2）

3. 已知点 C 在直线 AB 上，求作点 C 和直线 AB 的其他投影。

学习情境3　投影基本知识应用（5）	姓名		班级		学号		成绩	

补画下列平面的第三面投影，并判断各平面的位置。

（1）

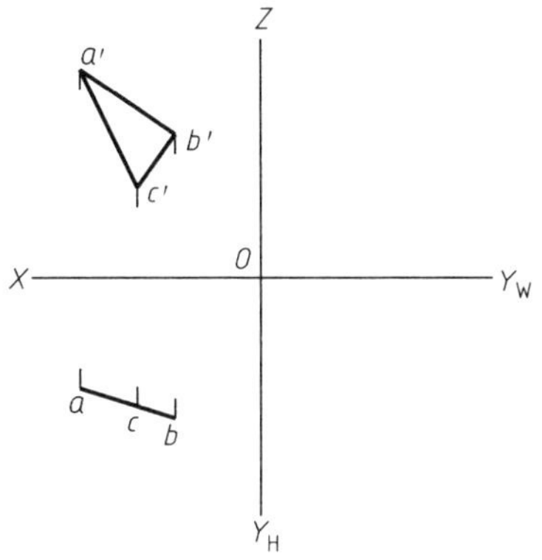

平面 ABC是__________

（2）

平面 ABC是__________

（3）

平面 ABC是__________

（4）

平面 ABC是__________

（5）

平面 ABC是__________

（6）

平面 ABC是__________

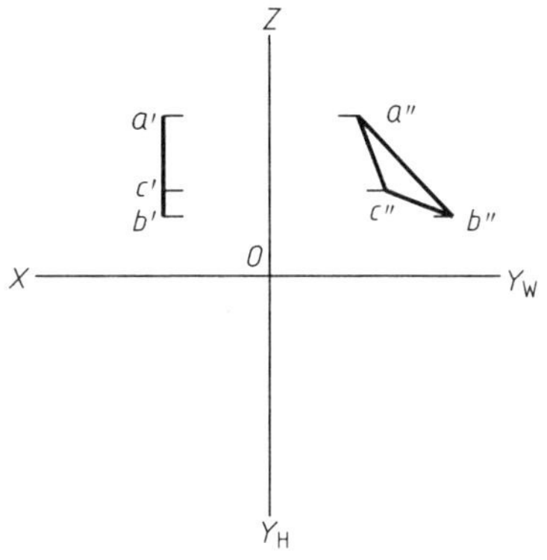

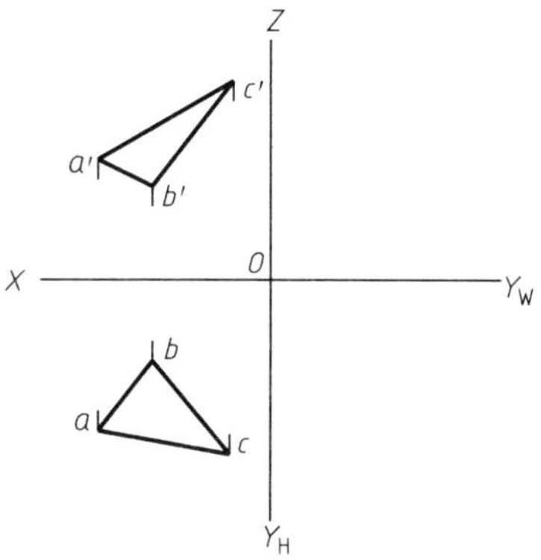

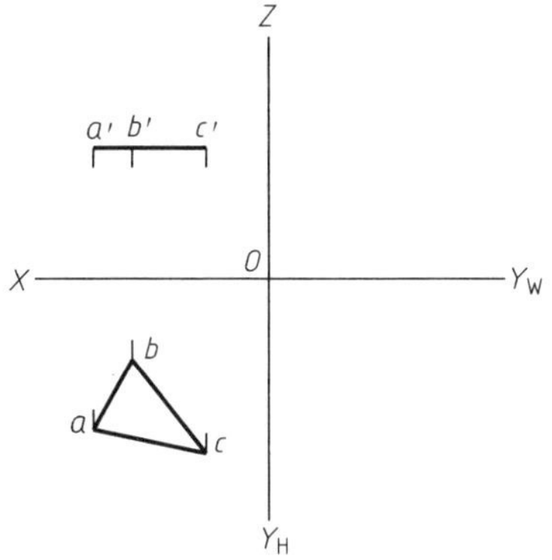

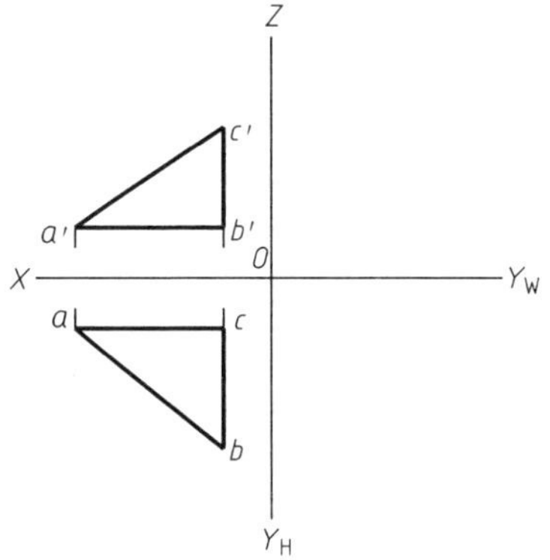

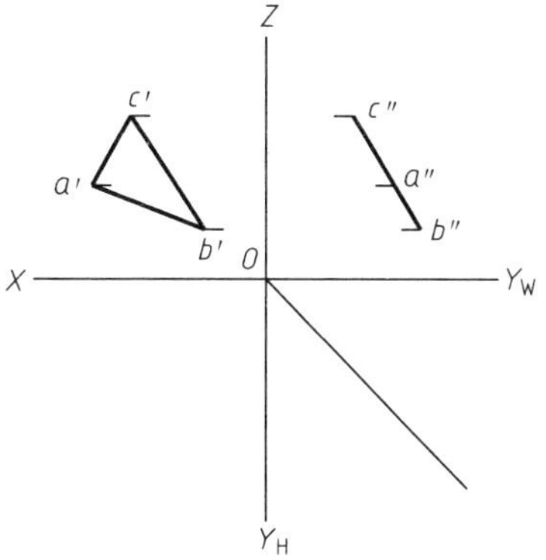

1. 求作平面 *ABC* 内点 *M*、*N* 的另一面投影。

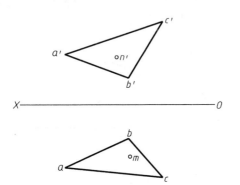

2. 根据立体图，在投影图上找出平面 *ABD*、*BDE*、*BCE*、*DEF* 的三面投影。

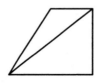

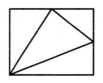
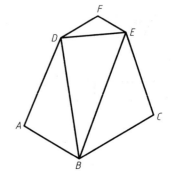

3. 求作平面 *ABC* 内直线 *MN* 的另一面投影。

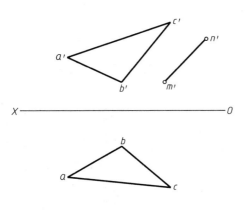

4. 在投影图中标出各平面的投影，并指出其空间位置。

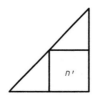
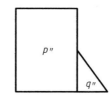
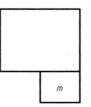

平面	空间位置
M	
N	
P	
Q	

1. 已知正三棱柱的底面的 *V*、*H* 面投影，正三棱柱的柱高为 15mm，完成该三棱柱的三面投影。

2. 已知五棱锥的 *H* 面投影，锥体高 20mm，底面与 *H* 面平行且距离为 5mm，完成五棱锥的三面投影。

3. 已知三棱锥的 *H*、*V* 面投影，求作 *W* 面投影。

4. 已知四棱锥台的 *H*、*W* 面投影，求作 *V* 面投影。

学习情境 4　基本形体和组合体的投影图绘制（2）	姓名		班级		学号		成绩	

1. 已知四棱柱表面上的点的一个投影，求作点的其他两个投影。

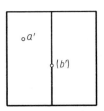
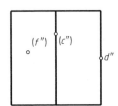

2. 补画出四棱锥的侧面投影，补全表面上各点的三面投影。

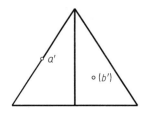
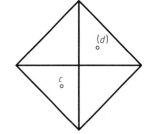

3. 补画平面立体的第三面投影，并补全表面上各点的三面投影。

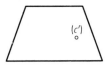
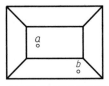

4. 补全平面立体的 *W* 面投影，并补全表面上各点的投影。

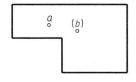

| 学习情境 4　基本形体和组合体的投影图绘制（3） | 姓名 | | 班级 | | 学号 | | 成绩 | |

根据平面立体表面上的直线的一个投影，求作其他两个面投影。

1. 画出圆柱的第三面投影，并补全其表面上各点的三面投影。

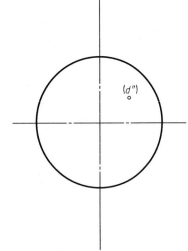

2. 画出圆锥的第三面投影，并补全其表面上各点的三面投影。

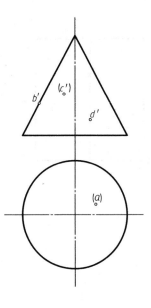

画出球的第三面投影，并补全其表面上各点的三面投影。

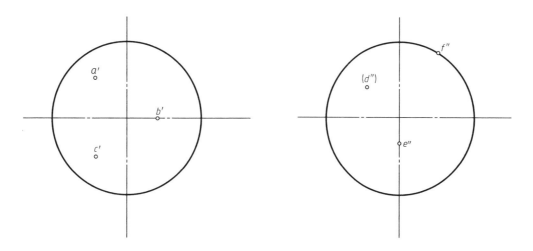

已知形体的两个投影，画出它的第三面投影。

（1）

（2）

（3）

（4）

根据相同的两面投影，想象出不同的形体，并分别补画出它们的第三面投影。

（1）

（2）

（3）

（4）

学习情境 4　基本形体和组合体的投影图绘制（8）	姓名		班级		学号		成绩	

根据立体图作形体的正投影图（比例自定）。

(1)

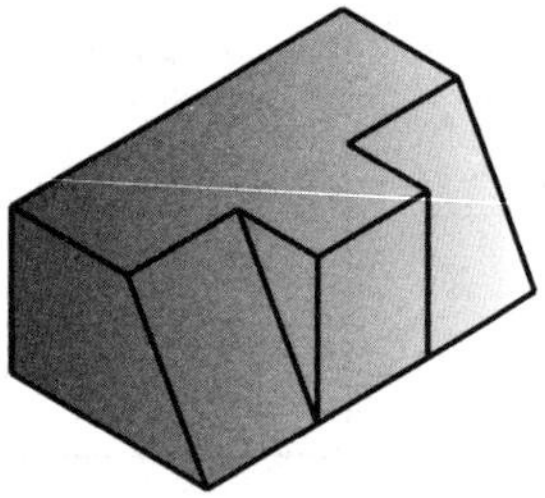

(2)

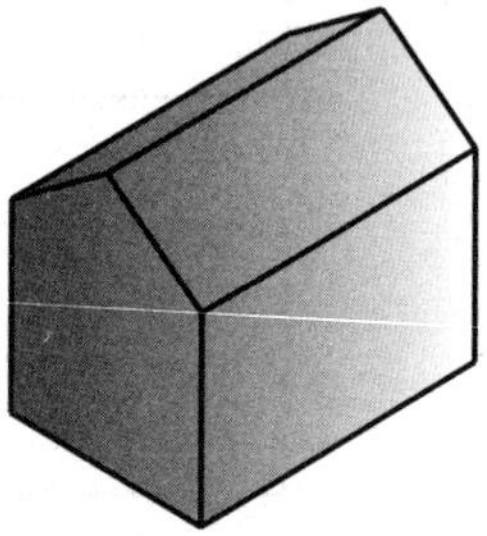

(3)

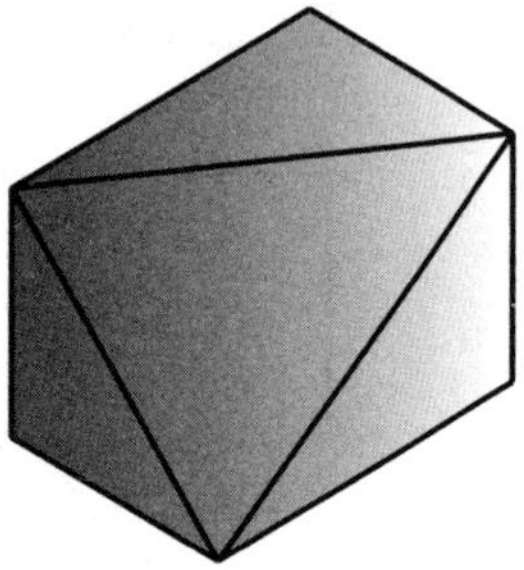

(4)

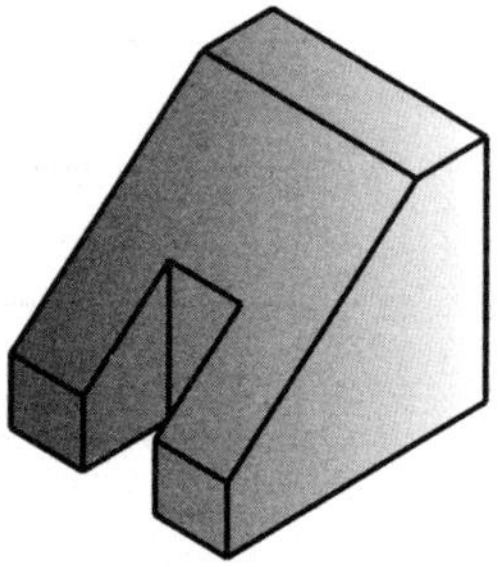

根据立体图作形体的正投影图（尺寸从图上量取）。

（1）

（2）

（3）

（4）

根据立体图作形体的正投影图（尺寸从图上量取）。

（1）

（2）

（3）

（4）

学习情境4　基本形体和组合体的投影图绘制（11）	姓名		班级		学号		成绩	

补出三面投影图中所缺的图线。

(1)

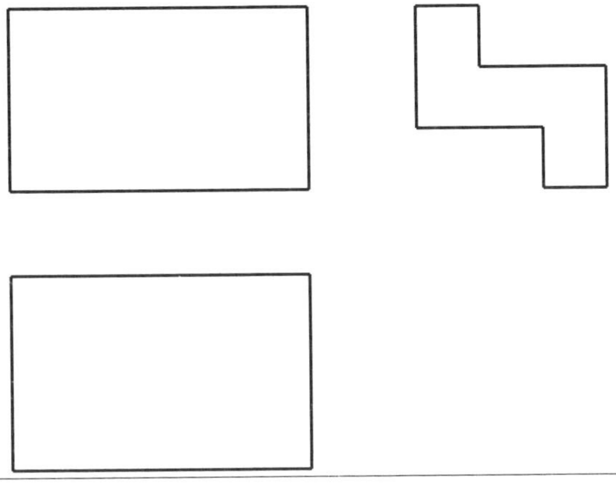

(2)

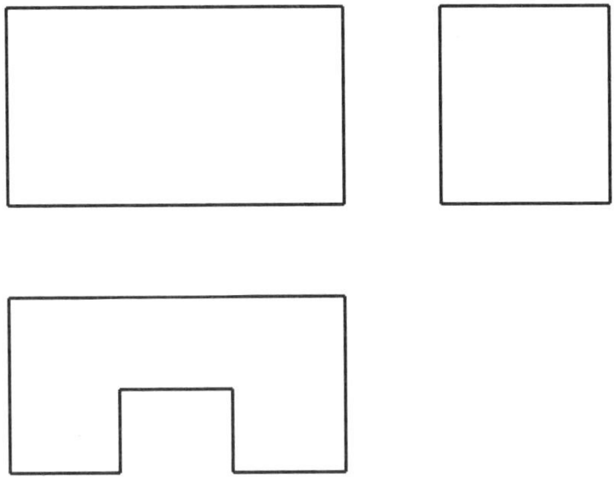

(3)

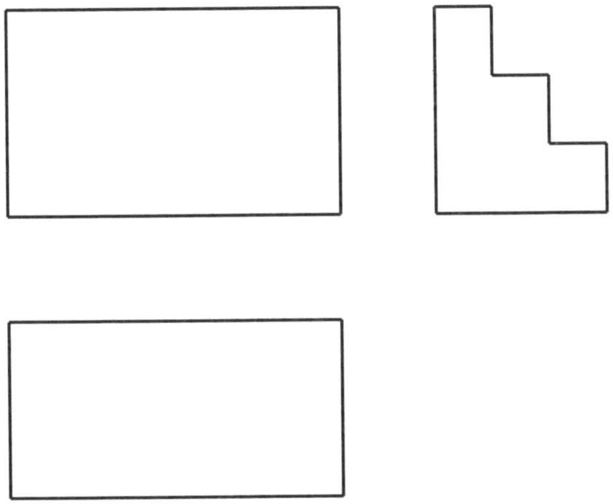

(4)

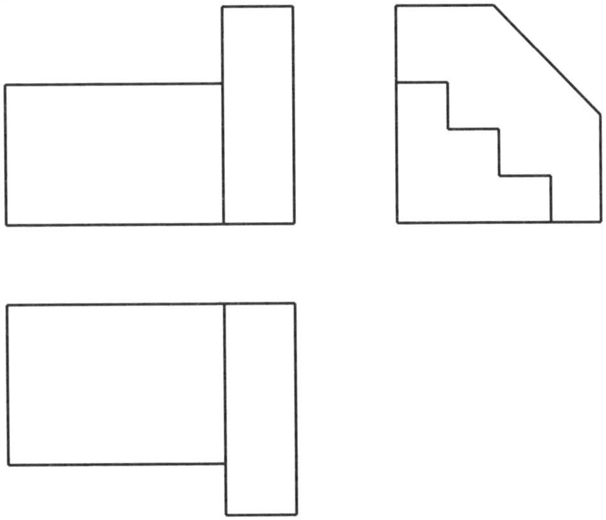

求平面立体被平面截切后的投影。

（1）已知被截切的三棱柱的 W 面投影，完成 V、H 面投影。	（2）已知带缺口的三棱柱的 V 面投影，完成 H、W 面投影。
（3）完成四棱锥被平面截切后的 H、W 面投影。	（4）完成四棱锥截切体的水平投影和侧面投影。

求曲面立体被平面截切后的投影。

（1）完成圆锥被平面截切后的 H、W 面投影。

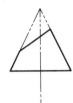

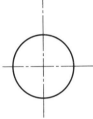

（2）已知圆锥被平面截切后的 H 面投影，求其 V 面投影。

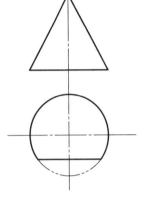

（3）完成球被截切后的三面投影。

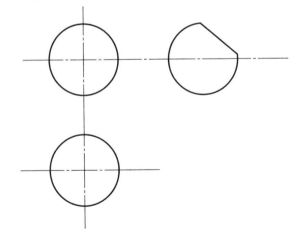

（4）完成圆锥被平面截切后的 H、W 面投影。

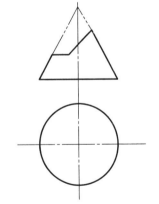

求两平面立体相交的投影。

（1）已知烟囱与屋面的 H 面投影和 V 面投影轮廓，求它们的 W 面投影。

（2）补全虎头窗的 H 面投影。

（3）补全两四棱柱相贯后的 V 面投影，并画出 W 面投影。

（4）补全两棱柱体相贯后的投影。

求同坡屋面的投影。

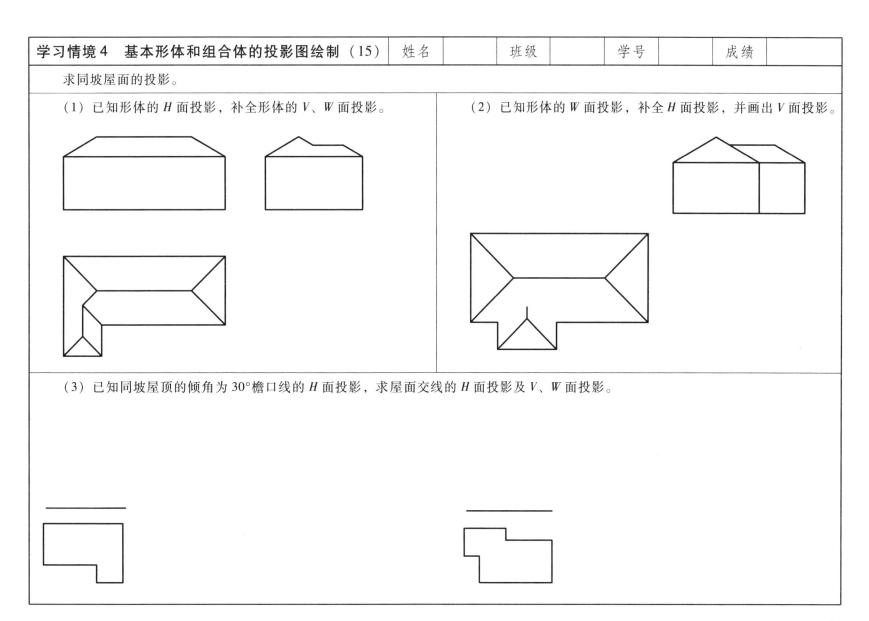

（1）已知形体的 *H* 面投影，补全形体的 *V*、*W* 面投影。

（2）已知形体的 *W* 面投影，补全 *H* 面投影，并画出 *V* 面投影。

（3）已知同坡屋顶的倾角为 30°檐口线的 *H* 面投影，求屋面交线的 *H* 面投影及 *V*、*W* 面投影。

根据正投影图作出形体的正等测投影图。

（1）

（2）

（3）

（4）

根据正投影图作出形体的斜二测投影图。

（1）

（2）

（3）

（4）

一、选择题

1. 绘制土木建筑施工图，主要采用的投影图是_____。

A. 轴测图　　　　　　　　　B. 正投影图

C. 多面正投影图　　　　　　D. 标高投影图

2. 形体的右侧立面图的投影方向是_____。

A. 由前向右　　　　　　　　B. 由左向右

C. 由右向左　　　　　　　　D. 由后向前

3. 能表示出形体上下和前后方位的投影图是_____。

A. 正立面图　　　　　　　　B. 底面图

C. 右侧立面图　　　　　　　D. 北立面图

4. 在六面投影图中，_____之间要受"高平齐"的投影规律约束。

A. 底面图与右侧立面图　　　B. 正立面图与左侧立面图

C. 背立面图与底面图　　　　D. 平面图与右侧立面图

5. 在投影图中，"宽相等"是指_____之间的投影关系。

A. 底面图与右侧立面图　　　B. 平面图与右侧立面图

C. 正立面图与左侧立面图　　D. 正立面图与北立面图

E. 背立面图与底面图

6. 在六面图中，_____之间同时受"高齐平、宽相等"的投影规律约束。

A. 后立面图、正立面图、左侧立面图

B. 正立面图、平面图、左侧立面图

C. 正立面图、北立面图、底面图

D. 正立面图、左侧立面图、右侧立面图

E. 正立面图、北立面图、平面图

二、填空题

根据立体图投影方向，填写六面投影图的图名。

作剖面图。

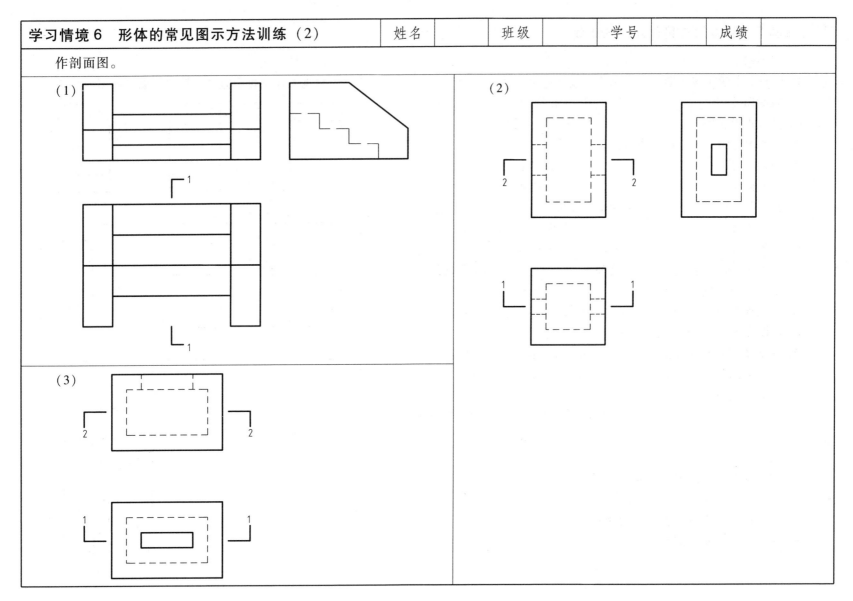

1. 作正立面图和左侧立面图的剖面图。

2. 作剖面图。

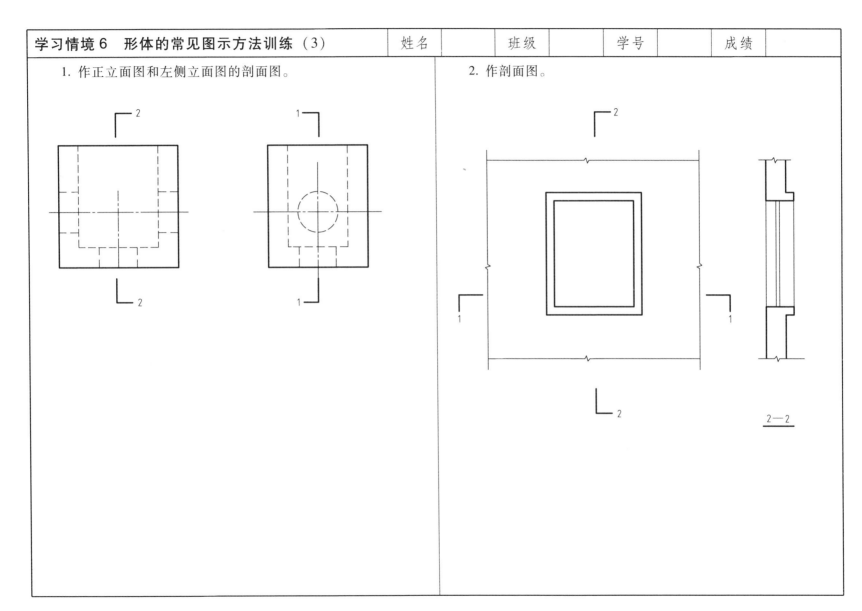

2—2

| 学习情境6 形体的常见图示方法训练（4） | 姓名 | | 班级 | | 学号 | | 成绩 | |

1. 作剖面图。

2. 补画左侧投影图，并将正、左侧投影图改为合适的剖面图。

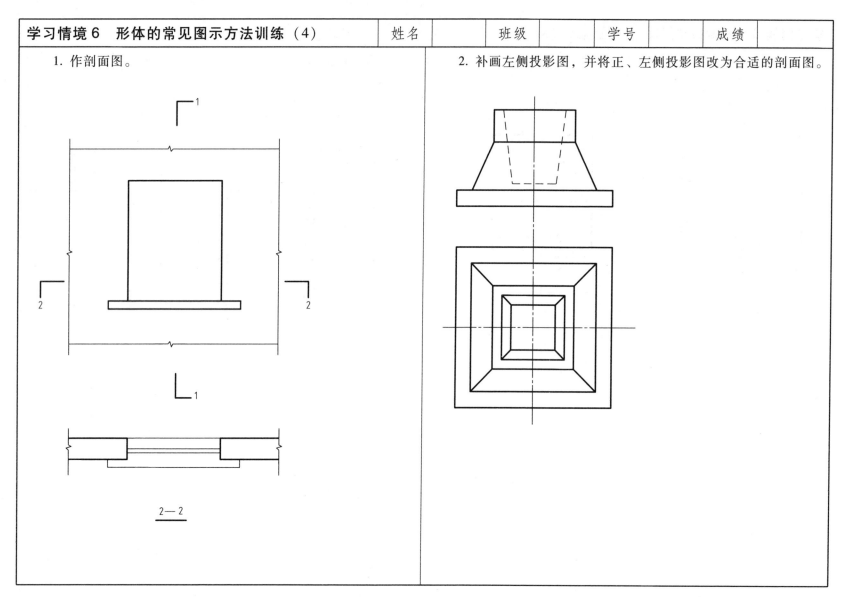

2—2

姓名		班级		学号		成绩	

1. 将水池的 V、W 投影改为 1—1、2—2 剖面图。

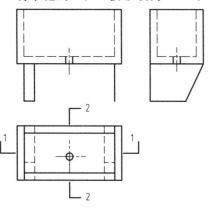

2. 自定义剖切位置，作形体的阶梯形剖面图。

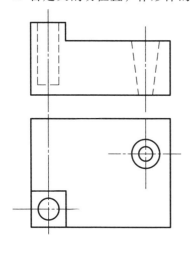

3. 找出并改正下列剖面图中多余或所缺的线条（多余的线打"×"，缺的线补上）。

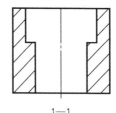

1—1

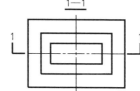

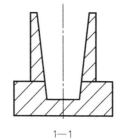

1—1

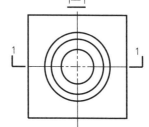

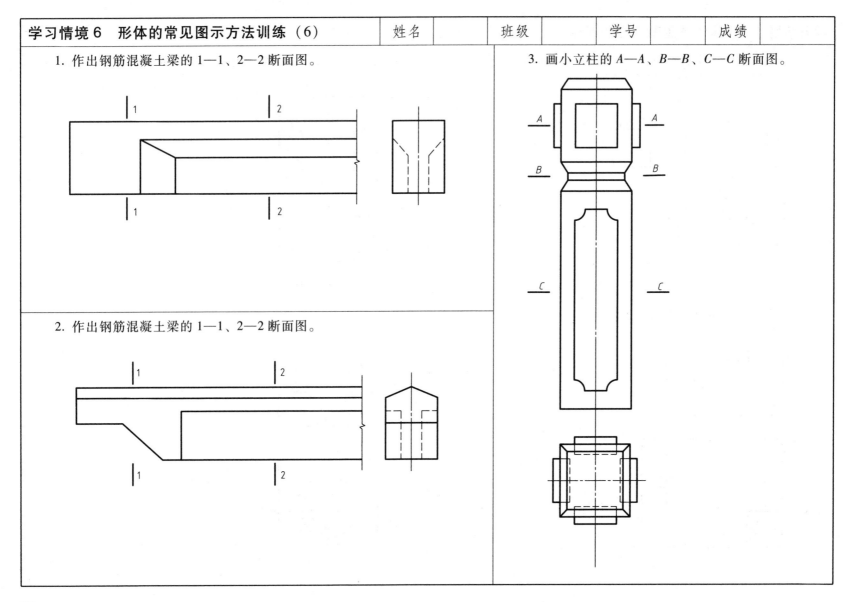

学习情境6　形体的常见图示方法训练（6）　　姓名　　　班级　　　学号　　　成绩

1. 作出钢筋混凝土梁的1—1、2—2断面图。

2. 作出钢筋混凝土梁的1—1、2—2断面图。

3. 画小立柱的 A—A、B—B、C—C 断面图。

一、选择题

1. 施工图中，表示定位轴线的圆用细实线表示，直径为_____mm。

　　A. 4~6　　　B. 5~8　　　C. 6~10　　　D. 8~10

2. 在施工图上量取尺寸为30mm，用1：100的比例，其实际长度是_____m。

　　A. 30　　　B. 3　　　C. 300　　　D. 3000

3. 图样上的尺寸单位，除标高和总平面图以米为单位外，其他必须以_____为单位。

　　A. 厘米　　　B. 分米　　　C. 毫米　　　D. 微米

4. 整套施工图纸的编排顺序是_____。

①设备施工图　②建筑施工图　③结构施工图　④图纸目录⑤总说明

　　A. ①⑤②④③　　　　　　B. ①②③④⑤

　　C. ⑤②③④①　　　　　　D. ④⑤②③①

5. 在施工图中，详图与被索引的图样如果不在同一张图纸内，应采用的详图符号为_____。

　　A. ②/⑤　　B. ②/－　　C. ②　　D. ④/－

6. 在施工图中，索引出的详图如果与被索引的图在同一张图纸内，应采用的详图符号为_____。

　　A. ⑤/－　　　　B. ②/－

　　C. ②/⑤　　　　D. ③/④ 西南J202

二、判断题

1. 同时引出几个相同部分的引出线可以互相平行，也可以集中为一点。　　　　　　　　　　　　　　　　　　（　　）

2. 施工图中的定位轴线用细实线表示。　　　　　　（　　）

3. 总平面图室外地坪标高符号宜用涂黑的三角形表示。
　　　　　　　　　　　　　　　　　　　　　　　　（　　）

4. 标高数字应以毫米为单位，标注到小数点以后第三位。
　　　　　　　　　　　　　　　　　　　　　　　　（　　）

5. 施工图中的引出线用中实线表示。　　　　　　　（　　）

三、问答题

1. 一套完整的建筑工程图包括哪些图样？

2. 简述什么是建筑标高？什么是结构标高？它们有什么区别？

1. 把建筑材料与相对应的材料图例连线。

2. 完整画出下列不同开启方式门窗的图例。

（1）单扇内开平开门　　　　　（2）双扇双面弹簧门

（3）单扇双面弹簧门　　　　　（4）单层中悬窗

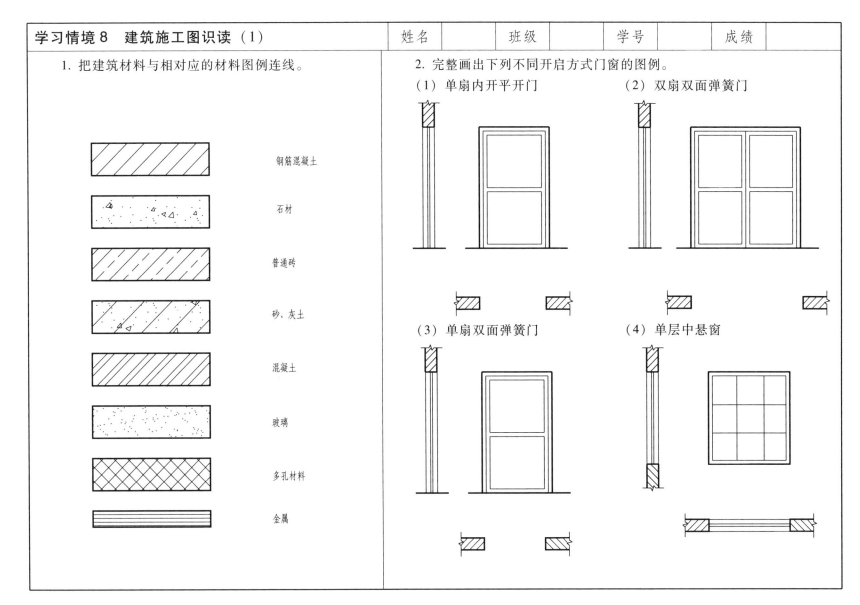

钢筋混凝土

石材

普通砖

砂、灰土

混凝土

玻璃

多孔材料

金属

1. 画出下列符号。

1）总平面图室外地坪标高为 97.50m。

2）1 号轴线之前附加的第二根轴线。

3）3 号轴线之后附加的第二根轴线。

4）指北针。

5）索引符号，详图在本套图纸第 5 页第 2 号详图。

2. 试说出下列符号的含义。

（1）

（2）

（3）

（4）

（5）

1. 已知门洞、雨篷、台阶的平、立面图，作 1—1 剖面图。

2. 已知窗洞、窗台的平、立面图，作 2—2 剖面图。

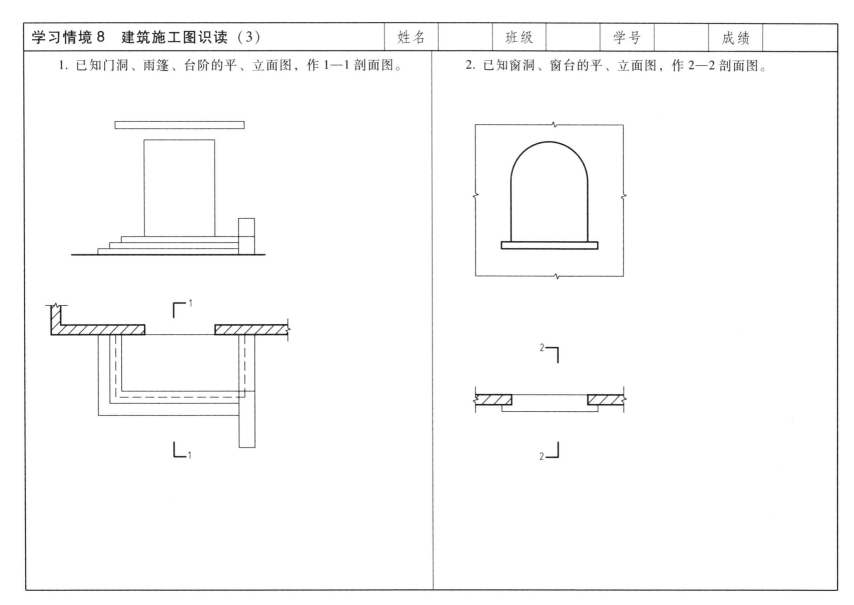

姓名		班级		学号		成绩	

一、选择题

1. _____是一个建设项目的总体布局，表示新建房屋所在基地范围内的平面布置、具体位置及周围情况。

A. 建筑总平面图　　B. 建筑平面图　　C. 建筑立面图　　D. 建筑详图

2. 建筑立面图，简称立面图，就是对房屋的前后左右各个方向所作的正投影图。立面图的命名方法不包括_____。

A. 按房屋材质　　B. 按房屋朝向　　C. 按轴线编号　　D. 按房屋立面主次

3. 建筑剖面图的图名应与_____的剖切符号编号一致。

A. 楼梯底层平面图　　B. 底层平面图　　C. 基础平面图　　D. 建筑详图

4. 外墙面的装饰做法可在_____中查到。

A. 建筑平面图　　B. 建筑立面图　　C. 建筑平面图　　D. 建筑结构图

5. 查阅门窗位置和编号、数量应在_____。

A. 建筑平面图　　B. 建筑立面图　　C. 建筑剖面图　　D. 楼层结构平面图

6. 在建筑总平面图上，一般用_____分别表示房屋的朝向和建筑物的层数。

A. 指南针、小圆圈　　B. 指北针、小圆圈　　C. 指南针、小黑点　　D. 指北针、小黑点

7. 下列不属于建筑施工图的建筑详图是_____。

A. 基础详图　　B. 节点详图　　C. 门窗详图　　D. 墙身详图

8. 在建筑平面图中，被水平剖面剖切到的墙、柱断面的轮廓线用_____表示。

A. 细实线　　B. 中实线　　C. 粗实线　　D. 粗虚线

9. 绝对标高只注写在_____图上，其他建筑施工图的图样上只注写相对标高。

A. 总平面　　B. 建筑平面　　C. 建筑立面　　D. 建筑剖面

10. 建筑详图常用比例包括_____。

A. 1：50　　B. 1：100　　C. 1：200　　D. 1：300

二、判断题

1. 建筑施工图的基本图样包括：建筑总平面图、平面图、基础平面图和排水施工图等。　　（　　）

2. 在建筑总平面图图例中，原有的建筑用细实线表示，计划扩建的预留地或建筑物用粗实线表示，拆除的建筑物用粗实线表示。　　（　　）

3. 在建筑配件图例中，门的代号为 M 表示，窗用 C 表示。　　（　　）

4. 屋顶平面图是仰视图的投影图，主要表示屋面的大小及形状及突出屋面的构造位置。　　（　　）

5. 用于室内墙装修施工和编制工程预算，且表示建筑物体型、外貌和室内装修要求的图样是建筑立面图。　　（　　）

6. 建筑剖面图简称剖面图，一般是指建筑物的垂直剖面图，且多为横向剖切形式。　　（　　）

7. 建筑平面图通常画在具有等高线的地形图上。　　（　　）

三、设有一单层房屋，已给出该房屋的平面图、南立面图和门窗表。要求完成：

1. 补全平面图中的尺寸数字和轴线编号（平面图见下页）。

2. 补全南立面图中的标高数字。

3. 画出北立面图（不标注尺寸、图线粗细分明，钢窗 GC1 的高度布置和分格形式，要求统一，并注明外开平开窗的开启方向符号）。

门窗表　　（单位：mm）

编　　号	洞口尺寸		数量
	宽度	高度	
GC1	900	1500	3
GC2	1200	1500	1
GC3	2400	1500	1
M1	900	2100	1
M2	1000	2500	1

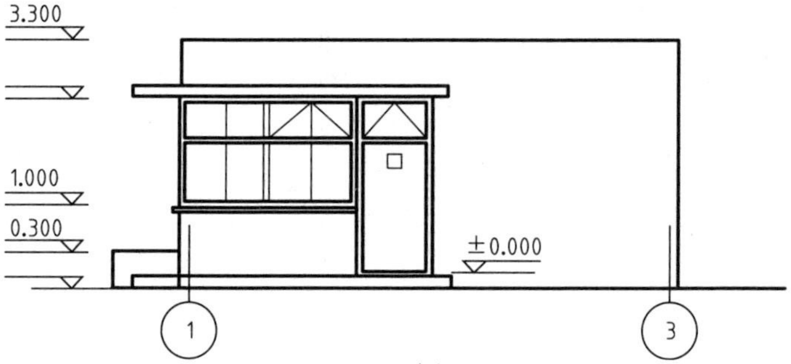

南立面图 1:100

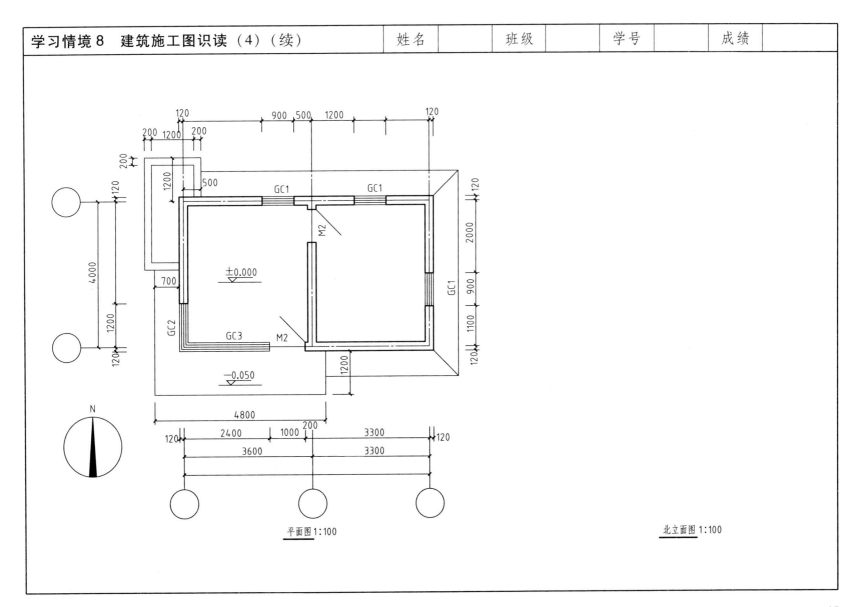

平面图 1:100

北立面图 1:100

四、按简图所示，用 1：100 的比例画一张建筑平面图（包括墙、门窗、轴线编号及尺寸）。

已知：墙厚均为 240，M_1 宽 1000、M_2 宽 900、C_1 宽 2000、C_2 宽 1500（门窗定位尺寸自定），室外台阶长 1800、宽 300，简图中所给尺寸是轴线间尺寸，尺寸单位为 mm。（注意图面质量）

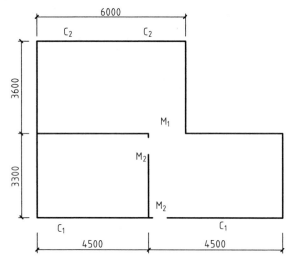

五、抄绘建筑施工图

1. 目的

1）熟悉民用建筑施工图的表达内容和图示特点。

2）掌握绘制建筑施工图的基本方法。

3）掌握现行制图标准的要求。

4）会识读一般房屋建筑施工图。

5）能够运用前面所学的基础知识，查出附图中的问题，并加以修改，培养学生分析问题、解决问题的能力。

2. 工作内容

抄绘建筑施工图（任课教师选本地区合适的施工图）。

3. 图纸

A2 幅面绘图纸铅笔抄绘（由教师指定做适当次数的描图作业练习）。

4. 工作要求

1）要在读懂图样之后方可开始抄绘；总结出阅读建筑施工图的步骤和方法。

2）应按教材中所述的施工图绘制步骤进行抄绘。

3）绘图时严格遵守《房屋建筑制图统一标准》（GB/T 50001—2017）、《建筑制图标准》（GB/T 50104—2010）的各项规定，如有不熟悉之处，必须查阅标准或教材。

4）图样中难免存在一些问题，指导教师要与学生在读图时发现并进行图样更正。

5. 说明

1）附图主要是锻炼和提高学生的读图能力。由于学生和地区的差异，指导教师在教学过程中可根据学生实际情况来选择合适的图样进行绘制，本书不再附图。

2）建议图线的基本线宽（即粗实线的宽度）b 用 0.7mm，其余各类线的线宽应符合线宽组的规定，同类图线图样粗细，不同类图线应粗细分明。

3）汉字应写长仿宋字，字母、数字用标准体书写。建议房间名称及其他说明文字用 5 号字，尺寸数字、门窗代号、构件代号用 3.5 号字。在写字前要把文字内容的位置、大小设计好，并打好相应的字格（尺寸数字可只画上下两条横线），再进行书写。图名字用 7 号字。

4）要注意作图准确，尺寸标注无误，字体端正整齐，图面匀称整洁。

| 学习情境 9　装配式混凝土建筑施工图识读 | 姓名 | | 班级 | | 学号 | | 成绩 | |

一、填空题

1. 在工厂生产的预制部品、部件通过各种可靠的连接在施工现场装配而成的建筑成为_____。

2. 预制构件详图一般包括_____和_____。

3. 装配式建筑依据结构材料不同，分为_____、_____、_____。

4. 安装在主体结构上。起维护、装饰作用的非承重预制混凝土外墙板称为_____。

二、判断题

1. 装配式混凝土建筑具有工业化水平高、建造速度快的优点，当受气候条件制约大。　　　　　　　　　（　　）

2. 装配式混凝土建筑提高建筑质量、生产效率、降低成本。　　　　　　　　　　　　　　　　　　　（　　）

3. 预制梁、预制柱构件因节点区钢筋布置空间的需要，保护层厚度较厚。　　　　　　　　　　　　　（　　）

三、问答题

1. 预制构件详图包括哪两种图纸，需要表达哪些内容？

2. 装配式混凝土剪力墙结构建筑施工图包括哪些图纸？

3. 装配式混凝土建筑设计专项说明包括哪些内容？

4. 装配式混凝土建筑施工图与现浇混凝土结构相比较，有什么不同？

综合训练　土木实训楼识图训练	姓名		班级		学号		成绩	

一、土木实训楼工程图纸

土木实训楼图纸

二、识图练习题

请根据上述给出的土木实训楼工程图纸，完成以下习题。

1. 一套完整的房屋建筑施工图通常包括哪些图纸？

2. 平立面图纸比例为多少？楼梯详图图纸比例为多少？

3. 从建施 04 中找出建筑室内外高差为多少？

4. 从平面图中找出走廊的宽度为多少？

5. 从建施 09 中找出建筑檐口高度和建筑总高度为多少？

6. 从建施 12 中找出楼梯踏步宽度和踏步高度为多少？

7. 本建筑耐火极限为几级？屋面防水等级为几级？外墙有几道防水？

8. 一层卫生间标高为多少？

9. 阳台底面及雨篷底面顶棚选用什么做法？

10. 室外台阶的面层、结合层、结构层和基层，其构造做法分别是什么？

11. 水泥砂浆地面的基本构造层次为面层、垫层和基层，其构造做法分别是什么？

12. 地板砖楼面的构造层次为面层、结合层、找平层和结构层，其构造做法分别是什么？

13. 屋面做法中保温层设置在防水层的下部还是上部？

14. 从建施 09 中找出一层、二层的窗台高度为多少？

15. 该建筑层数为几层建筑，层高分别为多少？

16. 建筑的楼梯形式是什么？

17. 一层办公室 1 的平面尺寸为多少？